“十四五”职业教育国家规划教材

工业和

MySQL
数据库任务驱动式教程

第3版 | 微课版

石坤泉 汤双霞 编著

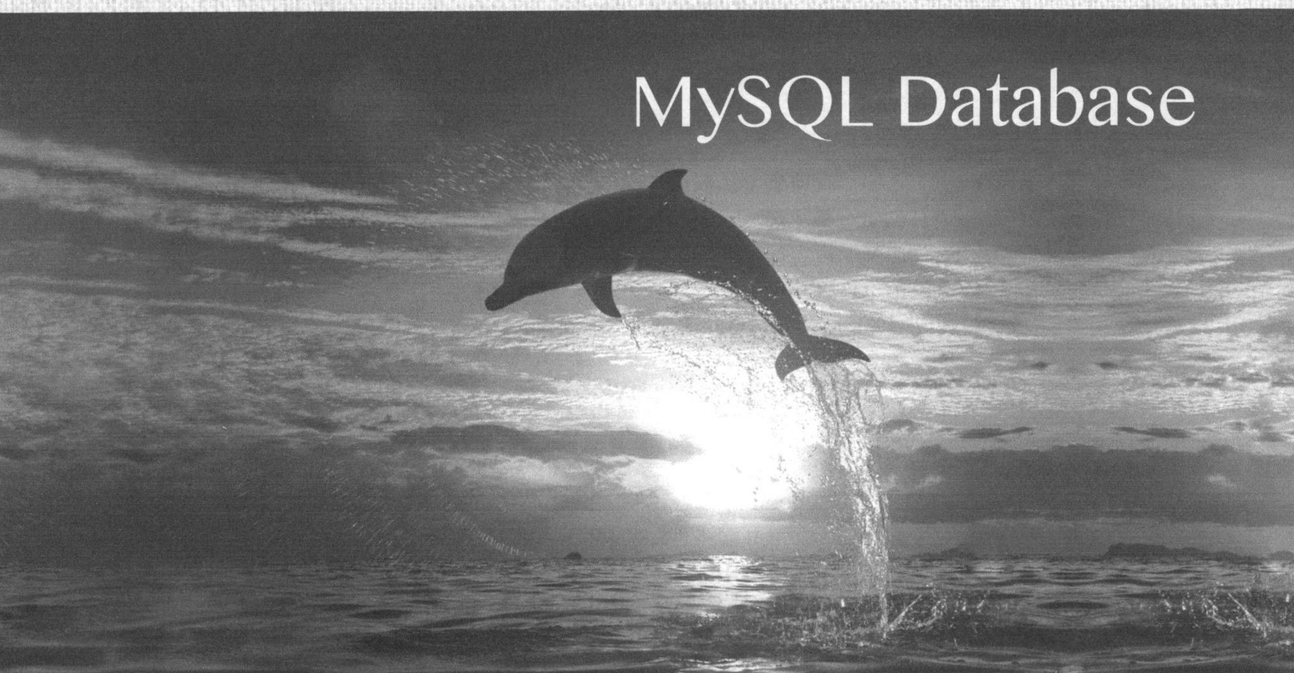

人民邮电出版社

北京

图书在版编目（CIP）数据

MySQL数据库任务驱动式教程 ： 微课版 / 石坤泉，汤双霞编著. -- 3版. -- 北京 ： 人民邮电出版社，2021.12

工业和信息化精品系列教材

ISBN 978-7-115-57732-0

Ⅰ. ①M… Ⅱ. ①石… ②汤… Ⅲ. ①SQL语言－程序设计－高等职业教育－教材 Ⅳ. ①TP311.132.3

中国版本图书馆CIP数据核字(2021)第217222号

内容提要

本书对标《全国计算机等级考试二级 MySQL 数据库程序设计考试大纲》，结合 Oracle 认证考试（SQL 认证）以及“1+X”Web 前端开发职业技能等级考试内容编写而成。本书采用 MySQL8.0 版本，将 MySQL8.0 的新特性、新功能写入教材，主要讲述数据库设计的基本原理和基本方法、MySQL 基础及其应用。全书共 11 个项目（26 个任务），包括认识数据库，MySQL 实训环境配置，MySQL 字符集与数据类型，建库、建表与数据表管理，数据查询、数据处理与视图，创建和使用程序，数据库安全与性能优化，PHP 基础及访问 MySQL 数据库，访问 MySQL 数据库，phpMyAdmin 操作数据库以及 MySQL 集群架构搭建实例。

本书可以作为高职高专学生的数据库教材，也可以作为全国计算机等级考试二级 MySQL 数据库程序设计、Oracle 认证考试（SQL 认证）以及“1+X”Web 前端开发职业技能等级考试的参考教材，还可以作为数据库开发人员的实用参考书或者职业培训教材。

◆ 主　　编　石坤泉　汤双霞
责任编辑　桑　珊
责任印制　焦志炜
◆ 人民邮电出版社出版发行　　北京市丰台区成寿寺路 11 号
邮编　100164　电子邮件　315@ptpress.com.cn
网址　https://www.ptpress.com.cn
涿州市般润文化传播有限公司印刷
◆ 开本：787×1092　1/16
印张：17　　2021 年 12 月第 3 版
字数：434 千字　　2025 年 9 月河北第 9 次印刷

定价：55.00 元

读者服务热线：(010)81055256　印装质量热线：(010)81055316
反盗版热线：(010)81055315

第3版前言 PREFACE

习近平总书在中国共产党第二十次全国代表大会上的报告中指出："建设现代化产业体系。支持把发展经济的着力点放在实体经济上，推进新型工业化，加快建设制造强国、质量强国、航天强国、交通强国、网络强国、数字中国"本书的编写落实二十大精神，聚集新一代信息技术领域人才培养，推进产教融合，充分体现职业教育类型定位。

本书基于建构主义学习理论编写。建构主义学习理论认为，学习活动是一个以学习者为中心，学习者在个人原有知识、经验基础上，在一定的社会文化中，主动地接受知识、积极地建构知识的过程。基于这个理论，本书采用项目（任务）驱动，让学习者主动建构知识和技能。

本书充分体现职业教育"理论够用"的原则和"做中学""学中做"的思想，精心设计贯穿全课程的项目。项目是比较综合的技能组合，又将项目分解成若干任务，任务又包括"任务背景""任务要求""任务分解"等。"任务背景"用真实的案例或问题引入，调动学习者的学习兴趣。"任务要求"明确要学什么、学到什么程度，让学习者明确任务目标。"任务分解"，在任务安排上，力求做到循序渐进、由浅入深、层层递进，这是本书编写和教学的精髓部分。此外，本书还安排了一些小栏目。如"分析与讨论"栏目用来对一些重要的 SQL 语句、涉及的知识点和注意事项进行注释说明，可以说是一个归纳总结和提升的部分。"项目实践"栏目用来考查学习者对知识和技能的掌握程度和拓展应用能力。总之，本书将课程知识融入一个个项目（任务）的提出、分析和解决过程，使学习者掌握必需的知识和技能，然后将所有知识和技能应用于项目实践，真正达到学以致用的目的。

本书总体又分为基础篇、高级篇和应用篇，对应逐步学习和能力提升的过程，为不同水平的学习者提供选择的空间。为支持学习者学习 Python，本书在 PHP、Java、C#访问数据库相关知识的基础上，特别增加了 Python 访问数据库的内容。本书主要讲述在 Windows 操作系统中操作数据库 MySQL 的方法，但考虑到 MySQL 的多平台特性以及 MySQL 集群的强大功能，又讲述在 Linux 操作系统中搭建 MySQL 集群的案例，相应地，在数据库优化方面也讲述集群架构的优化内容。同时，结合 MySQL 8.0 的新特性、新功能，讲述相应的 JSON 数据类型、窗口函数以及角色与权限等内容。

为方便教学，本书配套微课、课件、源程序文件、教学示例数据库、项目实践数据库以及习题参考答案等教学资源。有需要的学习者可登录人邮教育社区（www.ryjiaoyu.com）免费下载。本书还配套开发了在线开放课程（学银在线 https://www.xueyinonline.com/detail/201355496），学习者可以在学银在线学习课程。

本书由广州番禺职业技术学院石坤泉、汤双霞编著，在编著过程中还得到腾科 IT 教育集团系统工程师彭泽峰的大力支持。其中，任务 1～18 及任务 25 由石坤泉编写，任务 20～23 由石坤泉、汤双霞共同编写，林颖老师参与编写了任务 19 和拓展阅读案例，彭泽峰对教材的编写提出了很多宝贵建议，编写了任务 24、26 并提供了相关企业工程项目案例，特此鸣谢。

本书兼顾普适性和应用型，与一般数据库教材相比，在内容广度、难易程度和项目实操等方面有其独特的优势，编写理念先进、方法科学。本书适合作为高职计算机类专业学生教学用书，可以作为计算机程序设计爱好者的参考用书，也可以作为全国计算机等级考试二级 MySQL 数据库程序设计、Oracle 认证考试（SQL 认证）以及"1+X"Web 前端开发职业技能等级考试的参考教材。

由于编者水平有限，书中难免有疏漏与不足之处，希望学习者能够谅解与指正。

编者

2023 年 5 月

任务 8

任务 9

项目五 数据查询、数据处理与视图

任务 10

任务 11

任务 12

高级篇

项目六　创建和使用程序

任务 13

任务 14

任务 15

项目九　访问 MySQL 数据库

任务 24

项目十 phpMyAdmin 操作数据库

任务 25

项目十一 MySQL 集群架构搭建实例

任务 26

附录

基础篇

项目一　认识数据库

任务 1 认识数据库

01

【任务背景】

学习数据库，一般要从数据库基本原理开始。初学者往往会感觉原理部分特别枯燥乏味，面对很多抽象难懂的概念和理论知识，如数据模型、实体、属性、联系、E-R 图、关系模式和数据建模等，感觉很无奈。但是，这些恰恰又是数据库开发人员必须具备的基本知识，因此我们要坚持发扬斗争精神，知难而进、迎难而上，全力战胜前进道路上各种困难和挑战。那么，该如何安排教学内容？怎样组织教学？怎样才能使讲授变得通俗易懂？如何培养学生对课程学习的兴趣？带着这些问题和目标，让我们一起努力，走进数据库的世界去探究吧！

【任务要求】

本任务直接从数据库的基本应用开始，让学生感受身边的数据库应用。在具体的学习情景中，让学生了解数据库的基本概念；认识数据模型和关系数据库；认识实体和属性；认识客户机/服务器（Client/Server，C/S）、浏览器/服务器（Browser/Server，B/S）模式架构；学习数据库的概念结构设计和逻辑设计方法；学习关系模式的规范化；绘制 E-R 图，建立数据库概念模型；将 E-R 图转换成关系模式进行数据模型的建立。

微课视频

认识数据库

拓展阅读

认识数据库

拓展阅读

认识国产数据库

【任务分解】

1.1 了解数据库的基本应用

数据库管理系统的应用非常广泛，可以说应用在各行各业。不管是公司还是集团，都需要使用数据库来存储数据。对软件而言，无论是 C/S 还是 B/S 架构的软件，只要涉及存储大量数据，一般都需要数据库支撑。传统数据库很大一部分用于商务领域，以及国家科技发展领域等。随着信息时代的发展，数据库也相应地产生了一些新的应用领域，主要表现在 6 个方面：多媒体数据库、移动数据库、空间数据库、信息检索系统、分布式信息检索系统和专家决策系统。

下面介绍几种数据库管理系统在实际应用中的案例。

1. 留言板

留言板是互联网常见的一项功能，留言板的数据库存储的数据量一般不大。其数据库大致分为几个板块。用户注册和登录板块：后台数据库需要存放用户的注册信息和在线状态信息；管理用户发帖板块：后台数据库需要存放帖子的相关信息，如帖子内容、标题等；管理论坛板块：后台数据库需要存放各个板块的信息，如板主、板块名称和帖子数等。

2. 进销存管理系统

进销存管理系统是有效辅助企业解决业务管理、分销管理、存货管理、营销计划的执行和监控、统计信息的收集等业务的管理系统。该系统要实现的一般功能包括批发销售与零售销售管理、供货商往来账务管理、客户往来账务管理、员工管理、销售终端销售管理、财务管理和库存盘点等。

3. ERP 系统

ERP 是 Enterprise Resource Planning（企业资源计划）的简称。ERP 系统是建立在信息技术基础上，以系统化的管理思想为企业决策层及员工提供决策运行手段的管理平台。ERP 系统的功能主要有支持大量原始数据的查询、汇总；借助计算机的运算能力及系统对客户订单、在库物料和产品的管理能力，依据客户订单、产品结构清单计算并制定物料需求计划，实现减少库存、优化库存的管理目标等。

4. 图书管理系统

图书管理系统主要由 4 部分组成，即信息源、信息处理器、信息用户和信息管理者。软件运行通常模式为 C/S 或 B/S 模式，包括图书的采访、编目、流通、查询等功能，有期刊管理、系统管理、字典管理、Web 检索与发布等图书借阅管理子系统。

1.2 了解数据库的几个概念

1. 数据

数据（Data）实际上就是描述事物的符号记录。文本、数字、时间日期、图片、音频和视频等都是数据。数据的特点：有一定的结构；有型与值之分，如整型、字符型、文本型等。数据的值给出了符合其型的值，如 INT(15)表示 15 位整型数据，VARCHAR(8)表示长度为 8 的字符。

2. 数据库

数据库（DataBase，DB）是长期存储在计算机内的、有组织的、可共享的数据集合。数据库中的数据按一定的数据模型组织、描述和存储，具有较小的冗余度、较高的数据独立性和易扩展性，并可为各种用户共享。

3. 数据库管理系统

数据库管理系统（DataBase Management System，DBMS）是一个负责对数据库进行数据组织、数据操纵、维护、控制，以及数据保护和数据服务等的系统，是数据库的核心。它能够让用户定义、创建和维护数据库，并且控制其对数据的访问。它对数据库进行统一的管理和控制，以保证数据库的安全性和完整性。用户通过 DBMS 访问数据库中的数据，数据库管理员也通过 DBMS 进行数据库的维护工作。

数据库管理系统的主要功能如下。

（1）数据模式定义：为数据库构建其数据框架。

（2）数据存取的物理构建：为数据模式的物理存取与构建提供有效的存取方法与手段。

（3）数据操纵：为用户使用数据库的数据提供便利，如查询、插入、修改、删除等操作，以及简单的算术运算和统计。

（4）数据的完整性、安全性定义与检查。

（5）数据库的并发控制与故障恢复。

（6）数据的服务：如复制、转存、重组、性能监测和分析等。

数据库管理系统一般提供以下数据语言。

（1）数据定义语言：负责数据的模式定义与数据的物理存取构建。

（2）数据操纵语言：负责数据的操纵，如数据查询与数据的增、删、改等操作。

（3）数据控制语言：负责数据完整性、安全性的定义与检查，负责并发控制、故障恢复等。

常用的数据库管理系统有 MySQL、MS SQL Server、Oracle、DB2、Access 和 Sybase 等。MySQL 是一个小型关系数据库管理系统，MySQL 被广泛地应用在互联网上的中、小型网站中。本书讲述的是 MySQL 8.0。

1.3 认识关系数据库

1. 认识数据模型

数据模型由 3 部分组成，即模型结构、数据操作和完整性规则。DBMS 所支持的数据模型分为 3 种：层次模型、网状模型和关系模型。

用树形结构表示各实体及实体之间联系的模型称为层次模型。该模型的实际存储数据由链接指针来体现联系。层次模型的特点：有且仅有一个结点无父结点，这个结点即为根结点，其他结点有且仅有一个父结点；适合表示一对多的联系。

用网状结构表示各实体及实体之间联系的模型称为网状模型。网状模型允许结点有多于一个的父结点，也允许一个以上的结点无父结点，适合表示多对多的联系。

层次模型和网状模型本质上都是一样的。它们存在的缺陷：难以实现系统扩充，当插入或删除数据时，涉及大量链接指针的调整。

在关系模型中，一个关系就是一张二维表，通常将一个没有重复行、重复列的二维表看成一个关系，每个关系都有一个关系名。二维表的每一行在关系中称为元组（记录），二维表的每一列在关系中称为属性（字段），每个属性都有一个属性名，属性值则是各元组属性的取值。

2. 认识关系数据库

关系数据库是创建在关系模型基础上的数据库。关系数据库是以二维表来存储数据库的数据的。

例如，YSGL 数据库的 EMPLOYEES 表中的数据，如图 1.1 所示。表中有 e_id、e_name、sex、professional、education、political、birth、marry、gz_time、d_id 和 bz 共 11 个字段，分别代表员工的编号、姓名、性别、职称、学历、政治面貌、出生日期、婚姻状态、参加工作时间、部门编号和编制情况，这反映了表的结构。

关系模式是对关系的描述，主要描述关系由哪些属性构成，即描述了表的结构。关系模式的格式为：关系表名（字段 1,字段 2,字段 3,…,字段 *n*）。EMPLOYEES 表的关系模式如下所示。

```
EMPLOYEES（e_id, e_name, sex, professional, education, political, birth, marry, gz_time, d_id, bz）
```

e_id	e_name	sex	professional	education	political	birth	marry	gz_time	d_id	bz
100100	李明	男	副教授	硕士	党员	1967-02-01	否	1989-09-01	B001	是
100101	李小光	男	讲师	本科	党员	1970-03-01	否	1995-10-02	B001	是
100102	张伟键	男	教授	本科	党员	1965-05-06	是	1989-07-08	B003	是
100103	石小华	女	教授	硕士	党员	1978-06-07	是	2000-01-01	A001	是
100104	黄莉	女	助讲	硕士	群众	1976-03-04	否	2001-05-06	A002	是
100105	余明平	男	教授	硕士	党员	1960-05-12	是	1983-04-05	B001	是
100106	苏小明	男	教授	硕士	群众	1956-04-13	是	1980-04-03	B003	是
100107	汤光明	男	教授	硕士	群众	1983-01-04	是	2007-12-06	A004	是
100108	谢建设	男	副教授	博士	民进	1987-02-08	否	2013-08-15	A005	是
100109	胡晓群	女	讲师	博士	党员	1990-09-28	否	2015-05-23	B005	是
100330	李正中	男	副教授	硕士	群众	1970-10-29	否	1995-10-01	B002	是
100331	王君君	女	教授	博士	党员	1956-11-18	否	1978-12-07	B003	是
100332	赵剑	男	讲师	博士	党员	1967-12-25	否	1989-04-08	B005	是
100333	欧阳	女	副教授	博士	民进	1966-03-08	否	1988-02-09	B003	是
200100	李明义	男	讲师	硕士	党员	1965-04-17	否	1987-08-10	B005	是
200101	孙美灵	男	讲师	硕士	党员	1977-05-16	否	2000-09-11	B003	是
200102	王世明	男	副教授	硕士	党员	1973-03-21	否	1996-07-21	A004	是
200103	张平娜	女	讲师	硕士	党员	1973-04-23	否	2008-06-22	A001	是
200104	李美丽	女	讲师	博士	九三学社	1982-12-01	是	2007-05-01	B001	是
200105	苏珍珍	女	副教授	本科	党员	1966-08-11	是	1990-08-01	B003	是
200220	张白燕	女	讲师	博士	群众	1987-05-01	是	2011-09-02	A001	是
200221	李青青	女	副教授	本科	群众	1964-10-06	是	1990-04-03	A001	是

图 1.1　EMPLOYEES 表数据

在关系表中，通常指定某个字段或字段的组合的值来唯一地表示对应的记录，我们把这个字段或字段的组合称为主码（也叫主键或关键字）。如在 EMPLOYEES 表中，一个员工只有一个编号，其值是唯一的，可以用员工编号表示一位员工，因此把 E_ID 指定为 EMPLOYEES 表的主键。

表中的每一行是一条记录，记录一位员工的相关信息。例如，第一位员工的信息分别是：100100、李明、男、副教授、硕士、党员、1967-02-01、否、1989-9-1、B001、是。

1.4 关系数据库设计

数据库设计一般要经过需求分析、概念结构设计、逻辑设计、物理设计、数据库实施和数据运行等阶段。其中，概念结构设计阶段要对需求进行综合、归纳与抽象，形成一个独立于具体 DBMS 的概念模型（用 E-R 图表示）；逻辑设计阶段是将概念结构转换为某个 DBMS 所支持的数据模型（如关系模式），并对其进行优化。概念结构设计阶段和逻辑设计阶段要做的工作分述如下。主要是认识实体与属性，绘制 E-R 图，并将 E-R 图转换为关系模式。

1.4.1 实体、属性、联系

客观存在并相互区别的事物称为实体。实体是一个抽象名词，指一个独立的事物个体，自然界的一切具体存在的事物都可以看作一个实体。一个人是一个实体，一个组织也可以看作一个实体。在学校里，学校是一个实体，院系单位是一个实体，学生也是一个实体。例如，要描述一个学生，通常用他的学号、姓名和年龄等特征信息项来表示。那么，学号、姓名和年龄就是学生的属性，不同学生的属性值不同。课程是一个实体，课程的属性通常是课程编号、课程名称和学分等；教师是一个实体，教师的属性可以是教师编号、姓名、性别和职称等；院系单位也是一个实体，其属性可以是单位编号、单位名称和电话等。

实体与实体之间往往存在关系，这种关系叫作“联系”。实体与实体的联系通常有 3 种：一对一（1：1）关系、一对多（1：m）关系和多对多（m：n）关系。例如，学校与校长是一对一关系，一个学校只能有一个校长，一个校长只能属于一个学校；院系单位与教师的关系是一对多关系，一个教师只能属于一个院系单位，一个院系单位有多个教师；教师与课程的关系是多对多关系，一个教师可以讲授多门课，一门课可以由多个教师讲授。

可以用图来更加直观地描述实体和实体的联系，这样的图叫作实体联系图（Entity-Relationship Diagram，E-R图）。一般情况下，用矩形表示实体，用椭圆形表示实体的属性，用菱形表示实体之间的联系，并用无向直线将属性与实体、实体与实体的联系连接起来。

在建立E-R图时，特别是对于多个实体的比较复杂的E-R图，可以首先设计局部E-R图，然后把各局部E-R图综合成一个全局的E-R图，最后对全局E-R图进行优化，得到最终的E-R图。

例如，在XSGL数据库中，有教师、课程、学生和院系单位4个实体。首先，绘制教师与课程的E-R图，如图1.2所示。

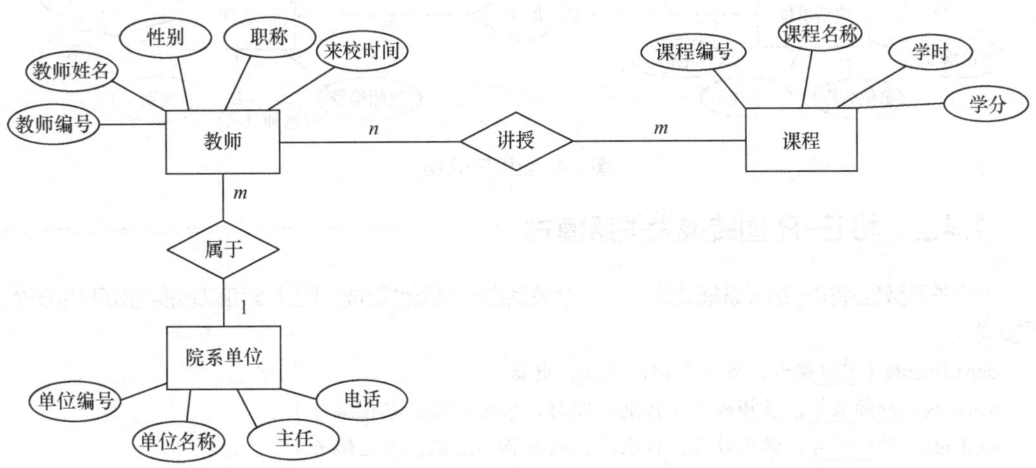

图1.2　教师与课程的E-R图

然后，绘制学生与课程的E-R图，如图1.3所示。

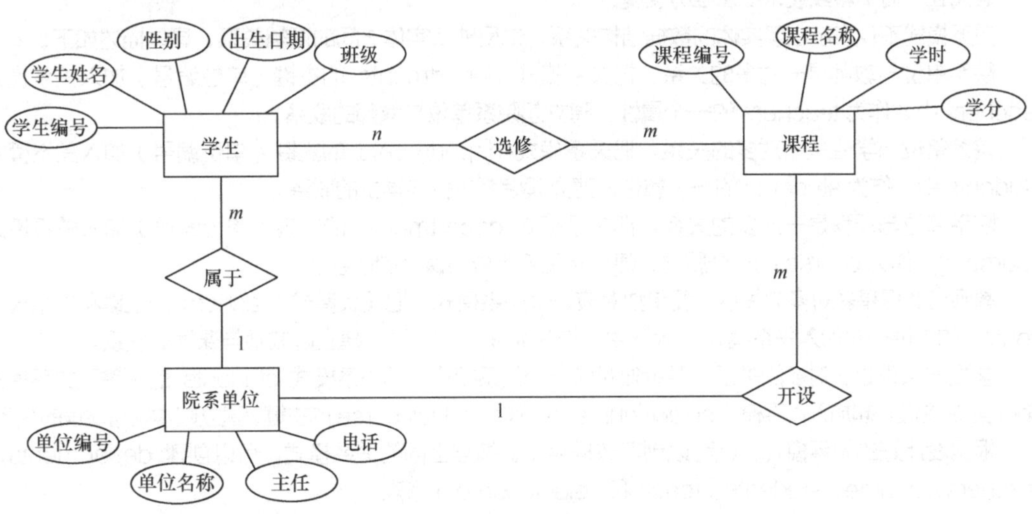

图1.3　学生与课程的E-R图

最后，绘制全局E-R图，如图1.4所示。

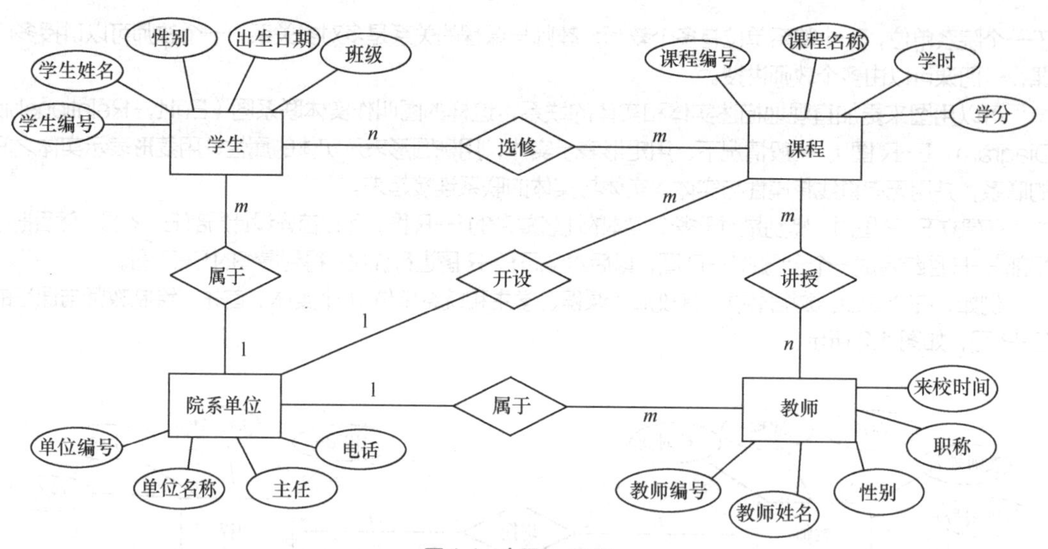

图 1.4　全局 E-R 图

1.4.2　将 E-R 图转换为关系模式

一个关系数据库由一组关系模式组成，一个关系由一组属性组成。图 1.4 可以转换为如下的 6 个关系模式。

departments（<u>单位编号</u>，单位名称，主任，电话）

teachers（<u>教师编号</u>，教师姓名，性别，职称，来校时间，单位编号）

students（<u>学生编号</u>，学生姓名，性别，出生日期，班级，单位编号）

course（<u>课程编号</u>，课程名称，学时，学分，单位编号）

teach（<u>教师编号</u>，<u>课程编号</u>）

selectcourse（<u>学生编号</u>，<u>课程编号</u>，成绩）

在属性下面加横线表示该属性为主键。

关系模式不仅表示出了实体的数据结构关系，也反映了实体之间的逻辑关系，具体描述如下。

院系单位与教师是一对多的关系，把关系模式 departments 的主键（单位编号）加入关系模式 teachers 中，作为 teachers 的一个属性，建立起院系单位与教师的联系。

院系单位与学生是一对多的关系，把关系模式 departments 的主键（单位编号）加入关系模式 students 中，作为 students 的一个属性，建立起院系单位与学生的联系。

院系单位与课程是一对多的关系，把关系模式 departments 的主键（单位编号）加入关系模式 course 中，作为 course 的一个属性，建立起院系单位与课程的联系。

教师与课程是多对多的关系，要单独对应一个关系模式，把关系模式 teachers 的主键和关系模式 course 的主键一起加入关系模式 teach 中，作为 teach 的主键，建立起教师与课程的联系。

学生与课程是多对多的关系，要单独对应一个关系模式，把关系模式 students 的主键和关系模式 course 的主键一起加入关系模式 selectcourse 中，作为 selectcourse 的主键，建立起学生与课程的联系。

根据设计好的关系模式，就可以创建数据表了。按照上面的关系模式，可以创建 departments、teachers、course、students、teach 和 selectcourse 6 张表。

1.4.3　关系模式的规范化

构造数据库必须遵循一定的规则。在关系数据库中，这种规则就是范式。关系按其规范化程度从低到高可分为 5 级范式，分别称为第一范式（First Normal Form，1NF）、第二范式（Second Normal Form，2NF）、第三范式（Third Normal Form，3NF）、第四范式（Fourth Normal Form，4NF）和第五范式（Fifth Normal Form，5NF）。规范化程度较高者必是较低者的子集。满足最低要求的范式是第一范式。在第一范式的基础上进一步满足更多要求的范式称为第二范式，其余范式以此类推。一般说来，数据库只需满足第三范式。下面举例介绍第一范式、第二范式和第三范式。

1. 第一范式

在任何一个关系数据库中，第一范式是对关系模式的基本要求，不满足第一范式的数据库就不是关系数据库。

第一范式是指数据库表的每一列都是不可分割的基本数据项，同一列中不能有多个值，即实体的某个属性不能有多个值或者实体不能有重复的属性。简而言之，第一范式就是无重复的列。

例如，teachers（教师编号，教师姓名，性别，职称），表的每一列都是不可分割的最小数据项，每一行包含一位教师的信息，满足第一范式。

反之，假设关系模式如下所示。

teachers（教师编号，教师姓名，性别，职称，联系方式）

联系方式有多种，可以是手机、电话、QQ 等方式，电话还可能有多个，例如家庭电话和办公电话，可见“联系方式”并不是最小的数据项。该关系模式不符合第一范式，可以将其改成如下符合第一范式的关系模式。

teachers（教师编号，教师姓名，性别，职称，手机，家庭电话，办公电话，QQ）

事实上，并不是符合第一范式的表都是规范合理的表。图 1.5 是一个学生信息表，虽然每一列都是不能再分割的最小数据项，但是有的列存在大量重复的数据，因此，这样的表也是不规范的。那么应该怎样再进一步规范呢？下面来学习第二范式和第三范式。

s_no	s_name	sex	birthday	D_NO	address
122001	张群	男	1990-02-01	D001	文明路8 号
122002	张平	男	1992-03-02	D001	人民路9号
122003	余亮	男	1992-06-03	D002	北京路188号
122004	李军	女	1993-02-01	D002	东风路66号
122005	刘光明	男	1992-05-06	D002	东风路110号
122006	叶明	女	1992-05-02	D003	学院路89号
122007	张早	男	1992-03-04	D003	人民路67号
122008	聂凤卿	男	1990-01-01	D001	NULL
122009	章伟峰	男	1990-03-06	D001	NULL
122010	王静怡	男	1992-03-04	D001	NULL
122011	俞伟光	男	1992-05-04	D001	NULL
122017	曾静怡	男	1990-03-01	D001	NULL
123003	马志明	男	1992-06-02	D003	安西路10 号
123004	吴文辉	男	1992-04-05	D002	学院路9号
123006	张东妹	女	1992-06-07	D005	澄明路223号
123007	方莉	女	1992-07-08	D005	东风路6 号
123008	刘想	女	1992-03-04	D006	中山路56号

图 1.5　学生信息表示例

2. 第二范式

第二范式是在第一范式的基础上建立起来的，即满足第二范式必须先满足第一范式。第二范式要求如下。

（1）表必须有一个主键。第二范式要求数据库表中的每个记录必须可以被唯一地区分。为实现区分通常需要为表加上一个列，以存储各个记录的唯一标识（即主键）。

（2）实体的属性必须完全依赖于主键。实体中不能存在只依赖于主键的一部分（有时主键是由多个列组成的复合主键）的属性。如果存在，那么这个属性和主键的这一部分应该分离出来形成一个新的实体，新实体与原实体之间是一对多的关系。

总之，第二范式就是要有一个主键，同时，非主属性部分依赖于主键。

例如，teachers（教师编号，教师姓名，性别，职称）中的属性“教师编号”能唯一地标识教师。一个教师有一个编号，编号是唯一的。每个教师可以被唯一区分，其他非主键的列“教师姓名”“性别”“职称”也完全依赖于主键，符合第二范式。

反之，如果想建立一个学生选修情况表，关系模式如下：

selectcourse（学生编号，课程编号，课程名称，学时，学分，成绩）

在这个关系模式中，选择“学生编号”和“课程编号”作为复合主键。一个学生的一门课程只能有一个成绩，“成绩”完全依赖于主键（学生编号和课程编号）。然而，课程名称、学时、学分只依赖于课程编号（主键的一部分），这样的关系模式不符合第二范式。

在实际应用中，使用这样的关系模式会出现以下问题。

（1）插入异常。学生编号和课程编号共同组成关键字，要录入课程信息必须知道学生编号这个关键字。对于新的课程，由于还没有人选修，就没办法录入课程信息。也就是说，无法制作开课计划，只能等有人选修后才能把课程信息录入。

（2）数据冗余。假设同一门课程有 50 个学生选修，在录入学生成绩时，课程名称、学时、学分等信息就必须重复录入 50 次，而且，学分能否计入还要根据成绩而定。

（3）更新异常。如果调整了某课程的学时、学分，相应记录中的学时、学分值也要更新，工作量非常大，若录入不慎，可能还会出现几个地方同一门课程学时、学分不相同的错误。

（4）删除异常。由于学生成绩记录与课程信息在同一个表中，假设一批学生已经完成课程的选修，这些选修记录就应该从数据库表中删除。但是，原本要保存的课程、学时、学分信息也随之被删除，以后又要重新插入，又会出现插入异常。

selectcourse 表不符合第二范式，应该对它进行拆分，将课程编号、课程名称、学时、学分从原关系模式中分离出来形成一个新的实体 course，以解决插入异常、数据冗余、更新异常、删除异常的问题。新的关系模式如下所示。

course（课程编号，课程名称，学时，学分）

selectcourse（学生编号，课程编号，成绩）

3. 第三范式

满足第三范式必须先满足第二范式，并且要消除传递函数依赖。数据库表中如果不存在非关键字段对任一候选关键字段的传递函数依赖，则符合第三范式。所谓传递函数依赖，指的是如果存在“$A \to B \to C$”的决定关系，则 C 传递函数依赖于 A。满足第三范式的数据库表应该不存在如下依赖关系：关键字段 → 非关键字段 $x \to$ 非关键字段 y。

例如，teachers(教师编号，姓名，性别，系别，系名，系主任，院系电话)

在这一关系中，关键字“教师编号”决定各个属性，是主关键字。由于是单个关键字，没有部分依赖的问题，因此这个关系模式肯定符合第二范式。但是这样的关系模式存在以下传递依赖。

（教师编号）→（系别）→（系名，系主任，院系电话）

即非主关键字段（系名、系主任、院系电话）函数依赖于候选关键字段（系别），且传递函数依赖于主关键字（教师编号）。

在实际应用中，这会造成系别、系名、系主任、院系电话等信息的重复存储，会产生大量的数据冗余，就如同图 1.5 所示的数据表。这种关系模式也会存在更新异常、插入异常和删除异常的情况。可以把原关系模式拆分为两个，如下所示。

teachers（<u>教师编号</u>，姓名，性别，系别）

departments（<u>系别</u>，系名，系主任，院系电话）

新关系包括两个关系模式，它们之间通过 teachers 中的外键（系别）进行联系，需要时再进行自然连接，恢复原来的关系。

同理，图 1.5 所示的数据表也可以拆分为两个。

```
students(s_no, s_name, sex, birthday, address, d_ID)
departments(d_ID, d_name, project)
```

4. 第二范式和第三范式的区别

第二范式和第三范式的概念很容易混淆，区分它们的关键点如下。

（1）2NF：非主键列是完全依赖于主键，还是依赖于主键的一部分。

（2）3NF：非主键列是直接依赖于主键，还是直接依赖于其他非主键。

1.5 数据库应用系统体系结构

目前，常用的以数据库为核心构成的应用系统多数采用以下两种结构模式：C/S 模式和 B/S 模式。

1.5.1 认识 C/S 模式数据库

C/S 结构，即客户机 / 服务器结构。在 C/S 结构中，客户机和服务器常常分别处在相距很远的两台计算机上。客户程序的任务是将用户的服务请求提交给服务程序，再将服务程序返回的处理结果以特定的形式显示给用户；服务程序的任务是接收客户程序提出的服务请求，进行相应的处理，再将结果返回给客户程序。C/S 模式数据库应用系统的开发工具通常是 Visual Basic（VB）、Visual C#、Visual C++/NET、Delphi、PowerBuilder（PB）等。三层 C/S 模式应用系统如图 1.6 所示。

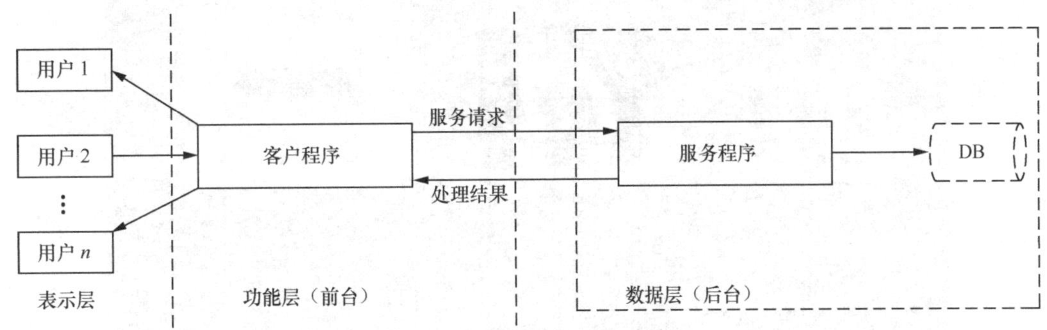

图 1.6　三层 C/S 模式应用系统

1.5.2 认识 B/S 模式数据库

随着 Internet 和万维网的流行，以往的主机/终端和 C/S 结构都无法满足当前全球网络开放、互连、信息随处可见和信息共享的新要求，于是就出现了 B/S 模式，如图 1.7 所示。

B/S 模式数据库是采用三层客户机/服务器模式，即浏览器和服务器结构。用户工作界面通过万维网浏览器来实现，主要事务逻辑在服务器端实现，第一层是浏览器，第二层是 Web 服务器，第三层是数据库服务器。这种结构的核心是 Web 服务器，它负责接收远程（或本地）的超文本传送协议（HTTP）数据请求，然后根据查询条件到数据库服务器获取相关的数据，并把结果翻译成超文本标记语言（HTML）文档传送给提出请求的浏览器。在三层结构中，数据库服务器完成所有的数据操作，Web 服务器则负责接收请求，然后到数据库服务器中进行数据处理，再对客户机给予答复。

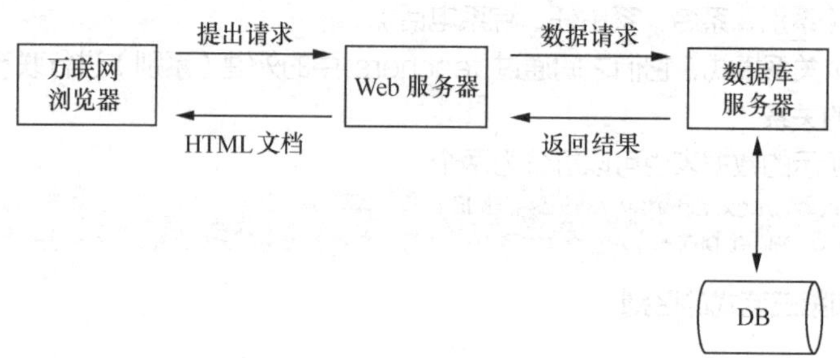

图 1.7　B/S 模式应用系统

例如，采用 WAMP（Windows+Apache+MySQL+PHP）进行开发的数据库系统，Web 服务器是 Apache，数据库服务器是 MySQL。ASP.NET(C#)是当前流行的 Web 程序设计工具，它运行在因特网信息服务器（Internet Information Server，IIS）上，ASP.NET(C#)+MySQL 也是一个开发 Web 数据库的好组合。此外，作为跨平台的面向对象的程序设计语言，Java 较为常用的 Web 服务器是 Tomcat，还有 JBoss、Web Logic 等，Java+MySQL 也是一个开发 Web 数据库的好组合。

例如，广州番禺职业技术学院顶岗实习与就业管理系统是为管理毕业生顶岗实习而编写的管理系统，该系统基于 B/S 模式。在系统的登录界面，用户用初始密码登录后可以完善个人信息，也可以更改登录密码，如图 1.8 所示。不同用户执行不同的操作权限，例如，教务处老师录入学生信息、教师信息，学生填写实习信息、实习企业信息、实习周记，教研室主任上传实习计划、实习教师的安排，系主任可以查看实习信息汇总、实习公司采集及统计报表。此外，系统还包括校内老师评价学生、校外老师评价学生和论文指导等功能模块。

图 1.8　顶岗实习系统登录界面

1.6 认识一个真实的关系数据库

例如，YSGL 数据库系统采用 B/S 结构，主要针对企业员工的信息和工资进行集中的管理，为企业建立一个较为完美的员工信息数据库。它以 WAMP 作为开发平台，用 PHP 设计操作界面和编写程序以实现数据录入、修改、存储、调用和查询等功能，使用 MySQL 进行数据库操作和管理。

本数据库管理系统有 User、Employees、Departments 和 Salary4 张数据表。User 是用户表，记录用户编号、用户名和用户密码等信息；Employees 是员工表，记录员工编号、员工姓名、性别、职称、政治面貌、学历、出生日期、婚姻状态、参加工作时间、与 Departments 关联、是否编内人员等信息；Departments 表存储部门数据；Salary 表存储员工工资数据。

每张表设置相应的主键，以保证数据记录的唯一性。并在相关表设置外键，表与表之间通过外键关联，进行数据约束，以保证数据的一致性。例如，Employees 表通过外键 D_ID 字段与 Departments 表关联，Salary 表通过外键 E_ID 字段与 Employees 表关联。YSGL 数据库的每一张表的结构见表 1.1~1.4。

表 1.1 User

字段名	类型	长度	默认值	是否空值	是否主键	备注
USER_ID	CHAR	8		NO	YES	用户编号
User_name	CHAR	8		NO		用户名
Authentication_string	DATE			NO		用户密码

表 1.2 Employees

字段名	类型	长度	默认值	是否空值	是否主键	备注
E_ID	VARCHAR	8		NO	YES	员工编号
E_name	VARCHAR	8		YES		员工姓名
Sex	VARCHAR	2	男	YES		性别
Professional	VARCHAR	6		NO		职称
Political	VARCHAR	8		NO		政治面貌
Education	VARCHAR	8		NO		学历
Birth	DATE			NO		出生日期
Marry	VARCHAR	8		NO		婚姻状态
Gz_time	DATE			NO		参加工作时间
D_ID	VARCHAR	5		NO	（外键）	与 Departments 关联
BZ	VARCHAR	2	是	NO		是否编内人员

表 1.3 Departments

字段名	类型	长度	默认值	是否空值	是否主键	备注
D_ID	TINYINT	5		NO	YES	(AUTO_INCREMENT)
D_name	VARCHAR	10		NO		

表 1.4 Salary

字段名	类型	长度	默认值	是否空值	是否主键	备注
E_ID	TINYINT	5		NO	YES(外键）	与 Employees 关联
Month	DATE			NO		月份
JIB_IN	FLOAT	6,2		NO		基本工资
JIX_IN	FLOAT	6,2		NO		绩效工资
JINT_IN	FLOAT	6,2		NO		津贴补贴
GJ_OUT	FLOAT	6,2		NO		代扣公积金
TAX_OUT	FLOAT	6,2		NO		扣税
QT_OUT	FLOAT	6,2		NO		其他扣款

【项目实践】

（1）某单位要编写一个人事管理系统，已知该单位有若干部门，每个部门有若干员工。试绘制出 E-R 图，并把 E-R 图转换为关系模式，指出每个实体的属性、主键（用横线标识）和外键（用波浪线标识）。

（2）学校有一车队，车队有几个分队，车队中有车辆和司机。车队与司机之间存在聘用关系，每个车队可以聘用多名司机，但每名司机只能在一个车队工作。司机有车辆使用权，每名司机可以使用多辆车，每辆车可被多名司机使用。要求：

① 画出 E-R 图并在图上注明属性、联系类型。

② 将 E-R 图转换为关系模式，并标明主键（用横线标识）和外键（用波浪线标识）。

【习题】

一、单项选择题

1. 数据库系统的核心是________。

A. 数据模型　　B. 数据库管理系统

C. 数据库　　D. 数据库管理员

2. E-R 图提供了表示信息世界中实体、属性和________的方法。

A. 数据　　B. 联系

C. 表　　D. 模式

3. E-R 图是数据库设计的工具之一，它一般适用于建立数据库的________。

A. 概念模型　　B. 结构模型

C. 物理模型　　D. 逻辑模型

4. 将 E-R 图转换为关系模式时，实体与联系都可以表示成________。

A. 属性　　B. 关系

C. 键　　D. 域

5. 在关系数据库设计中，设计关系模式属于数据库设计的________。

A. 需求分析阶段　　B. 概念设计阶段

C. 逻辑设计阶段　　D. 物理设计阶段

6. 从 E-R 图向关系模型转换，一个 $m:n$ 的联系转换成一个关系模式时，该关系模式的键是________。

A. m 端实体的键　　B. n 端实体的键

C. m 端实体键与 n 端实体键组合　　D. 重新选取其他属性

7. SQL 具有________的功能。

A. 关系规范化、数据操纵、数据控制

B. 数据定义、数据操纵、数据控制

C. 数据定义、关系规范化、数据控制

D. 数据定义、关系规范化、数据操纵

8. SQL 的数据操纵语句包括 SELECT、INSERT、UPDATE 和 DELETE，其中最重要的也是使用最频繁的语句是________。

A. SELECT　　B. INSERT

C. UPDATE　　D. DELETE

9. 在数据库中，导致数据不一致的根本原因是________。
   A. 数据存储量太大　　B. 没有严格保护数据
   C. 未对数据进行完整性控制　　D. 数据冗余
10. 用二维表来表示实体与实体之间联系的数据模型称为________。
   A. 面向对象模型　　B. 关系模型
   C. 层次模型　　D. 网状模型

二、填空题

1. 对于关系型数据库，表之间存在________、________和________关系。
2. 数据库系统的运行与应用结构有客户机/服务器结构（C/S 结构）和________两种。
3. 数据库管理系统的数据模型有________、________、________。
4. 数据库设计包括概念设计、________和物理设计。
5. 在 E-R 图中，矩形表示________。

三、简答题

1. 请简述什么是数据库管理系统，以及它的主要功能。
2. 请简述 C/S 结构与 B/S 结构的区别。
3. 请简述关系规范化过程。

任务 2 认识MySQL

02

【任务背景】

数据库是一个按照数据结构来组织、存储和管理数据的仓库。当前流行的 5 大数据库管理系统有 Microsoft 公司的 Access、SQL Server，IBM 公司的 DB2，Oracle 公司的 Oracle 和 MySQL。生活中有时将×××数据库管理系统简称×××数据库。MySQL 弥补了 Oracle 公司在数据库管理系统的中、小企业市场的短板。过去，中、小企业市场一直由Microsoft公司的SQL Server统治，如今，Oracle和Microsoft 公司在这一市场的差距正在缩小。MySQL 是一款非常优秀的开源数据库管理系统软件。那么，究竟 MySQL 有什么性能优势和特点呢？

【任务要求】

本任务从认识 SQL 的特点、基本语句开始，让学生了解 MySQL 的发展和现状，认识 MySQL 8.0 的优点和主要特性，认识 MySQL 自带的和其他常用的界面管理工具，初识 MySQL 的数据类型和基本语句。

拓展阅读

认识MySQL

【任务分解】

2.1 认识 SQL

结构化查询语言（Structured Query Language，SQL）是最重要的关系数据库操作语言之一。1974 年，在 IBM 公司圣约瑟研究实验室研制的大型关系数据库管理系统 System R 中，使用了 Sequel 语言，后来在 Sequel 语言的基础上发展出 SQL。1986 年 10 月，美国国家标准学会（ANSI）通过了 SQL 美国标准，接着国际标准化组织（ISO）颁布了 SQL 正式国际标准。1989 年 4 月，ISO 提出了具有完整性特征的 SQL 89 标准。1992 年 11 月，ISO 又公布了 SQL 92 标准，在这个标准中，数据库管理系统分为 3 个级别：基本集、标准集和完全集。

SQL 基本上独立于数据库本身、使用的机器、网络和操作系统。基于 SQL 的 DBMS 产品可以运行在从个人机、工作站到基于局域网、小型机和大型机的各种计算机系统上，具有良好的可移植性。

现在已有 100 多种遍布在从微机到大型机上的基于 SQL 的数据库产品，其中包括 DB2、SQL/DS、Oracle、Ingres、Sybase、SQL Server、dBaseⅣ和 Microsoft Access 等管理系统。

2.1.1 SQL 的特点

（1）一体化：SQL 集数据定义语言（DDL）、数据操作语言（DML）和数据控制语言（DCL）等于一体，可以完成数据库中的全部工作。

（2）使用方式灵活：它具有两种使用方式，既可以直接以命令方式交互使用，也可以嵌入使用，如嵌入 C、C++、Fortran、COBOL 和 Java 等语言中使用。

（3）非过程化：只需要提供操作要求，不必描述操作步骤，也不需要导航。使用时只需要告诉计算机“做什么”，而不需要告诉它“怎么做”。

（4）语言简洁，语法简单，好学好用：在 ANSI 标准中，只包含 94 个英文单词，核心功能只用了 6 个动词，语法接近英语口语。

2.1.2 SQL 的类型

SQL 包含 6 种语言类型。

（1）数据查询语言（DQL）：也称为“数据检索语句”，用来从表中获得数据，确定数据怎样在应用程序中给出。保留字 SELECT 是 DQL（也是所有 SQL）用得最多的动词，其他 DQL 常用的保留字有 WHERE、ORDER BY、GROUP BY 和 HAVING。这些 DQL 保留字常与其他类型的 SQL 语句一起使用。

（2）数据操纵语言（DML）：包括动词 INSERT、UPDATE 和 DELETE。它们分别用于添加、修改和删除表中的行，也称为动作查询语言。

（3）事务处理语言（TPL）：它的语句能确保被 DML 语句影响的表的所有行及时得到更新。TPL 语句包括 BEGIN TRANSACTION、COMMIT 和 ROLLBACK。

（4）数据控制语言（DCL）：它的语句通过 GRANT 或 REVOKE 获得许可，确定单个用户和用户组对数据库对象的访问。某些 RDBMS 可用 GRANT 或 REVOKE 控制对表中单个列的访问。

（5）数据定义语言（DDL）：其语句包括动词 CREATE 和 DROP。它的语句可以实现在数据库中创建新表或删除表（CREAT TABLE 或 DROP TABLE），为表加入索引等动作。它也是动作查询的一部分。

（6）指针控制语言（CCL）：它的语句，如 DECLARE CURSOR、FETCH INTO 和 UPDATE WHERE CURRENT 用于对一个或多个表中单独行的操作。

2.2 MySQL 概述

MySQL 是一个小型关系数据库管理系统，开发者为瑞典的 MySQL AB 公司。该公司在 2008 年 1 月 16 日被 Sun 公司收购。2009 年，Sun 又被 Oracle 公司收购。MySQL 成了 Oracle 公司的另一个数据库项目。MySQL 的 Logo 海豚图标如图 2.1 所示。

图 2.1 MySQL 的 Logo

MySQL 是开放源码的。对于一般的个人使用者和中、小型企业来说，MySQL 提供的功能已经绰绰有余，因此它被广泛地应用在 Internet 上的中、小型网站中。目前 Internet 上流行的网站架构方式是 Linux+Apache+MySQL+PHP（LAMP）和 WAMP。由于 LAMP 架构中的 4 个软件都是免费或开源软件（Free/Libre and Open Source Software，FLOSS），因此使用者可以轻松建立起一个稳定、免费的网站系统。

MySQL 的版本有：企业版（MySQL Enterprise Edition）、标准版（MySQL Standard Edition）、经典版（MySQL Classic Edition）、集群版（MySQL Cluster CGE）和社区版（MySQL Community Edition）。MySQL 社区版是最流行的免费下载的开源数据库管理系统之一。商业客户可灵活地选择企业版、标准版和集群版等多个版本，以满足特殊的商业和技术需求。

2.3 认识 MySQL 8.0

MySQL 性能出众、可靠性高、方便使用，是当今最流行、使用最广泛的开源数据库之一。2009 年，MySQL 进入 Oracle 产品体系，获得了更多的研发投入。Oracle 在硬件、软件和服务上的付出，使得 MySQL 8.0 成为以往版本中最好的一个发行版。MySQL 8.0 经过多版本迭代性能与配置优化，以及最新版本的存储引擎与安全优化，能够提供高性能的数据管理解决方案，其特点如下。

（1）InnoDB 作为默认的数据库存储引擎，是一种成熟、高效的事务引擎，目前已经被广泛使用。MySQL 8.0 中系统表全部换成事务型的 InnoDB 表，默认的 MySQL 实例将不包含任何 MyISAM 表，除非手动创建 MyISAM 表。

（2）提升了系统的可用性，InnoDB 集群为数据库提供集成的原生高可用解决方案。

（3）在 MySQL 8.0 之前，自增主键 AUTO_INCREMENT 的值如果大于 max(primary key)+1，在 MySQL 重启后，会重置 AUTO_INCREMENT=max(primary key)+1，这种现象在某些情况下会导致业务主键冲突或者出现其他难以发现的问题。MySQL 8.0 将会对 AUTO_INCREMENT 值进行持久化，解决自增主键不能持久化的问题。

（4）InnoDB 表的 DDL 支持事务完整性，要么成功要么回滚，将 DDL 操作回滚日志写入隐藏表中。

（5）在 MySQL 8.0 中，索引可以被“隐藏”和“显示”。当对索引进行隐藏时，它不会被查询优化器所使用。用户可以使用这个特性进行调试，例如先隐藏一个索引，然后观察其对数据库的影响。

（6）从 MySQL 8.0 开始，新增了一个称为“窗口函数”的概念，它可以用来实现若干新的查询方式。

（7）MySQL 8.0 大幅改进了对 JSON 的支持，添加了基于路径查询参数从 JSON 字段中抽取数据的JSON_EXTRACT() 函数，以及用于将数据分别组合到 JSON 数组和对象中的 JSON_ARRAYAGG() 和 JSON_OBJECTAGG() 聚合函数。

（8）MySQL 8.0 在安全性方面，对 OpenSSL 进行了改进，新的默认身份验证、SQL 角色、密码强度、授权精细度，使数据库更安全，性能更好。

（9）MySQL 8.0 在性能模式下，查询等操作的速度是 MySQL 5.7 的 2 倍。未来，MySQL 将能够使用 Oracle 的管理工具，MySQL 社区版也能够被 Oracle 管理工具管理，前提是 MySQL 用户也是 Oracle 数据库的用户。

（10）NoSQL：MySQL 从 5.7 版本开始提供 NoSQL 存储功能，在 8.0 版本中，这部分功能得到了更大的改进。该项功能消除了对独立的 NoSQL 文档数据库的需求，而 MySQL 文档存储也为 schemaless 模式的 JSON 文档提供了多文档事务支持和完整的事务四大特性的合规性。

2.4 MySQL 的管理工具

可以使用命令行工具（mysql 和 mysqladmin）管理 MySQL 数据库，也可以从 MySQL 官网下载图形管理工具 MySQL Administrator、MySQL Query Browser 和 MySQL Workbench。此外，phpMyAdmin、SQLyog 也是非常好的界面管理工具。

1. mysql

打开 MySQL 命令行客户端，启动时，以管理员（root）身份登录 MySQL Server，输入正确的用户密码，成功登录后，出现提示符 mysql>，如图 2.2 所示。

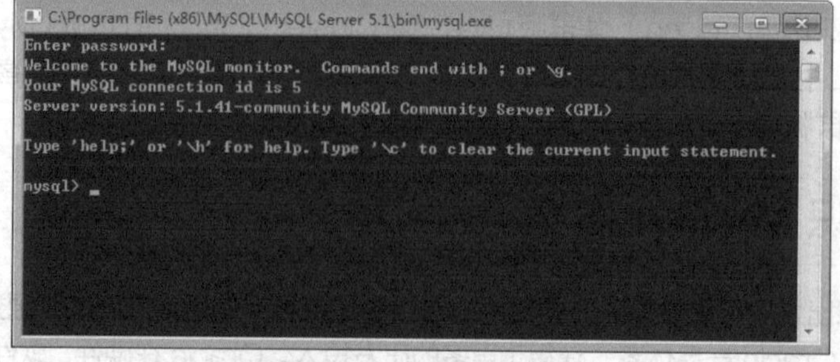

图 2.2　MySQL 命令行客户端

2. MySQL Administrator

MySQL Administrator 是用来执行数据库管理操作的程序。例如，配置、控制、开启和关闭 MySQL 服务；管理用户和连接数，执行数据备份和其他管理任务等，如图 2.3 所示。

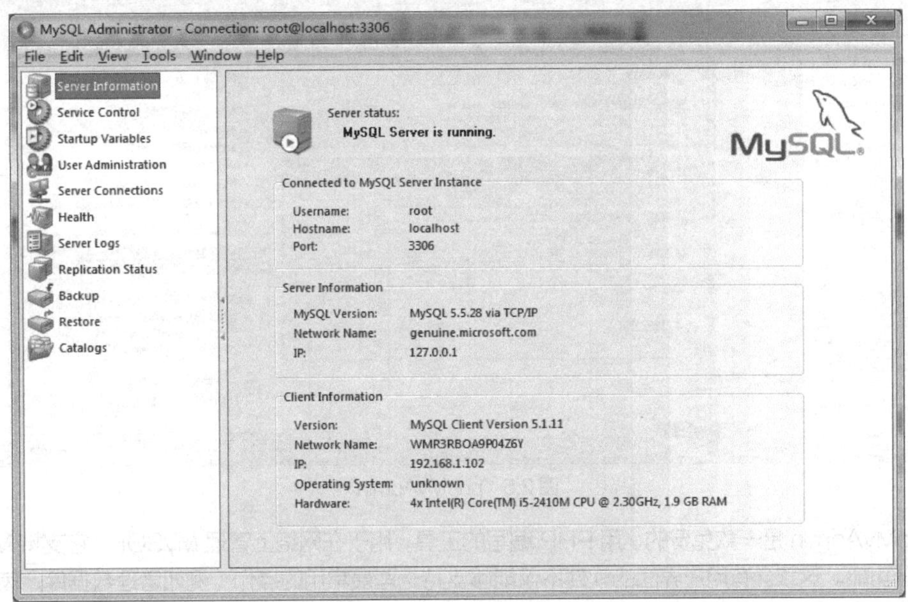

图 2.3　MySQL Administrator

3. MySQL Workbench

MySQL Workbench 即 MySQL 工作台。MySQL Workbench 是 MySQL AB 公司发布的可视化的数据库设计软件，是为开发人员、数据库管理员和数据库架构师设计的统一的可视化工具。MySQL Workbench 提供了先进的数据建模、灵活的 SQL 编辑器和全面的管理工具。MySQL Workbench 可在 Windows、Linux 和 mac 操作系统上使用。

截至 2020 年 6 月，该软件发布了 MySQL Workbench 8.0.9。软件界面如图 2.4 所示。

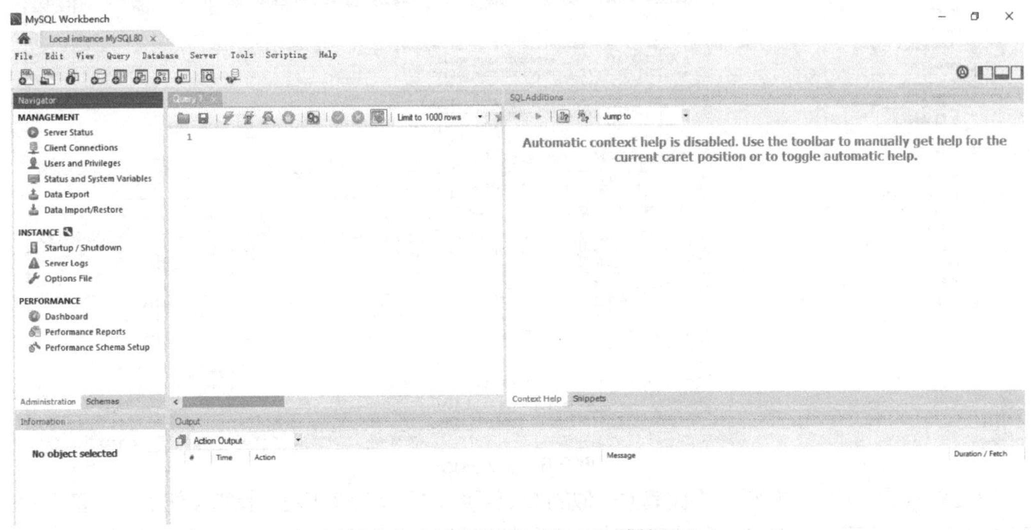

图 2.4　MySQL Workbench 软件界面

4. phpMyAdmin

phpMyAdmin 是用 PHP 写成的 MySQL 数据库系统管理程序，让管理者可用 Web 界面管理

MySQL 数据库，如图 2.5 所示。

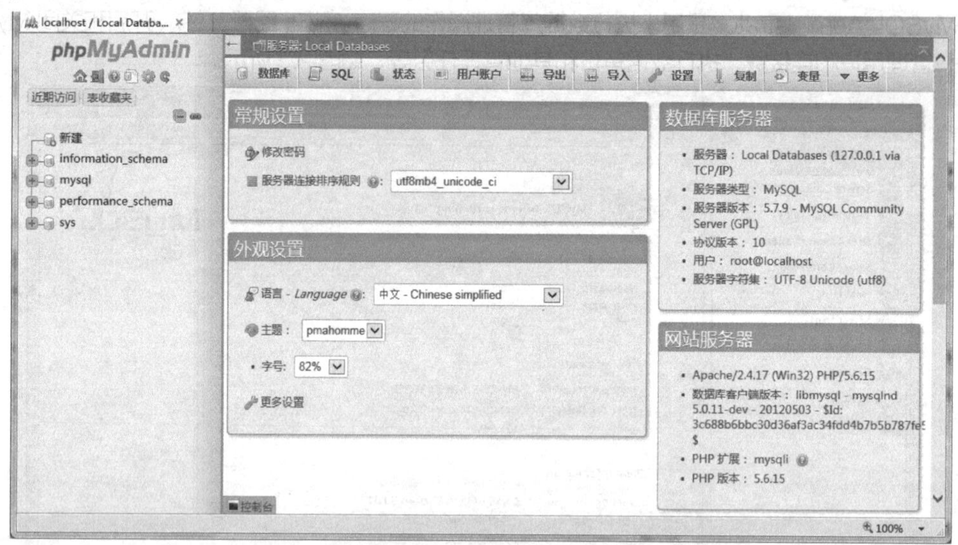

图 2.5　phpMyAdmin

phpMyAdmin 是一款免费的、用 PHP 编写的工具，用于在网络上管理 MySQL。它支持 MySQL 的大部分功能。这款含有用户界面的软件不仅能够支持一些最常用的操作（例如管理数据库、表格、字段、联系、索引、用户、许可等），还可以直接执行任意 SQL 语句。

5. SQLyog

SQLyog 是 Webyog 公司推出的一款简洁高效、功能强大的图形化 MySQL 数据库管理工具，如图 2.6 所示。

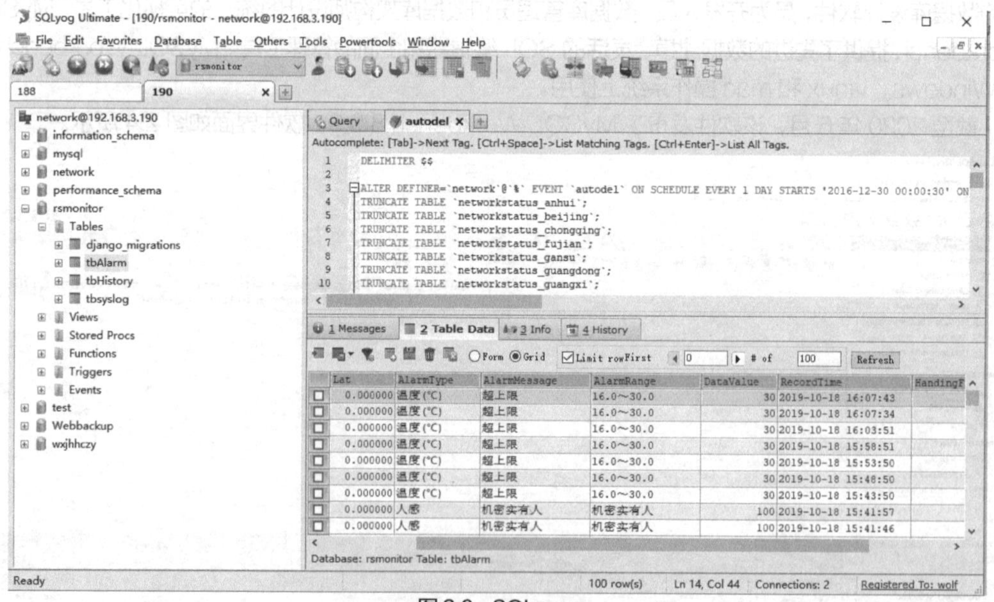

图 2.6　SQLyog

SQLyog 是一款收费软件。相比其他类似的 MySQL 数据库管理工具，其特点如下：①基于 C++ 和 MySQL API 编程；②包含方便快捷的数据库同步与数据库结构同步工具；③具备易用的数据库、数据表备份与还原功能；④支持导入与导出 XML、HTML、CSV 等多种格式的数据；⑤可直接运行批量 SQL 脚本文件，速度快；⑥新版本增加了强大的数据迁移功能。

2.5 初识 MySQL 数据类型

在创建表时，必须为各字段列指定数据类型。列的数据类型决定了数据的存储形式和取值范围。MySQL 支持的数据类型有数值型、字符串型、日期时间型、文本型、BLOB 型、ENLIM 枚举型以及 SET 集合型等，特别地，MySQL 8.0 还支持 JSON 数据类型。

例如，要创建一个进货单表，各字段的数据类型和取值如下。

商品编号　　CHAR（5）
商品名称　　VARCHAR（5）
数　　量　　INT
单　　价　　FLOAT（6,2）
进货日期　　DATE
备　　注　　TEXT

其中，CHAR（5）表示 5 个的固定长度的字符串，VARCHAR（5）表示变长字符串，INT 表示整数型，FLOAT（6,2）表示总长度为 6 位、小数位为 2 位的浮点数。DATE 是日期型，表示如“2019-05-01”这样的值，如果是 TIME 时间型，则可以表示如“12:30:30”这样的值；MySQL 还支持日期、时间的组合，如“2019-05-01 12:30:30”，则可以选 DATETIME 类型；TEXT 是文本型，一般存储较长的备注、日志信息等。

关于 MySQL 所支持的数据类型，以及怎样选择合适的数据类型将在任务 6 中详细讲解。

2.6 初识 MySQL 的基本语句

MySQL 的主要语句有 CREATE、INSERT、UPDATE、DELETE、DROP 和 SELECT 等。

例如，创建一个数据库 TEST，在数据库中创建一个表 NUMBER，然后进行一系列的操作：向表插入数据、更新表数据、查询表数据、删除表的数据、删除表和删除数据库等。可执行如下 SQL 语句。

```
Mysql>CREATE DATABASE TEST;            //创建数据库 TEST
Mysql>USE TEST;                        //指定到数据库 TEST 中操作
Mysql>CREATE TABLE NUMBER( NO CHAR（6）RPIMARY KEY,
N_NAME CHAR（8））;                      // 创建表 NUMBER
Mysql>INSERT INTO TABLE NUMBER VALUES('001', '李明');//向表 NUMBER 中插入数据
Mysql>UPDATE NUMBER SET N_NAME='李明'  WHERE NO='001';        //更新 NUMBER 表数据
Mysql>SELECT*FROM NUMBER;              //查询 NUMBER 表数据
Mysql>DELETE FROM NUMBER;              //删除表的数据
Mysql>DROP TABLE NUMBER;               //删除表
Mysql>DROP DATABASE TEST;              //删除数据库 TEST
```

【习题】

一、单项选择题

1. 可用于从表或视图中检索数据的 SQL 语句是________。
   A. SELECT 语句　　　　B. INSERT 语句
   C. UPDATE 语句　　　　D. DELETE 语句
2. SQL 又称________。
   A. 结构化定义语言　　　　B. 结构化控制语言
   C. 结构化查询语言　　　　D. 结构化操纵语言
3. 以下关于MySQL 的说法中错误的是________。

A. MySQL 是一种关系数据库管理系统

B. MySQL 软件是一种开放源码软件

C. MySQL 服务器工作在客户端/服务器模式下，或嵌入式系统中

D. MySQL 完全支持标准的 SQL 语句

4. 有一名为“销售”的实体，含有商品名、客户名和数量等属性，该实体的主键是______。

A. 商品名　　B. 客户名

C. 商品名+客户名　　D. 商品名+数量

二、填空题

MySQL 数据库所支持的 SQL 主要包含______、______、______和 MySQL 扩展增加的语言要素几个部分。

三、简答题

1. 请列举 MySQL 的系统特性。
2. 请列举两个常用的 MySQL 客户端管理工具。
3. 请解释 SQL 是何种类型的语言。
4. MySQL 8.0 有什么特性?
5. MySQL 8.0 常用的语句有哪些?
6. MySQL 自带的管理工具有哪些?

项目二　MySQL实训环境配置

任务 3 Windows操作系统中MySQL的安装与配置

03

【任务背景】

在 Windows 操作系统下，MySQL 数据库管理系统的安装包分为图形化界面安装和免安装这两种安装包。这两种安装包的安装方式不同，而且配置方式也不同。图形化界面安装包有完整的安装向导，安装和配置很方便；免安装的安装包直接解压缩即可使用，但是配置起来很不方便。

【任务要求】

本任务将学习在图形化界面下安装与配置 MySQL 8.0 的基本方法，并掌握启动和停止 MySQL 8.0 服务器的方法，学习从本地和远程登录 MySQL 8.0 服务器的方法。MySQL 其他版本的安装和配置方法与之类似。

微课视频

MySQL 实训环境配置

【任务分解】

3.1 MySQL 服务器的安装与配置

下面介绍在 Windows 操作系统下通过安装向导来安装和配置 MySQL 的方法。

先下载 MySQL 8.0。版本和操作系统选择如图 3.1 所示。

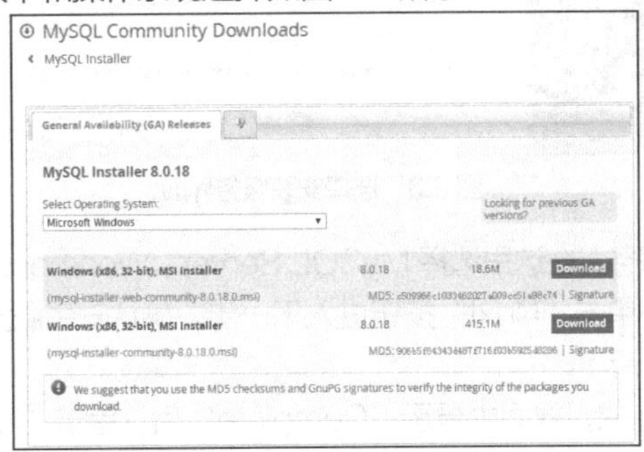

图 3.1　版本和操作系统选择

3.1.1 MySQL 服务器的安装

（1）下载 Windows 操作系统下的 MySQL 8.0.18 安装包，解压缩后双击，进入安装向导。接受安装协议后，可以选择安装类型，包括默认安装（Developer Default）、只安装服务器（Server only）、只安装客户端（Client only）、安装全部服务（Full）和自定义安装（Custom）。我们选择自定义安装，如图 3.2 所示，进入选择安装服务界面，如图 3.3 所示。

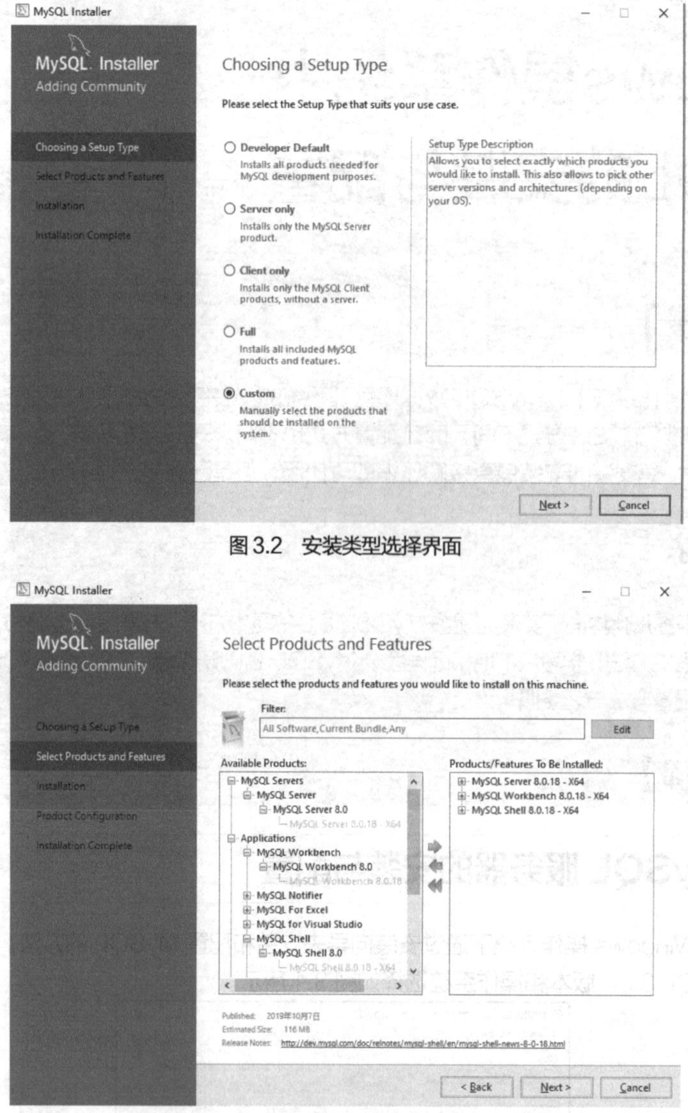

图 3.2 安装类型选择界面

图 3.3 选择安装服务界面

（2）选择所需要的安装服务，在这里选择 MySQL Server、Workbench（图形管理工具）、MySQL Shell（交互式命令行工具）。单击“Next”按钮进入下一步，确认安装服务并单击“Execute”按钮开始安装，如图 3.4 和图 3.5 所示。

（3）等待所有服务安装完成，界面中显示“Complete”后，单击“Next”按钮，如图 3.6 所示。进入产品的配置向导，单击“Next”按钮，如图 3.7 所示。

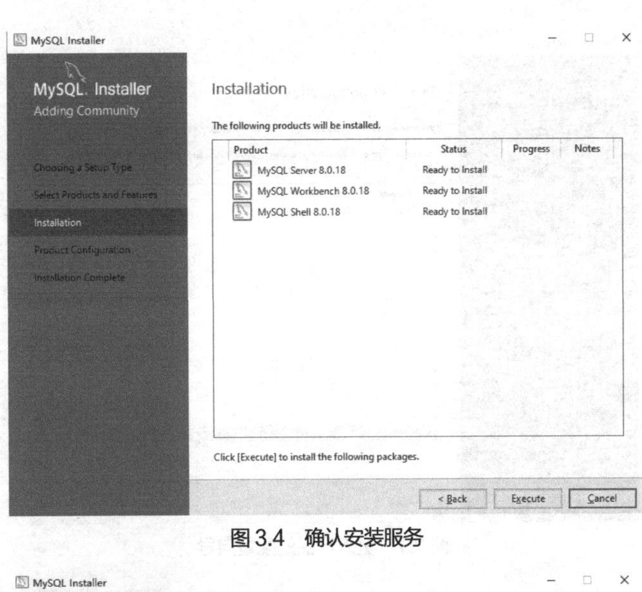

图 3.4　确认安装服务

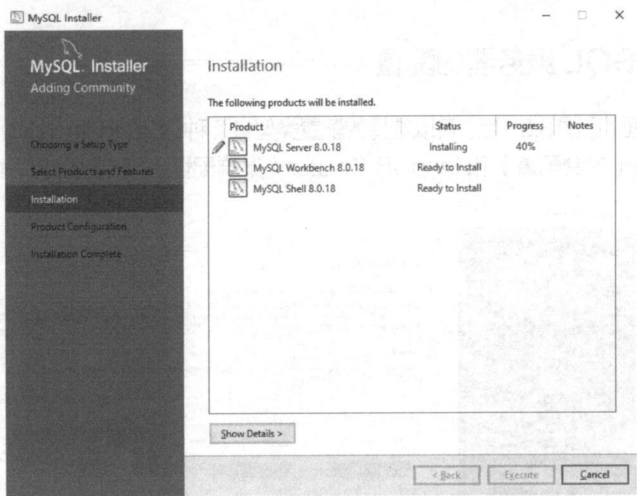

图 3.5　安装界面

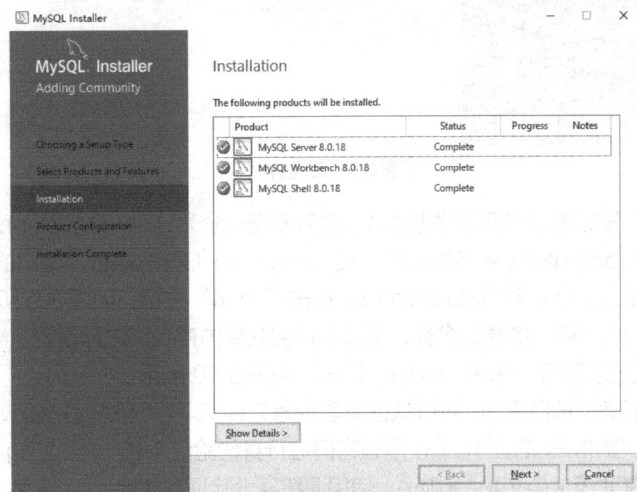

图 3.6　安装完成界面

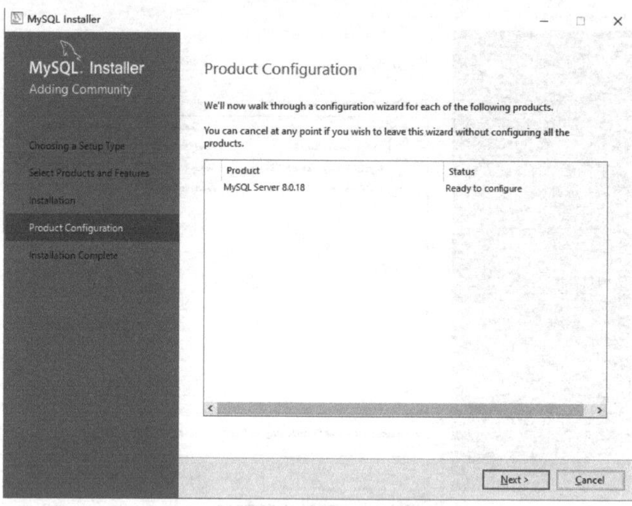

图 3.7　进入产品的配置向导

3.1.2　MySQL 服务器的配置

（1）进入配置界面（见图 3.8）后，可以选择的配置类型有 2 种：Standalone MySQL Server/Classic MySQL Replication（单台配置）和 InnoDB Cluster（集群配置）。在这里选择第一种。

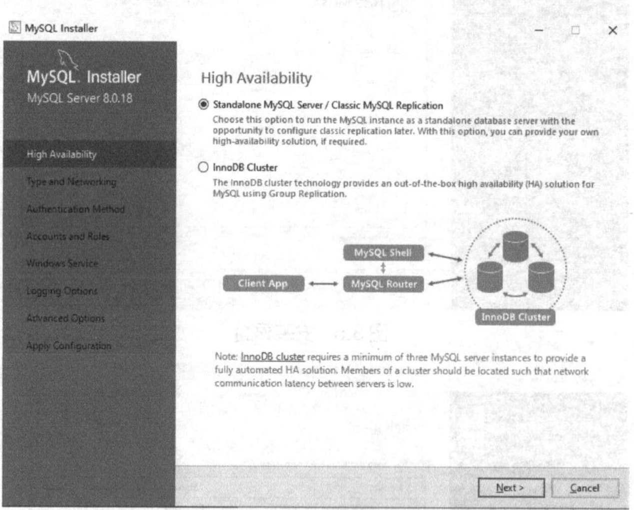

图 3.8　配置界面

（2）单击“Next”按钮进行服务器类型选择，服务器类型分为 3 种：Development Computer（开发测试类）、Server Computer（服务器类型）和 Dedicated Computer（专门的数据库服务器）。我们仅仅是用来学习和测试，保持默认选项就可以，单击“Next”按钮，如图 3.9 所示。

（3）根据需求对 MySQL 的端口名称、管道名称和共享内存名称进行设置。MySQL 默认端口为 3306，这里保持默认选项即可，单击“Next”按钮，如图 3.10 所示。

（4）进入身份认证类型选择界面，身份认证类型分为 2 种：Use Strong Password Encryption for Authentication(RECOMMENDED)（使用强密码进行身份验证）和 Use Legacy Authentication Method(Retain MySQL 5.x Compatibility)（使用遗留身份验证方式验证）。安装 MySQL 时，为了保证安全性，我们选择使用强密码进行身份验证。单击“Next”按钮，如图 3.11 所示。

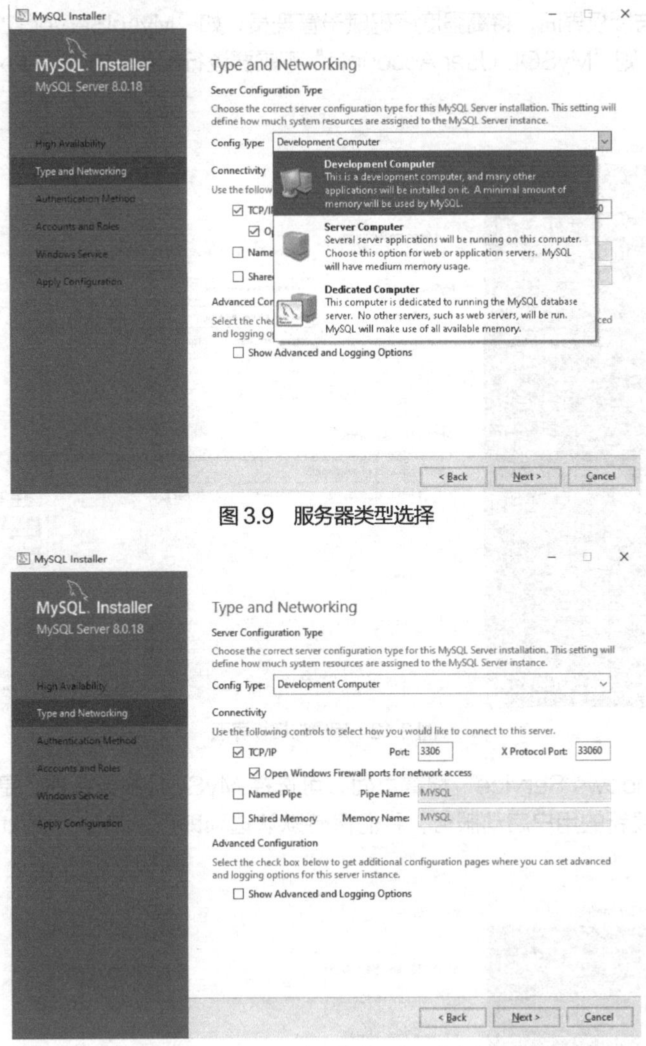

图 3.9　服务器类型选择

图 3.10　对 MySQL 的端口名称、管道名称和共享内存名称进行设置

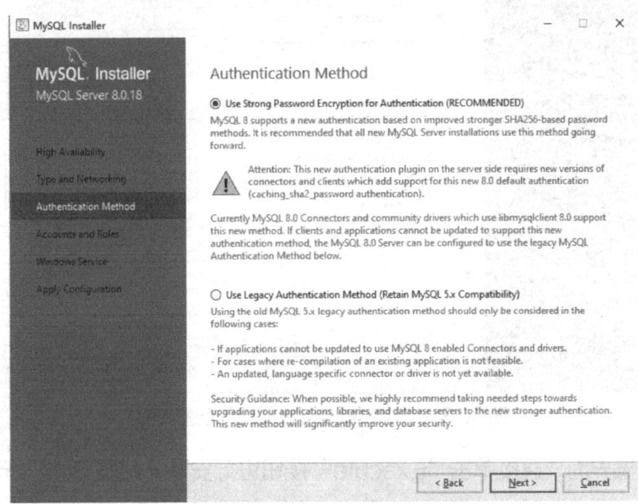

图 3.11　身份认证类型选择界面

（5）进入用户与授权界面，将高强度密码赋予管理员，如“MysqlServer12345!@”。在这里不创建新的访问用户，则“MySQL User Accounts”不需要进行配置，单击“Next”按钮，如图3.12所示。

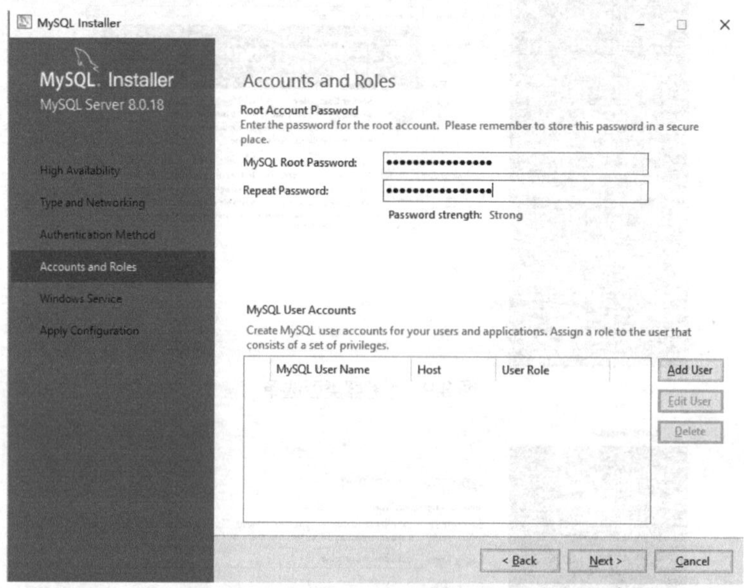

图3.12 用户与授权界面

（6）进入“Windows Service”配置页面，可选择MySQL服务名称、是否跟随系统启动而启动、是否需要创建新的用户启动服务，我们保持默认选项即可，单击“Next”按钮，如图3.13所示。

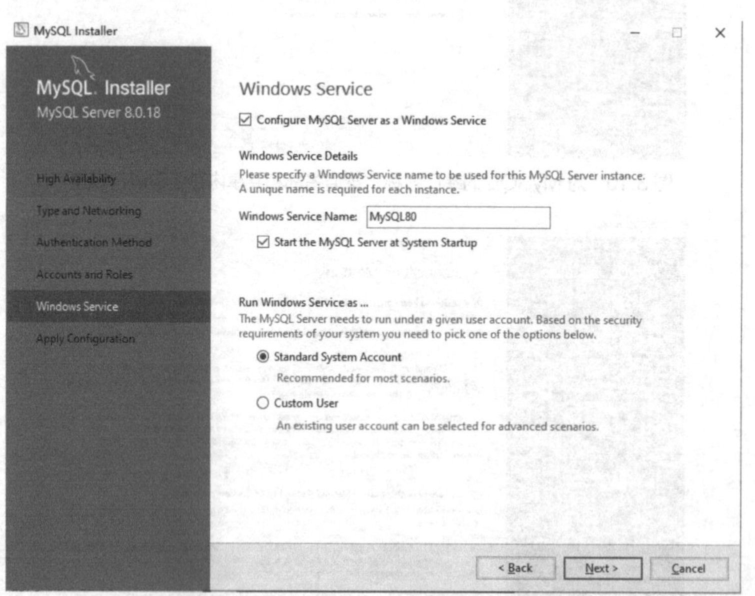

图3.13 “Windows Service”配置界面

（7）进入应用配置界面，直接单击“Execute”按钮进行安装，如图3.14所示。等待配置完成即可，如图3.15所示。

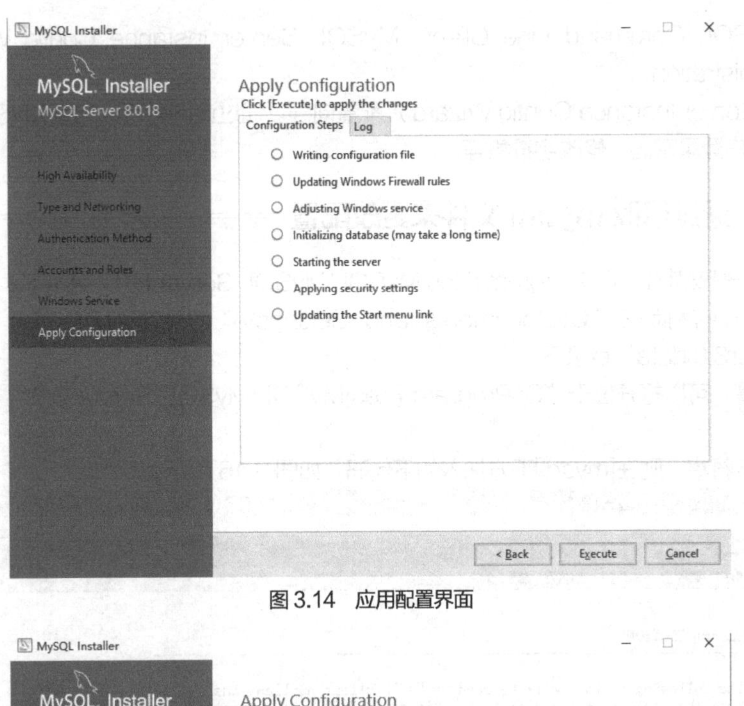

图 3.14　应用配置界面

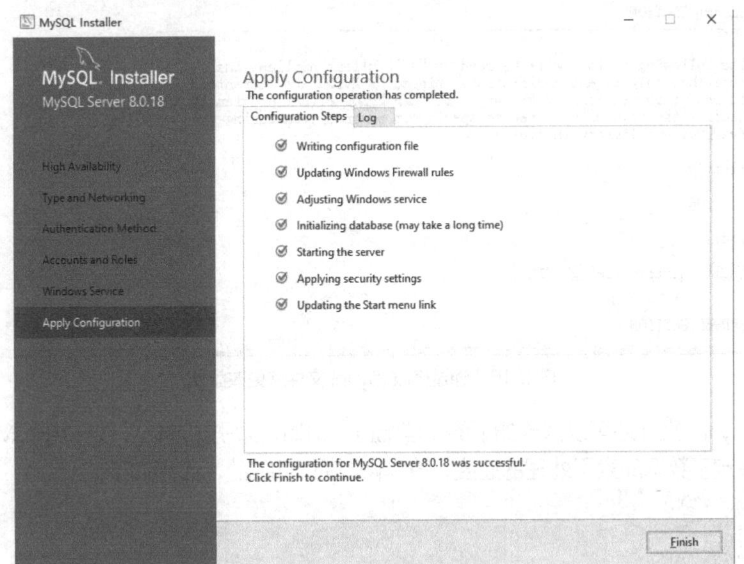

图 3.15　配置完成

3.2 更改 MySQL 的配置

MySQL 数据库管理系统安装好了以后，可以根据实际情况更改 MySQL 的某些配置。一般可以通过 2 种方式来更改：一种是通过配置向导来更改配置，另一种是通过修改 my.ini 文件来更改配置。下面将详细介绍更改 MySQL 配置的方法。

3.2.1 通过配置向导来更改配置

MySQL 提供了一个人性化的配置向导，通过配置向导可以很方便地更改配置。

MySQL 的配置向导在【开始】|【所有程序】|【MySQL】|【MySQL Server 8.0】中。在该位置

可以看到 MySQL Command Line Client、MySQL Server Instance Config Wizard 和 Sun Inventory Registration。

MySQL Server Instance Config Wizard 是配置向导。通过该向导可以配置 MySQL 数据库，例如修改 root 用户登录密码、修改字符集等。

3.2.2 通过修改 my.ini 文件来更改配置

MySQL 一般安装在"C:\Program Files\MySQL\MySQL Server 8.0"目录下。MySQL 数据库的数据文件对应存储在"C:\Documents and Settings\All Users\Application Data\MySQL\MySQL Server8.0\data"目录下。

要手动配置，可以打开位于"C:\Program Files\MySQL\MySQL Server 8.0\"目录下的 my.ini 文件。

如要修改字符集，则在[mysql]下方加入如下代码，如图 3.16 所示。

```
default-character-set = gb2312
```

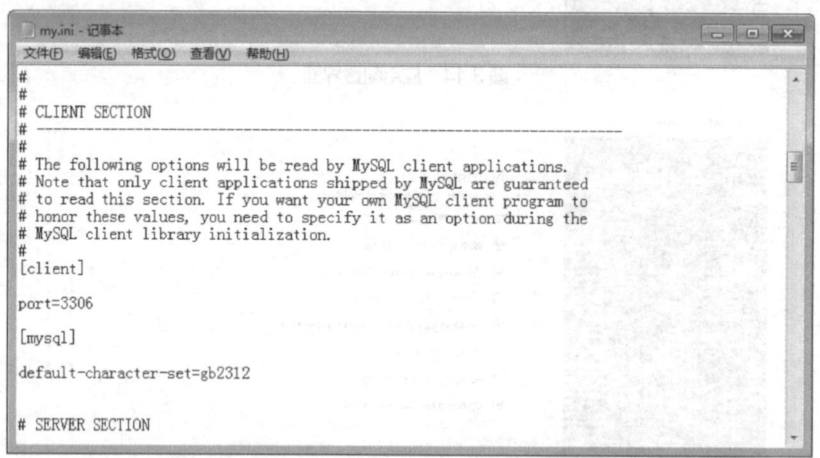

图 3.16 通过修改 my.ini 文件来更改配置

通过修改 my.ini 文件还可以修改如下的一些配置，例如，索引缓冲区（仅作用于 MyISAM 表和临时表）的大小决定了数据库索引处理的速度，将其修改为"10M"，代码如下。

```
key_buffer_size = 10M
#mysql 数据存储目录
datadir=f:/server/mysql/data
#启动数据库更新二进制日志记录，日志文件名以 mysql-bin 开头
log-bin=mysql-bin
```

3.3 连接 MySQL 本地服务

MySQL 数据库分为服务器端和客户端两部分。只有服务器端的服务开启以后，才可以通过客户端来登录 MySQL 数据库。

3.3.1 MySQL 服务器的启动和关闭

服务是一种在系统后台运行的程序，数据库系统在安装之后会建立一个或多个相关的服务，每个服务都有其特定的功能。在这些服务中，有的是要求必须启动的，而有的则可以根据需要有选择地启动。

服务启动通常有自动和手动两种类型。MySQL 服务手动启动一般有以下方式。

1. 操作系统命令启动和停止服务

一般情况下，在 Windows 操作系统中安装完 MySQL 后，MySQL 服务就已经自动启动了。可用 net 命令行方法启动，方法为单击【开始】|【运行】，输入“cmd”，按<Enter>键后弹出命令提示符界面（类似 DOS 命令行，后文简称命令行）。输入“net start MySQL80”（注意：MySQL80 为安装时命名，非统一）则启动 MySQL 服务，输入“net stop MySQL80”则停止 MySQL 服务，如图 3.17 所示。

2. 配置服务的启动类型

如果 MySQL 服务没有打开，也可以直接打开 Windows 的服务，启动 MySQL 服务。在 Windows 7 操作系统下打开【开始】|【管理工具】|【服务】，在服务列表中找到 MySQL80，然后双击，弹出图 3.18 所示的对话框，在“启动类型”中选择“自动”即可。

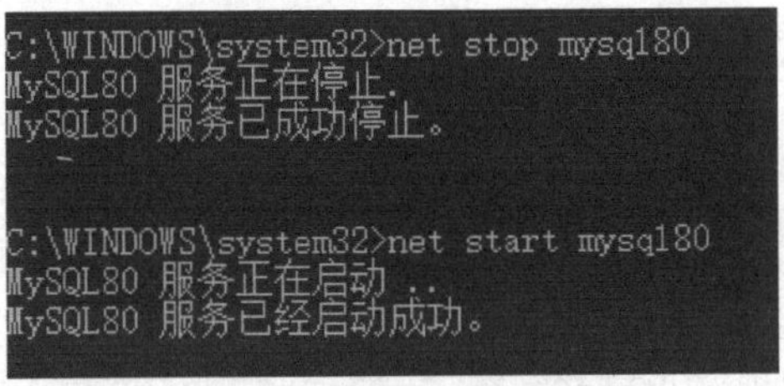
C:\WINDOWS\system32>net stop mysql80
MySQL80 服务正在停止.
MySQL80 服务已成功停止。
C:\WINDOWS\system32>net start mysql80
MySQL80 服务正在启动 ..
MySQL80 服务已经启动成功。

图 3.17　运行 cmd 命令行启动服务

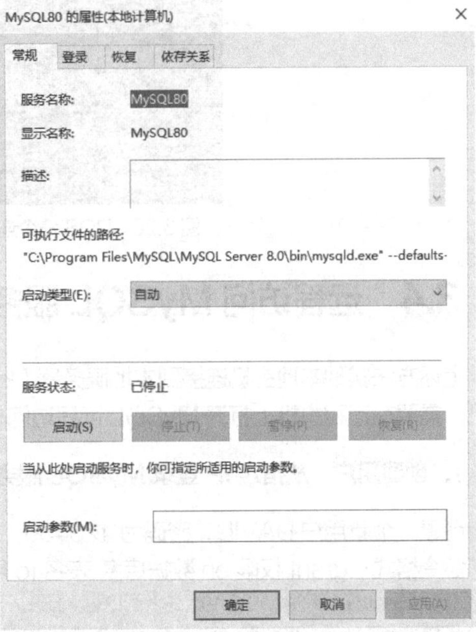
MySQL80 的属性(本地计算机)
常规
登录
恢复
依存关系
服务名称:
MySQL80
显示名称:
MySQL80
描述:
可执行文件的路径:
"C:\Program Files\MySQL\MySQL Server 8.0\bin\mysqld.exe" --defaults-
启动类型(E):
自动
服务状态:
已停止
启动(S)
停止(T)
暂停(P)
恢复(R)
当从此处启动服务时，你可指定所适用的启动参数。
启动参数(M):
确定
取消
应用(A)

图 3.18　启动 MySQL 服务

3.3.2 MySQL 客户端连接 MySQL 服务器

从“开始”菜单中打开程序 MySQL Server 8.0，默认以 root 用户进入，输入密码后按<Enter>键，如图 3.19 所示，表示连接了 MySQL 服务。MySQL 的提示符如下。

```
mysql>
```

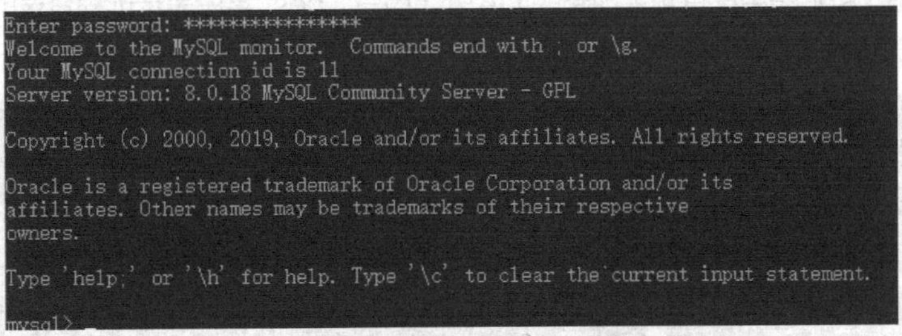
Enter password: ****************
Welcome to the MySQL monitor. Commands end with ; or \g.
Your MySQL connection id is 11
Server version: 8.0.18 MySQL Community Server - GPL
Copyright (c) 2000, 2019, Oracle and/or its affiliates. All rights reserved.
Oracle is a registered trademark of Oracle Corporation and/or its
affiliates. Other names may be trademarks of their respective
owners.
Type 'help;' or '\h' for help. Type '\c' to clear the current input statement.
mysql>

图 3.19　MySQL 客户端连接 MySQL 服务器运行结果

3.3.3 DOS 命令连接 MySQL 服务器

命令格式：mysql -h 主机地址 -u 用户名 -p 用户密码

首先打开 DOS 窗口，然后进入目录 bin，代码如下。

```
cd c:\Program Files\MySQL\MySQL Server 8.0\bin
```

根据系统中 MySQL 安装位置的不同，前面的例子中使用的路径也不同。

再键入命令 mysql -uroot-p。从本地主机登录服务器，-h localhost 可以省略，按<Enter>键后提示输密码，如果刚安装好 MySQL，root 用户是没有密码的，故直接按<Enter>键即可进入 MySQL，如图 3.20 所示。

```
C:\Users\shikq>cd C:\Program Files\MySQL\MySQL Server 8.0\bin

C:\Program Files\MySQL\MySQL Server 8.0\bin>mysql -uroot -p
Enter password: ******
Welcome to the MySQL monitor.  Commands end with ; or \g.
Your MySQL connection id is 8
Server version: 8.0.18 MySQL Community Server - GPL

Copyright (c) 2000, 2019, Oracle and/or its affiliates. All rights reserved.

Oracle is a registered trademark of Oracle Corporation and/or its
affiliates. Other names may be trademarks of their respective
owners.

Type 'help;' or '\h' for help. Type '\c' to clear the current input statement.

mysql>
```

图 3.20 DOS 命令连接 MySQL 服务器运行结果

3.4 远程访问 MySQL 服务器

上述方法实现本地主机连接到本地服务器（localhost 或 IP 地址 127.0.0.1）。想要成功连接到远程主机，需要在远程主机上打开 MySQL 远程访问权限。

1. 创建用户，从指定 IP 登录 MySQL 服务器

创建一个新用户 DAVID，密码为 123456，并用 grant 授权。

命令格式：grant 权限 on 数据库名.表名 to 用户@登录主机;

```
mysql>create user DAVID@192.168.1.12 identified by'123456';
mysql>grant select, update, insert, delete on *.*   to DAVID@192.168.1.12;
```

说明 **指定以“DAVID”为用户名，从 IP 为 192.168.1.12 的主机连接到 MySQL 服务器。（关于创建用户将在任务 17 中详细介绍。）**

输入以下命令可以查看创建的用户情况。

```
mysql> use MySQL;
Database changed
mysql> select host, user, authentication_string from user;
```

可以看到，在 user 表中已有刚才创建的 DAVID 用户。host 字段表示远程登录的主机，其值可以是 IP，也可以是主机名，如图 3.21 所示。

```
mysql> select user,host,authentication_string from mysql.user;
+------------------+--------------+------------------------------------------------------------------------+
| user             | host         | authentication_string                                                  |
+------------------+--------------+------------------------------------------------------------------------+
| DAVID            | 192.168.1.12 | $A$005$□□□>x0"=g□□□e□+□3QD4xqZiSdEJUfRnzfhh6e9Syw5AJnA3GYccZfxaC34     |
| mysql.infoschema | localhost    | $A$005$THISISACOMBINATIONOFINVALIDSALTANDPASSWORDTHATMUSTNEVERBRBEUSED |
| mysql.session    | localhost    | $A$005$THISISACOMBINATIONOFINVALIDSALTANDPASSWORDTHATMUSTNEVERBRBEUSED |
| mysql.sys        | localhost    | $A$005$THISISACOMBINATIONOFINVALIDSALTANDPASSWORDTHATMUSTNEVERBRBEUSED |
| root             | localhost    | $A$005$x0#□□□□h+s□□silu{GnqVijNA91c1UUamiQXeldGX7CzcXodTF/DG9J55.84    |
+------------------+--------------+------------------------------------------------------------------------+
5 rows in set (0.00 sec)
```

图 3.21 查看创建用户情况运行结果

2. 设置从任何客户端连接 MySQL 服务器

将 host 字段的值改为%，就表示在任何客户端能以 DAVID 用户连接 MySQL 服务器。建议在开发时设为%，代码如下。

```
update user set host ='%'where user ='DAVID';
```

3. 授权

将权限改为 all privileges，代码如下。

```
mysql> use MySQL;
Database changed
mysql> grant all privileges on *.* to DAVID@'%' //赋予任何客户端以 DAVID 身份访问数据的权限
Query OK,   0 rows affected (0.00 sec)
mysql>FLUSH PRIVILEGES;
```

（关于给用户授予权限将在任务 17 中详细介绍。）

这样，DAVID 用户可从任意客户端远程访问 MySQL 服务器，并对数据库有完全访问权限。

4. 远程端远程访问

以 DAVID 用户身份登录 MySQL，登录步骤如下。

（1）在远程计算机中打开 DOS 窗口，然后进入 MySQL 安装目录下的 bin 目录，默认安装的路径如下。

```
cd c:\Program Files\MySQL\MySQL Server 8.0\bin
```

（2）输入如下命令。

```
MySQL-h192.168.226.18 -u DAVID-p123456
```

其中，-h 后为主机名，-u 后为用户名，-p 后为用户密码。假设 192.168.226.18 是要登录的 MySQL 服务器所在主机的 IP 地址。

在实际操作中，最好两台计算机在同一个机房的同一网段或防火墙内。当然，如果有可能的话，将数据库服务器放置于 Web 服务器网络内的局域网中会更好。

【项目实践】

（1）在 Windows 操作系统中安装 MySQL 8.0。
（2）从本地登录 MySQL 服务器。
（3）远程登录 MySQL 服务器。

【习题】

一、填空题

1. 在 MySQL 的安装过程中，若选择“TCP/IP”，则 MySQL 默认选用的端口号是________。

2. MySQL 安装成功后，在系统中会默认建立一个________用户。

3. 安装时，可以选择的服务器分为 3 种类型：Development Computer（开发测试类）、Server Computer（服务器类）和 Dedicated Computer, Dedicated Computer 是________________。

Windows 环境下 MySQL 安装与配置

二、简答题

请简述 MySQL 的安装与配置过程。

任务 4 安装配置WAMP Server 3.2

04

【任务背景】

以前要搭建一个 PHP+MySQL 的环境，要分别下载和安装 Apache、PHP 和 MySQL，还要分别配置 Apache、PHP 和 MySQL。Apache、PHP 的配置也比较麻烦，在 Web 服务器方面还有 IIS 要选择。如果有一个集成环境，可以直接安装，轻松配置，该多好。WAMP Server 解决了在 Windows 操作系统中搭建 PHP+MySQL 环境的问题，目前最新版是 WAMP Server 3.2。在 Linux 操作系统中可以选择安装 LAMP。

【任务要求】

本任务主要让学生学习并掌握 WAMP Server 3.2 的安装与配置、phpMyAdmin 的基本操作，以及远程登录 phpMyAdmin 的方法。

【任务分解】

4.1 认识 WAMP Server 3.2

WAMP 就是 Windows、Apache、MySQL 和 PHP 集成安装环境，即在Windows 操作系统下同时安装好 PHP5+MySQL+Apache 环境的优秀的集成软件。

WAMP Server 3.2 集成了 PHP7.3.12、MySQL 8.0.18、Apache 2.4.41，满足大部分 PHP 用户的需求。

4.2 安装 WAMP Server 3.2

WAMP Server 3.2 的安装方法很简单。登录 WAMP Server 的官方网站，下载 WAMP Server 3.2 的安装包。安装操作如下。

（1）双击安装图标，进入安装界面，默认选择安装 English 语言版本单击“OK”按钮，如图 4.1 所示。

（2）选择“I accept the agreement”，单击“Next”按钮，如图 4.2 所示。

（3）选择安装路径，单击“Next”按钮，如图 4.3 所示。

（4）选择 MariaDB 和 MySQL 数据库，单击“Next”按钮，如图 4.4 所示。

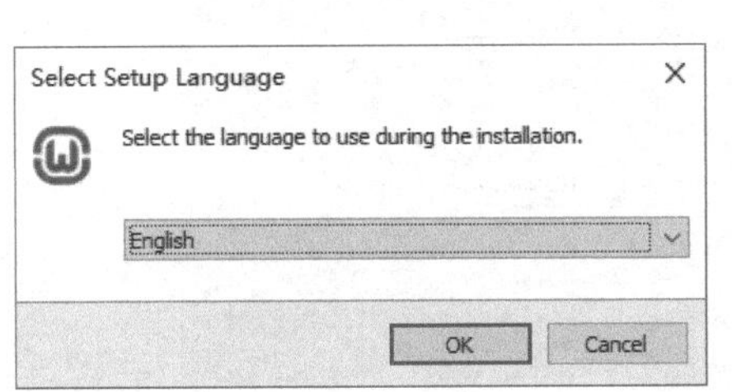

图 4.1　安装界面

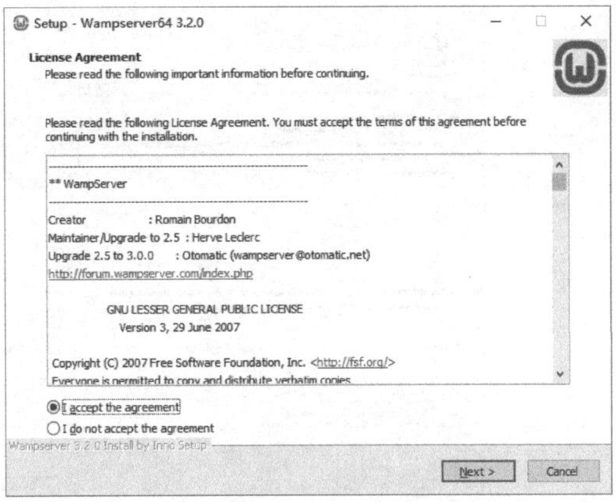

图 4.2　接受安装协议

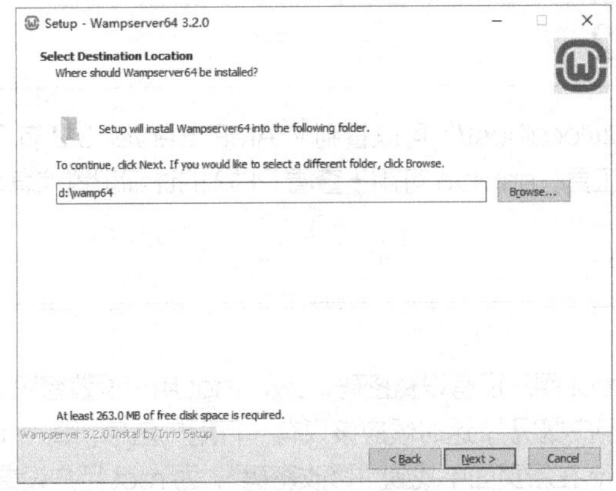

图 4.3　选择安装路径

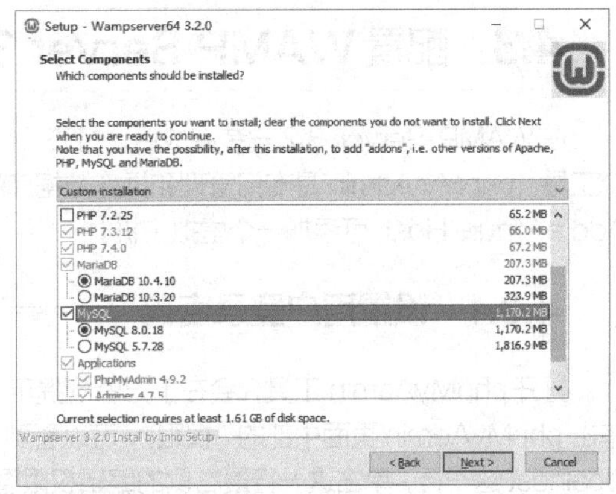

图 4.4　选择安装 MariaDB 和 MySQL

（5）准备安装 WAMP 组件，单击“Install”按钮确认，如图 4.5 所示。

随后选择浏览器和记事本，直到结束。安装完毕后单击图标运行即可。此时，在任务栏右下角会出现一个绿色的“W”图标，鼠标右键单击图标，选择【Language】|【Chinese】可以转换成中文界面。

启动 WAMP Server 3.2 后，可以在图形界面快速启动和停止所有服务，如图 4.6 所示。

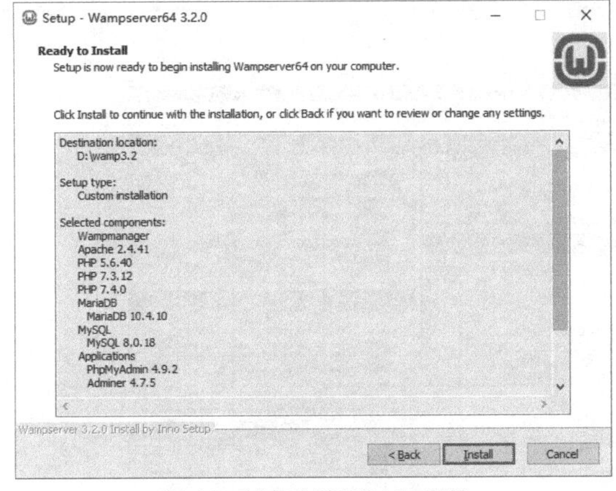

图 4.5　准备安装 WAMP 组件

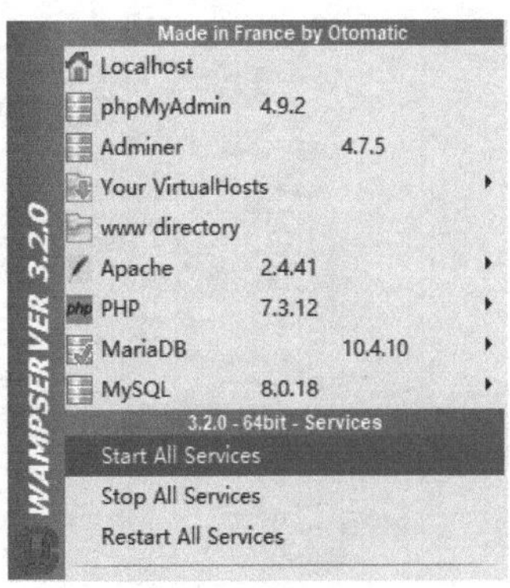

图 4.6　WAMP 图形界面

打开浏览器，输入“http://localhost/”，如果可以看到图 4.7 所示的界面，说明安装成功。

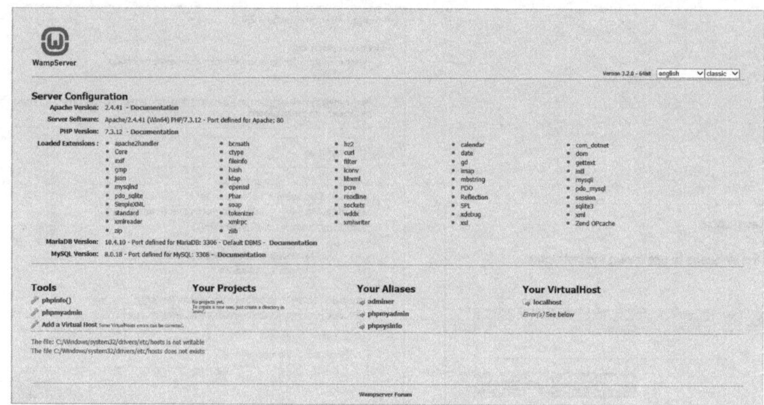

图 4.7 WAMP 安装成功

4.3 配置 WAMP Server 3.2

在 WAMP Server 3.2 安装完成后，打开“http://localhost/”可以看到 WAMP Server 3.2 有 3 个工具：phpMy Admin 是专门管理和操作数据库的工具；phpinfo 可用于查看 PHP 的详细配置信息；Add a Virtual Host 可添加一个虚拟主机。

4.3.1 设置用户登录密码

打开 phpMyAdmin 工具，会在下方看到提示，root 用户没有设置密码。先为 root 用户设置密码。单击 phpMyAdmin 页面中部的“权限”，可以看到“用户概况”，这时候应该只有一行用户信息，即 root localhost 这一行，单击这一行最右侧的编辑权限图标，在新页面中找到“修改密码”，为 root 用户设置密码，并单击“执行”。

然后刷新页面，会看到错误提示，这是因为用户已经设置密码，但 phpMyAdmin 还没有设置密码。打开 WAMP Server 3.2 安装目录，找到 phpMyAdmin 目录，打开 phpMyAdmin 目录中的 config.inc.php 文件，找到如下代码。

```
$cfg['Servers'][$i]['password'] = '';
```

在等号右边的单引号中输入刚才设置的密码，重新打开 phpMyAdmin 主页并刷新，就可以正常访问 phpMyAdmin 了，如图 4.8 所示。

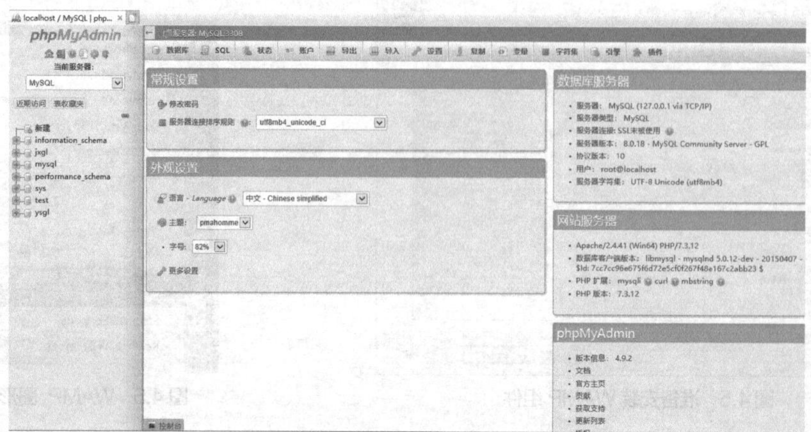

图 4.8 phpMyAdmin 主页

4.3.2 PHP 文件目录

以后自己做的 PHP 文件放在 www 目录（c:\wamp64\www）下就可以了。例如，单击“www 目录”，打开目录，删除原来的 index.php，再用记事本新建一个文件，输入如下代码。

```
<?php
echo"欢迎进入数据库主页！";
?>
```

选择“另存为”，将文件名修改为“index.php”，并且设置文件的编码方式为 UTF-8（默认的是 ANSI 编码方式，但使用这种编码方式会出现乱码，因为 WAMP Server 采用的是 UTF-8 编码方式）。

重新启动 WAMP Server 3.2，然后访问“http://localhost/”，发现页面中显示文字如下。

```
欢迎进入数据库主页!
```

这样，WAMP 平台就搭建成功了。

【项目实践】

在 Windows 操作系统中进行 WAMP Server 3.2 的安装与配置。

【习题】

一、单项选择题

1. PHP 集成环境 WAMP Server 不包含________组件。

   A. Apache　　B. PHP
   C. Java Script　　D. MySQL

2. ________不是 PHP 集成开发环境。

   A. WAMP Server　　B. AppServ
   C. EasyPHP　　D. SQL Server

3. WAMP Server 的默认网站根目录是安装目录下的________文件夹。

   A. www　　B. apps
   C. bin　　D. alias

4. Localhost 的含义是________。

   A. 本地主机　　B. 服务器
   C. 网站　　D. 客户机

二、简答题

请简述如何使用 WAMP Server 发布 PHP 网站。

项目三　MySQL字符集与数据类型

任务 5 认识和设置MySQL字符集

05

【任务背景】

MySQL 能够支持 41 种字符集和 272 个校对原则。MySQL 的字符集支持可以细化到 4 个层次：服务器（Server）、数据库（DataBase）、数据表（Table）和连接层（Connection）。MySQL 服务器默认的字符集是 latin1（ISO-8859-1），如果不进行设置，那么连接层级、客户端级和结果返回级、数据库级、表级、字段级都默认使用 latin1 字符集。在向表录入中文数据、查询包括中文字符的数据时，会出现“？”之类的乱码现象。在创建存储过程或存储函数时，也经常由于字符集的不统一出现错误。

那么，如何去解决这些问题呢？

【任务要求】

本任务从认识字符集和校对原则着手，学习 MySQL 支持的字符集和校对原则，并着重了解 latin1、UTF-8 和 GB 2312 字符集；通过认识描述字符集的系统变量，学习掌握修改默认字符集的方法，并掌握在实际应用中如何选择合适的字符集。

微课视频

MySQL 字符集及与数据类型

拓展阅读

认识和设置 MySQL 字符集

【任务分解】

5.1 认识字符集和校对原则

字符（Character）是指人类语言中最小的表义符号，如 A、B 等。

给定一系列字符，对每个字符赋予一个数值，用数值来代表对应的字符，这一数值就是该字符的编码（Encoding）。例如，给字符 A 赋予数值 0，给字符 B 赋予数值 1，则 0 就是字符 A 的编码，1 就是字符 B 的编码。

给定一系列字符并赋予对应的编码后，所有字符和编码对组成的集合就是字符集（Character Set）。例如，给定字符列表为{'A', 'B'}时，{'A'=>0, 'B'=>1}就是一个字符集。

字符校对原则（Collation）是指在同一字符集内字符之间的比较规则，又称“字符序”。

确定字符序后，才能在一个字符集上定义什么是等价的字符，以及字符之间的大小关系。

每个字符序唯一对应一种字符集，但一种字符集可以对应多个字符序，其中有一个是默认字符序（Default Collation）。

MySQL 的字符序名称遵从命名惯例：以字符序对应的字符集名称开头；以_ci（表示大小写不敏感）、_cs（表示大小写敏感）或_bin（表示按编码值比较）结尾。例如，在字符序“utf8_general_ci”下，字符 a 和 A 是等价的。

5.2 MySQL 8.0 支持的字符集和校对原则

MySQL 8.0 服务器能够支持 41 种字符集和 272 个校对原则。可以使用 SHOW CHARACTER SET 语句列出可用的字符集，代码如下。MySQL 8.0 支持的字符集如图 5.1 所示。

```
MySQL>SHOW CHARACTER SET;
```

Charset	Description	Default collation	Maxlen
armscii8	ARMSCII-8 Armenian	armscii8_general_ci	1
ascii	US ASCII	ascii_general_ci	1
big5	Big5 Traditional Chinese	big5_chinese_ci	2
binary	Binary pseudo charset	binary	1
cp1250	Windows Central European	cp1250_general_ci	1
cp1251	Windows Cyrillic	cp1251_general_ci	1
cp1256	Windows Arabic	cp1256_general_ci	1
cp1257	Windows Baltic	cp1257_general_ci	1
cp850	DOS West European	cp850_general_ci	1
cp852	DOS Central European	cp852_general_ci	1
cp866	DOS Russian	cp866_general_ci	1
cp932	SJIS for Windows Japanese	cp932_japanese_ci	2
dec8	DEC West European	dec8_swedish_ci	1
eucjpms	UJIS for Windows Japanese	eucjpms_japanese_ci	3
euckr	EUC-KR Korean	euckr_korean_ci	2
gb18030	China National Standard GB18030	gb18030_chinese_ci	4
gb2312	GB2312 Simplified Chinese	gb2312_chinese_ci	2
gbk	GBK Simplified Chinese	gbk_chinese_ci	2
geostd8	GEOSTD8 Georgian	geostd8_general_ci	1
greek	ISO 8859-7 Greek	greek_general_ci	1
hebrew	ISO 8859-8 Hebrew	hebrew_general_ci	1
hp8	HP West European	hp8_english_ci	1
keybcs2	DOS Kamenicky Czech-Slovak	keybcs2_general_ci	1
koi8r	KOI8-R Relcom Russian	koi8r_general_ci	1
koi8u	KOI8-U Ukrainian	koi8u_general_ci	1
latin1	cp1252 West European	latin1_swedish_ci	1
latin2	ISO 8859-2 Central European	latin2_general_ci	1
latin5	ISO 8859-9 Turkish	latin5_turkish_ci	1
latin7	ISO 8859-13 Baltic	latin7_general_ci	1
macce	Mac Central European	macce_general_ci	1
macroman	Mac West European	macroman_general_ci	1
sjis	Shift-JIS Japanese	sjis_japanese_ci	2
swe7	7bit Swedish	swe7_swedish_ci	1
tis620	TIS620 Thai	tis620_thai_ci	1
ucs2	UCS-2 Unicode	ucs2_general_ci	2
ujis	EUC-JP Japanese	ujis_japanese_ci	3
utf16	UTF-16 Unicode	utf16_general_ci	4
utf16le	UTF-16LE Unicode	utf16le_general_ci	4
utf32	UTF-32 Unicode	utf32_general_ci	4
utf8	UTF-8 Unicode	utf8_general_ci	3
utf8mb4	UTF-8 Unicode	utf8mb4_0900_ai_ci	4

41 rows in set (0.01 sec)

图 5.1　MySQL 8.0 支持的字符集

任何一个字符集可能有一个校对原则，也可能有几个校对原则。要想列出一个字符集的校对原则，需要使用 SHOW COLLATION 语句。例如，要想查看“latin1”字符集的校对原则，可以使用下面的语句查找那些名字以“latin1”开头的校对原则，如图 5.2 所示。

```
mysql>show collation like'latin1%';
```

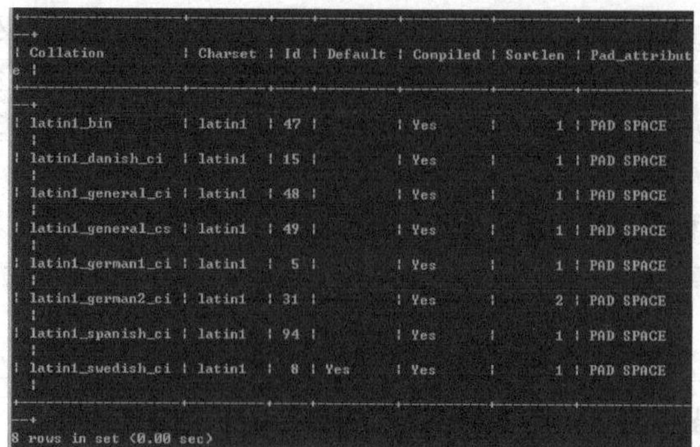

Collation	Charset	Id	Default	Compiled	Sortlen	Pad_attribute
latin1_bin	latin1	47		Yes	1	PAD SPACE
latin1_danish_ci	latin1	15		Yes	1	PAD SPACE
latin1_general_ci	latin1	48		Yes	1	PAD SPACE
latin1_general_cs	latin1	49		Yes	1	PAD SPACE
latin1_german1_ci	latin1	5		Yes	1	PAD SPACE
latin1_german2_ci	latin1	31		Yes	2	PAD SPACE
latin1_spanish_ci	latin1	94		Yes	1	PAD SPACE
latin1_swedish_ci	latin1	8	Yes	Yes	1	PAD SPACE

8 rows in set (0.00 sec)

图5.2　以“latin1”开头的校对原则

说明　（1）UTF-8（8-bit Unicode Transformation Format）被称为“通用转换格式”，是针对Unicode字符的一种变长字符编码，又称“万国码”，由肯·汤普森于1992年创建，是用于解决国际上传统字符编码问题的一种多字节编码。它对英文使用8位（1个字节），对中文使用24位（3个字节）来编码。它支持100多个国家的文字显示。

（2）MySQL 8.0 默认字符集不再是 latin，已改成了 UTF8mb4，相应的校对原则是utf8mb4_0900_ai_ci。UTF8mb4是UTF-8的扩展，一个字符集能存4个字节，不仅可以支持中文，还可以支持表情包、emoji表情。

（3）GB 2312是信息交换用汉字编码字符集，GBK是对GB 2312的扩展，其校对原则分别为gb2312_chinese_ci、gbk_chinese_ci。GBK是在国家标准GB 2312基础上扩容后兼容GB 2312的标准。GBK的文字编码是用双字节来表示的，即不论中、英文字符均使用双字节来表示，为了区分中文，将其最高位都设定成1。GBK包含全部中文字符，是国家编码，通用性比UTF-8差，不过占用的数据库比UTF-8小。GBK、GB 2312等与UTF-8之间都只有通过Unicode编码才能相互转换。对于一个网站来说，如果英文字符较多，则建议使用UTF-8以节省空间。

5.3 确定字符集和校对原则

描述字符集的系统变量

MySQL用于描述字符集的系统变量，用如下语句查看。

```
mysql>show gloab variables like'%characte_set%';
```

（1）character_set_server和collation_server：这两个变量是服务器的字符集，是默认的内部操作字符集。在系统启动的时候可以通过character_set_server和collation_server来设置字符集。如果没有设置的话，系统会把这两个变量设置为默认值latin1和latin1_swedish_ci。默认值是编译在程序中的，修改默认值只能通过重新编译来实现。这两个变量只用来为create database命令提供默认值。

（2）character_set_client：这个变量是客户端来源数据使用的字符集，用来决定MySQL怎么解释客户端发送到服务器的SQL命令。

（3）character_set_connection和collation_connection：这两个变量是连接层字符集，用来决定MySQL怎么处理客户端发来的SQL命令。MySQL会把SQL命令从character_set_client编码转换为character_set_connection，然后再执行；collation_connection在比较SQL中的直接量时

使用。

（4）character_set_results：这个变量是查询结果字符集。当 SQL 有结果返回的时候，这个变量用来决定发送给客户端的结果中文字量的编码。

（5）character_set_database 和 collation_database：这两个变量是当前选中数据库的默认字符集。create database 命令有两个参数可以用来设置数据库的字符集和比较规则。

（6）character_set_filesystem：文件系统的编码格式，把操作系统上的文件名转换成该字符集，即把 character_set_client 转换为 character_set_filesystem，默认 binary 是不做任何转换的。

（7）character_set_system：这是数据库系统使用的编码格式。这个值一直是"utf8"，不需要设置，它是存储系统元数据的编码格式。

在启动 MySQL 后，我们只关注下列变量是否符合我们的要求。

character_set_client

character_set_connection

character_set_database

character_set_results

character_set_server

还有以"collation_"开头的同上面变量对应的变量，用来描述字符集校对原则。

另有几个字符集概念没有系统变量表示。

表的字符集：在 create table 的参数里设置，为列的字符集提供默认值。

列的字符集：这是决定本列的文字数据的存储编码。列的比较规则优先级比 collation_connection 的高，也就是说，MySQL 会把 SQL 中的文字直接量转换成列的字符集后再与列的文字数据比较。

MySQL 对字符集的支持细化到 4 个层次：服务器、数据库、数据表和连接。MySQL 对字符集的指定可以细化到一个数据库、一张表和一列应该用什么字符集。

字符集的依存关系，如图 5.3 所示。

（1）MySQL 默认的服务器级的字符集，决定客户端级、连接层级和结果级的字符集。

（2）服务器级的字符集决定数据库级的字符集。

（3）数据库级的字符集决定表级的字符集。

（4）表级的字符集决定字段级的字符集。

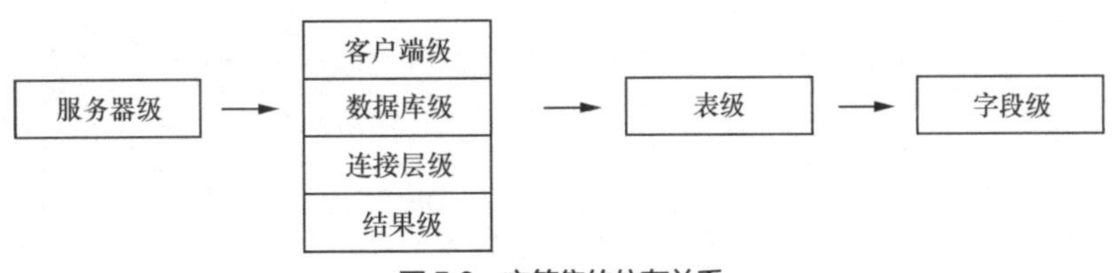

图 5.3 字符集的依存关系

5.4 使用 MySQL 字符集时的建议

（1）建立数据库、表和进行数据库操作时，尽量显式指出使用的字符集，而不是依赖 MySQL 的默认设置，否则 MySQL 升级时可能会有很大问题。

（2）当使用 MySQL C API（MySQL 提供 C 语言操作的 API）时，在初始化数据库句柄后马上用 MySQL_options 设定 MYSQL_SET_CHARSET_NAME 属性为 UTF-8，这样就不用显式地用 SET NAMES 语句指定连接字符集，且用 MySQL_ping 重连断开的长连接时也会把连接字符集重置为 UTF-8。

（3）对于 MySQL PHP API，一般页面级的 PHP 程序运行时间较短，在连接到数据库以后显式地用SET NAMES语句设置一次连接字符集即可；但当使用长连接时，应注意保持连接通畅并在断开重连后用SET NAMES语句显式重置连接字符集。

（4）注意服务器级、结果级、客户端级、连接层级、数据库级、表级等的字符集的统一，当数据库级的字符集设置为UTF-8时，表级和字段级的字符集也是UTF-8。

（5）如果查询时出现数据库中文乱码现象，可以在发送查询之前使用如下语句解决这个问题。

```
mysql>set names'gb2312';
```

【项目实践】

修改MySQL的my.ini文件，将默认字符集修改为GB 2312。

【习题】

简答题

1. 如何解决中文乱码的问题？
2. 各级字符集之间有怎样的依存关系？

任务 6 MySQL数据类型

06

【任务背景】

表是用来存放数据的，一个数据库需要多少张表，一个表中应包含多少列（字段），各个列要选择什么数据类型，是建表时必须考虑的问题。数据类型是否合理对数据库性能也会产生一定的影响。在实际应用中，姓名、专业名、商品名和电话号码等字段可以选择 VARCHAR 类型；学分、年龄等字段是小整数，可以选择 TINYINT 类型；成绩、温度和测量值等数据要求保留一定的小数位，可以选择 FLOAT 类型；出生日期、工作时间等字段可以选择 DATE 或 DATETIME 类型。

数据类型是数据的一种属性，其可以决定数据的存储格式、取值范围和相应的限制。MySQL 包括整数类型、浮点数类型、定点数类型、字符串类型、二进制、日期和时间类型、枚举类型和集合类型等数据类型。

【任务要求】

本任务将学习 MySQL 的主要的数据类型的含义、特点、取值范围和存储空间，并对相关数据类型进行比较；学习如何根据字段存储数据的不同选择合适的数据类型，以及怎样附加数据类型的相关属性。

拓展阅读

MySQL
数据类型

【任务分解】

6.1 整数类型

整数类型是数据库中最基本的数据类型。标准 SQL 中支持 INTEGER 和 SMALLINT 两种整数类型。MySQL 数据库除了支持这两种类型以外，还扩展支持 TINYINT、MEDIUMINT 和 BIGINT。整数类型及其取值范围见表 6.1。

表 6.1 整数类型与取值范围

整数类型	字节数	无符号数的取值范围	有符号数的取值范围
TINYINT	1	$0\sim(2^{8}-1)$	$-2^{7}\sim(2^{7}-1)$
SMALLINT	2	$0\sim(2^{16}-1)$	$-2^{15}\sim(2^{15}-1)$
MEDIUMINT	3	$0\sim(2^{24}-1)$	$-2^{23}\sim(2^{23}-1)$
INT(INTEGER)	4	$0\sim(2^{32}-1)$	$-2^{31}\sim(2^{31}-1)$
BIGINT	8	$0\sim(2^{64}-1)$	$-2^{63}\sim(2^{63}-1)$

6.2 浮点数类型和定点数类型

MySQL 使用浮点数类型和定点数类型来表示小数。浮点数类型包括单精度浮点数（FLOAT 型）

和双精度浮点数（DOUBLE 型），定点数类型就是 DECIMAL 型，见表 6.2。

表 6.2　浮点数类型和定点数类型

类型	字节数	负数的取值范围	非负数的取值范围
FLOAT	4	-3.402823466E+38～-1.175494351E-38	0 和 1.175494351E-38～3.402823466E+38
DOUBLE	8	-1.7976931348623157E+308～-2.2250738585072014E-308	0 和 2.2250738585072014E-308～1.7976931348623157E+308
DECIMAL(M,D) 或 DEC(M,D)	M+2	有效取值范围由 M 和 D 决定，M 的取值范围为[1,65]，D 的范围为[0,30]	有效取值范围由 M 和 D 决定，M 的取值范围为[1,65]，D 的范围为[0,30]

浮点数类型在数据库中存放的是近似值，而定点数类型在数据库中存放的是精确值。

6.3 CHAR 类型和 VARCHAR 类型

CHAR 类型和 VARCHAR 类型比较见表 6.3。

表 6.3　CHAR 类型和 VARCHAR 类型比较

名称	含义	字符个数
CHAR(n)	固定长度的字符串	最多 255 个字符
VARCHAR(n)	可变长度的字符串	最多 65535 个字符

CHAR 和 VARCHAR 类型的区别如下。

（1）二者都可以通过指定 n 来限制存储的最大字符数长度，CHAR(20)和 VARCHAR(20)将最多只能存储 20 个字符，超过的字符将会被截掉。n 必须小于或等于该类型允许的最大字符数。

（2）CHAR 类型指定了 n 值之后，如果存入的字符数小于 n，后面将会以空格补齐，查询的时候再将末尾的空格去掉。所以 CHAR 类型存储的字符串末尾不能有空格，VARCHAR 类型不受此限制。

（3）内部存储的机制不同。CHAR 占用字节数是固定的，CHAR(4)不管是存入 1 个字符、2 个字符还是 4 个字符（英文的），都将占用 4 个字节。VARCHAR 占用字节数是存入的实际字符数加 1（n≤255）或加 2（n>255），所以 VARCHAR(4)存入 1 个字符将占用 2 个字节、2 个字符将占用 3 个字节、4 个字符将占用 5 个字节。

（4）CHAR 类型的字符串检索速度要比 VARCHAR 类型的快。

6.4 TEXT 类型和 BLOB 类型

TEXT 和 BLOB 类型是对应的，不过存储方式不同，TEXT 是以文本方式存储的，而 BLOB 是以二进制方式存储的。如果存储英文的话，TEXT 区分大小写，而 BLOB 不区分大小写。TEXT 可以指定字符集，BLOB 不用指定字符集。4 种 TEXT 类型见表 6.4。

表 6.4　4 种 TEXT 类型

名称	字符个数
TINYTEXT	最多 255 个字符
TEXT	最多 65535 个字符
MEDIUMTEXT	最多 $2^{24}-1$ 个字符
LONGTEXT	最多 $2^{32}-1$ 个字符

二进制类型是在数据库中存储二进制数据的数据类型，如数码照片、视频和扫描的文档等数据。MySQL 是用 BLOB 数据类型存储这些数据的。BLOB 有 4 种类型：TINYBLOB、BLOB、MEDIUMBLOB 和 LONGBLOB，每种类型的最大字节长度与对应的 4 种 TEXT 类型的最大字符数相同，见表 6.4 和表 6.5。

表 6.5　BLOB 类型

名称	字节长度
TINYBLOB	最多 255 个字节
BLOB	最多 65 535 个字节（65KB）
MEDIUMBLOB	最多 $2^{24}-1$ 个字节（16MB）
LONGBLOB	最多 $2^{32}-1$ 个字节（4GB）

6.5 BINARY 类型和 VARBINARY 类型

BINARY 和 VARBINARY 数据类型类似于 CHAR 和 VARCHAR 类型。不同之处在于 BINARY 与 VARBINARY 以字节为存储单位，而 CHAR 与 VARCHAR 以字符为存储单位。例如，BINARY(5)表示存储 5 字节的二进制数据，CHAR(5)表示存储 5 个字符的数据。

BINARY(n)：固定 n 个字节二进制数据。n 的取值范围为 1~255，默认为 1。若输出的字节长度小于 n，则不足部分以 0 填充。BINARY(n)数据存储的字节长度为 n +4。

VARBINARY(n)：n 个字节变长二进制数据。n 的取值范围为 1~65535，默认为 1。VARBINARY(n)数据存储的字节长度为实际长度+4。

6.6 日期和时间类型

日期和时间类型是为了方便在数据库中存储日期和时间而设计的。MySQL 有多种表示日期和时间的数据类型。其中，YEAR 类型表示年份，TIME 类型表示时间，DATE 类型表示日期，DATETIME 和 TIMESTAMP 表示日期和时间，见表 6.6。

表 6.6　日期和时间类型

名称	含义	取值范围
YEAR	年份，如'2014'	1901~2155
TIME	时间，如'12:25:36'	
DATE	日期，如'2014-1-2'	'1000-01-01'~ '9999-12-31'
DATETIME	日期和时间，如'2014-1-2 22:06:44'。日期、时间用空格隔开	年份在 1000~9999，不支持时区
TIMESTAMP	日期和时间，如'2014-1-2 22:06:44'	年份在 1970~2037，支持时区

TIMESTAMP 类型比较特殊，如果定义一个字段的类型为 TIMESTAMP，这个字段的时间会在其他字段修改的时候自动刷新。这个数据类型的字段存放的是这条记录最后被修改的时间，而不是真正的存放时间。

6.7 ENUM 类型和 SET 类型

ENUM 类型和 SET 类型是比较特殊的字符串数据类型，它们的取值范围是一个预先定义好的列表。被枚举的值必须用单引号标注，不能为表达式或者一个变量估值。如果想用数值作为枚举值，也必须用单引号标注。ENUM（枚举）类型最多可以定义 65535 种不同的字符串，从中做出选择时只能并且必须选择其中一种；占用存储空间是 1 个或 2 个字节，由枚举值的数目决定。例如，要表示性别字段，可用 ENUM 数据类型，ENUM('男', '女')只有两种选择，要么是“男”要么是“女”，而且只需占用一个字节。

SET（集合）类型，其值同样来自一个用逗号分隔的列表，最多可以有 64 个成员，可以选择其中的 0 个或不限定的多个，占用存储空间是 1～8 字节，由集合可能的成员数目决定。例如，某个表示业余爱好的字段，要求提供多选项供选择，这时该字段可以使用 SET 数据类型，如 SET('篮球','足球','音乐','电影','看书','画画','摄影')，表示可以选择“篮球”“足球”“音乐”“电影”“看书”“画画”“摄影”中的 0 项或多项。

6.8 如何选择数据类型

在 MySQL 中创建表时，需要考虑为字段选择哪种数据类型是最合适的。选择合适的数据类型会提高数据库的使用效率。

SMALLINT：存储相对比较小的整数，如年龄、工龄和学分等。

INT：存储中等大小整数，如距离。

BIGINT：存储超大整数，如科学数据。

FLOAT：存储单精度的小的数据，如成绩、温度和测量值。

DOUBLE：存储双精度的小数据，如科学数据。

DECIMAL：以特别高的精度存储小数据，如货币数额、单价和科学数据。

CHAR：存储通常包含预定义字符串的变量，如国家名称、邮编和身份证号。

VARCHAR：存储不同长度的字符串值，如名字、商品名称和密码。

TEXT：存储大型文本数据，如新闻事件、产品描述和备注。

BLOB：存储二进制数据，如图片、声音、附件和二进制文档。

YEAR：存储年份，如毕业年、工作年和出生年。

DATE：存储日期，如生日和进货日期。

TIME：存储时间或时间间隔，如开始/结束时间、两时间之间的间隔。

DATETIME：存储包含日期和时间的数据，如事件提醒。

TIMESTAMP：存储即时时间，如当前时间、事件提醒器。

ENUM：存储字符属性，只能从中选择之一，如性别、布尔值。

SET：存储字符属性，可从中选择多个字符的联合，如多项选择业余爱好和兴趣。

6.9 数据类型的附加属性

在建表时，除了根据字段存储的数据选择合适的数据类型外，还可以附加相关的属性。例如，在创建学生表时，学号字段要求不能为空值，且是唯一的主键，这时可以对该字段附加 NOT NULL、PRIMARY KEY 属性。再如，创建产品销售表，假设有一个字段是“销售编号”，要求每销售一笔自动创建一个递增的编号，这时可以指定该字段类型为 TINYINT，属性为 AUTO_INCREMENT。可以在列类型之后指定可选的类型说明属性，以及指定更多的常见属性。属性起修饰类型的作用，并更改其处理列值的方式，属性有专用属性和通用属性两种。专用属性用于指定列，例如，UNSIGNED 属性只针对整型，而 BINARY 属性只用于 CHAR 和 VARCHAR 类型。NULL、NOT NULL 或 DEFAULT 属性可用于任意列，这样的属性是通用属性。

MySQL 常见数据类型的属性和含义见表 6.7。

表 6.7 MySQL 常见数据类型的属性和含义

属性	含义
NULL/ NOT NULL	数据列可包含（不可包含）NULL
DEFAULT ×××	默认值，如果插入记录的时候没有指定值，将取这个默认值
PRIMARY KEY	指定列为主键
AUTO_INCREMENT	递增，如果插入记录的时候没有指定值，则在上一条记录的值上加 1，仅适用于整数类型
UNSIGNED	无符号，该属性只针对整型
CHARACTER SET name	指定一个字符集

【项目实践】

假设要创建一个学生情况表，这个表包括学号、姓名、出生日期、家庭地址、电话、照片、学分和备注等字段，请给各字段选择合适的数据类型。

【习题】

一、单项选择题

1. 下列________类型不是 MySQL 中常用的数据类型。

   A. INT　　B. VAR

   C. TIME　　D. CHAR

2. DATETIME 类型的长度是________。

   A. 2　　B. 4

   C. 8　　D. 16

3. MySQL 的字符型系统数据类型主要包括________。

   A. INT、TEXT、CHAR　　B. CHAR、VARCHAR、TEXT

   C. DATETIME、BINARY、INT　　D. CHAR、VARCHAR、INT

二、简答题

1. MySQL 中什么数据类型能够存储路径？
2. MySQL 中如何使用布尔类型？
3. MySQL 中如何存储 JPG 图片和 MP3 音乐？
4. 浮点数类型和定点数类型的区别是什么？
5. DATETIME 类型和 TIMESTAMP 类型的相同点和不同点是什么？
6. 如果一篇新闻中包含文字和图片，应该选择哪种数据类型进行存储？
7. 举例说明哪种情况下使用 ENUM 类型，哪种情况下使用 SET 类型。

思维导图

MySQL 数据类型

项目四　建库、建表与数据表管理

任务 7 创建数据库和表

07

【任务背景】

S 学校要建立一个教学管理系统。根据需求分析，要求创建学生信息、课程、成绩、院系单位、教师和讲授等数据表来存储数据。接下来，要创建数据库，设计数据表的结构，并初始化相关表数据。

【任务要求】

本任务将学习创建和管理数据库、创建和管理表、表数据操作，以及对 JSON 数据类型的使用的基本方法和技巧。在任务实施过程中，要特别注意表的规范化，要注意数据类型的正确选择，还要注意数据库和数据表字符集的统一问题。

微课视频

建库、建表与数据表管理

拓展阅读

建立数据库和表

【任务分解】

7.1 创建与管理数据库

7.1.1 创建库

使用 CREATE DATABASE 或 CREATE SCHEMA 命令可以创建数据库。

其语法结构如下。

```
CREATE {DATABASE | SCHEMA} [IF NOT EXISTS] DB_NAME
[DEFAULT] CHARACTER SET charset_name
| [DEFAULT] COLLATE collation_name
```

【任务 7.1】创建数据库 JXGL。

```
mysql>CREATE   DATABASE     JXGL;
```

【任务 7.2】创建数据库 CPXS，并指定字符集为 GB 2312。

```
mysql>CREATE DATABASE CPXS
```

```
DEFAULT CHARACTER SET gb2312
COLLATE gb2312_chinese_ci;
```

分析与讨论

（1）DEFAULT CHARACTER SET：指定数据库的默认字符集（Charset），charset_name 为字符集名称。COLLATE：指定字符集的校对原则，collation_name 为校对原则名称。

（2）创建数据库时宜指定字符集。这样，该数据库创建的表的字符集会默认为数据库的字符集，表中各字段的字符集也会默认为数据库的字符集。【任务 7.2】所创建的 CPXS 数据库的字符集是 GB 2312，那么其下所创建的表和表中的各字段的字符集默认为数据库的字符集，即 GB 2312。

（3）IF NOT EXISTS：如果已存在某个数据库，再创建一个同名的库时，会出现错误信息。为避免出现错误信息，可以在建库前加上这一判断，只有该库目前尚不存在时才执行 CREATE DATABASE 操作。

7.1.2 查看库

用 SHOW DATABASES 命令查看库，运行结果如图 7.1 所示。

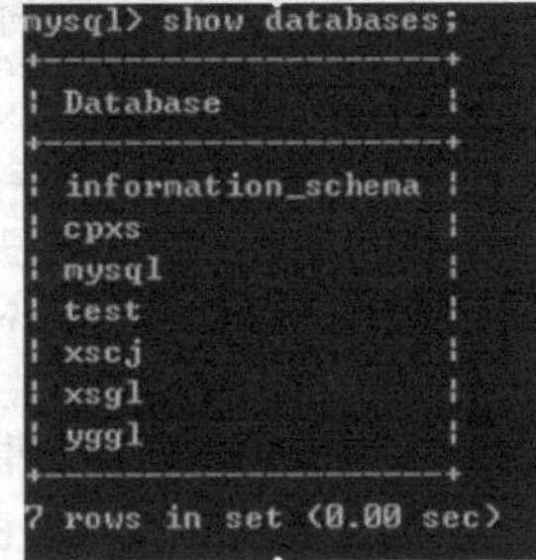

图 7.1 查看库运行结果

创建数据库并不表示选定并使用它，要选定或使用所创建的库，必须执行明确的操作。为了使 JXGL 成为当前的数据库，使用如下命令。

```
mysql>Use JXGL;
```

7.1.3 修改库

数据库创建后，如果需要修改数据库的参数，可以使用 ALTER DATABASE 命令。

语法格式如下。

```
ALTER {DATABASE | SCHEMA} [db_name]
[DEFAULT] CHARACTER SET charset_name
| [DEFAULT] COLLATE collation_name
```

【任务 7.3】将 JXGL 数据库的字符集修改为 GB 2312，校对原则修改为 gb2312_chinese_ci。

```
mysql>ALTER DATABASE JXGL DEFAULT CHARACTER SET gb2312 COLLATE gb2312_chinese_ci
```

7.1.4 删除库

已经创建的数据库，如果需要删除，可使用 DROP DATABASE 命令。

语法格式如下。

```
DROP DATABASE [IF EXISTS] db_name
```

【任务 7.4】删除 JXGL 库。

```
mysql> DROP DATABASE JXGL;
```

特别要注意的是，删除了数据库，数据库里的所有表也同时被删除。最好先对数据库做好备份，再执行删除操作。

7.2 创建与管理表

数据库创建之后，数据库是空的，其中没有表，可以用 SHOW TABLES 命令查看。

```
mysql> SHOW TABLES;
Empty set (0.00 sec)
```

7.2.1 创建表

表决定了数据库的结构，是用来存放数据的。一个库需要什么表，各数据库表中有什么样的列，是要合理设计的。创建表的语法格式如下。

```
CREATE [TEMPORARY] TABLE [IF NOT EXISTS] table_name
[ ( [column_definition] ,  ... | [index_definition] ) ]
[table_option] [select_statement];
```

说明 （1）TEMPORARY：使用该关键字表示创建临时表。

（2）IF NOT EXISTS：如果数据库中已存在某个表，再创建一个同名的表时会出现错误信息。为避免出现错误信息，可以在创建表前加上这一判断，只有该表目前不存在时才执行CREATE TABLE操作。

（3）table_name：要创建的表名。

（4）column_definition：字段的定义。包括指定字段名、数据类型、是否允许空值，指定默认值、主键约束、唯一性约束、注释字段名、是否为外键及字段类型的属性等。语法格式如下。

```
col_name   type    [NOT NULL | NULL] [DEFAULT default_value]
[AUTO_INCREMENT] [UNIQUE [KEY] | [PRIMARY] KEY]
[COMMENT 'string'] [reference_definition]
```

col_name：字段名。

type：声明字段的数据类型。

NOT NULL（NULL）：表示字段是否可以是空值。

DEFAULT：指定字段的默认值。

AUTO_INCREMENT：设置自增属性，只有整数类型才能设置该属性。AUTO_INCREMENT的值从1开始。每个表只能有一个AUTO_INCREMENT列，并且自增字段必须被索引。

PRIMARY KEY：对字段指定主键约束（将在任务9中详细讲述）。

UNIQUE：对字段指定唯一性约束（将在任务9中详细讲述）。

reference_definition：指定字段外键约束（将在任务9中详细讲述）。

（5）index_definition：为表的相关字段指定索引（具体定义将在任务8中讨论）。

与本书配套的教学示例数据库为学生管理系统（JXGL），在这个库中要设计6张表：students（学生信息表）、course（课程表）、score（成绩表）、departments（院系单位表）、teachers（教师表）和teach（讲授表）。各表的结构见表7.1～表7.6。

表7.1　students

字段名	数据类型	长度	是否空值	是否主键/外键	默认值	备注
s_no	定长字符型 CHAR	6	否	主键		学号
s_name	定长字符型 CHAR	6	否			姓名
sex	ENUM('男','女')	2	是		男	性别
birthday	日期型 DATE		否			出生日期
d_no	定长字符型 Char	6	否	外键		系别
address	变长字符型 VARCHAR	20	否			家庭地址
phone	变长字符型 VARCHAR	20	否			联系电话
photo	二进制 BLOB		是			照片

表7.2　course

字段名	数据类型	长度	是否空值	是否主键/外键	默认值	备注
c_no	定长字符型 CHAR	4	否	主键		课程号
c_name	定长字符型 CHAR	10	否			课程名
hours	小整数型 TINYINT	3	否			学时
credit	小整数型 TINYINT	3	否			学分
type	变长字符型 VARCHAR	5	否		必修	类型

表 7.3 score

字段名	数据类型	长度	是否空值	是否主键/外键	默认值	备注
s_no	定长字符型 CHAR	8	否	主键、外键		学号
c_no	定长字符型 CHAR	4	否	主键、外键		课程号
report	浮点数 FLOAT	3，1	否		0	成绩

表 7.4 departments

字段名	数据类型	长度	是否空值	是否主键/外键	默认值	备注
d_no	定长字符型 CHAR	8	否	主键		系别
d_name	定长字符型 CHAR	4	否			院系名称

表 7.5 teachers

字段名	数据类型	长度	是否空值	是否主键/外键	默认值	备注
t_no	定长字符型 CHAR	8	否	主键		教师编号
t_name	定长字符型 CHAR	4	否			教师姓名
d_no	定长字符型 CHAR	4	否	外键		系别

表 7.6 teach

字段名	数据类型	长度	是否空值	是否主键/外键	默认值	备注
t_no	定长字符型 CHAR	8	否	主键、外键		教师编号
c_no	定长字符型 CHAR	4	否	主键、外键		课程编号

【任务 7.5】创建表 students。

```
mysql> CREATE TABLE IF NOT EXISTS students
(
s_no CHAR(6)NOT NULL COMMENT'学号',
s_name CHAR(6)NOT NULL COMMENT'姓名',
sex ENUM('男', '女') DEFAULT '男' COMMENT '性别',
birthday DATE NOT NULL COMMENT'出生日期',
d_no VARCHAR(6)NOT NULL COMMENT'系别',
address VARCHAR (20) NOT NULL COMMENT'家庭地址',
phone VARCHAR (20) NOT NULL COMMENT'联系电话',
photo BLOB COMMENT'照片',
PRIMARY KEY (s_no)
) ENGINE=InnoDB DEFAULT CHARSET=gb2312;
```

【任务 7.6】创建表 course。

```
mysql> CREATE TABLE IF NOT EXISTS course
(
c_no CHAR(4)NOT NULL,
c_name CHAR(10)NOT NULL,
hours INT(3)NOT NULL,
credit INT(3)NOT NULL,
type EMUN('必修课', '选修') DEFAULT'必修',
PRIMARY KEY (c_no)
) ENGINE=InnoDB DEFAULT CHARSET=gb2312;
```

【任务 7.7】创建表 score。

```
mysql> CREATE TABLE IF NOT EXISTS score
(
s_no CHAR(8)NOT NULL,
c_no CHAR(4)NOT NULL,
report FLOAT(3, 1) DEFAULT 0,
PRIMARY KEY (s_no, c_no)
) ENGINE=InnoDB DEFAULT CHARSET=gb2312;
```

【任务 7.8】创建表 departments。

```
mysql> CREATE TABLE IF NOT EXISTS departments
(
d_no CHAR(8)NOT NULL COMMENT '系别',
d_name CHAR(4)NOT NULL COMMENT '院系名称',
PRIMARY KEY (d_no)
    ) ENGINE=InnoDB DEFAULT CHARSET=gb2312;
```

【任务 7.9】创建表 teachers。

```
mysql> CREATE TABLE IF NOT EXISTS teachers
(
t_no CHAR(8)NOT NULL COMMENT '教师编号',
t_name CHAR(4)NOT NULL COMMENT'教师姓名',
d_no CHAR(4)NOT NULL COMMENT '系别',
PRIMARY KEY (t_no)
) ENGINE=InnoDB DEFAULT CHARSET=gb2312;
```

【任务 7.10】创建表 teach。

```
mysql> CREATE TABLE IF NOT EXISTS teach
(
t_no VARCHAR(8)NOT NULL,
c_no VARCHAR(4)NOT NULL,
KEY t_no (t_no),
KEY c_no (c_no)
    ) ENGINE=InnoDB DEFAULT CHARSET=gb2312;
```

分析与讨论

（1）关于设置主键。PRIMARY KEY 表示设置该字段为主键。如在创建 students 表的任务中，PRIMARY KEY(s_no)表示将 s_no 字段定义为主键；在创建 score 表的任务中，PRIMARY KEY(s_no,c_no)表示把 s_no、c_no 两个字段一起作为复合主键。

（2）添加注释。COMMENT'学号'表示对"s_no"字段增加注释"学号"。

（3）字段类型的选择。sex ENUM('男', '女')表示 sex 字段的字段类型是 ENUM，取值范围为"男"和"女"。对于取值固定的字段可以设置数据类型为 ENUM。例如，course 表的 type 字段表示的是课程的类型，一般是固定的几种类型。可以把该字段的定义写成：type ENUM('必修','选修') DEFAULT'必修'。

（4）默认值的设置。DEFAULT'男'表示默认值为"男"。

（5）设置精度。在创建 score 表的任务中，report float(3,1)表示精度为 4，小数位为 1 位。

（6）ENGINE=InnoDB 表示采用的存储引擎是 InnoDB。InnoDB 是 MySQL 在 Windows 操作系统中默认的存储引擎，所以"ENGINE=InnoDB"也可以省略。

（7）DEFAULT CHARSET=gb2312 表示表的字符集是 GB 2312。

（8）如果没有指定是 NULL 或是 NOT NULL，则列在创建时假定为 NULL。

（9）设置自动增量。一个整数列可以拥有一个附加属性 AUTO_INCREMENT。AUTO_INCREMENT 序列一般从 1 开始，也可以自定义初始值，这样的列必须被定义为一种整数类型。可以通过 AUTO_INCREMENT 属性为新的行产生唯一的标识。

【任务 7.11】在 CPXS 库中，创建进货单表，进货 ID 是自动增量，将进货单价字段的精度设置为 8，小数位设置为 2 位，进货时间默认为当前时间。

```
mysql>USE CPXS
mysql>CREATE TABLE 进货单
(
进货 ID TINYINT NOT NULL AUTO_INCREMENT,
商品 ID VARCHAR(10)NOT NULL,
进货单价 FLOAT(8, 2) NOT NULL,
```

```
数量  INT NOT NULL,
进货时间 DATE TIME NOT NULL DEFAULT NOW(),
进货员工 ID  CHAR(6)NOT NULL,
PRIMARY KEY (进货 ID)
);
```

进货单表结构见表 7.7。

表 7.7 进货单表结构

字段名	数据类型	长度	AUTO_INCREMENT	是否空值	是否主键
进货 ID	TINYINT	5	是	否	是
商品 ID	VARCHAR	10		否	
进货单价	FLOAT	8,2		否	
数量	INT			否	
进货时间	TIMESTAMP			否	
进货员工 ID	CHAR	6		否	

7.2.2 查看表

创建数据表后，可用 SHOW TABLES 查询已创建的表的情况。

```
mysql> SHOW TABLES;
```

运行结果如图 7.2 所示。

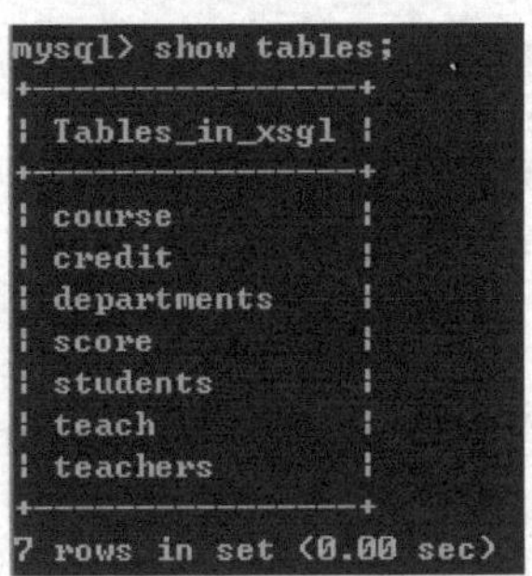

```
mysql> show tables;
+-----------------+
| Tables_in_xsgl |
+-----------------+
| course          |
| credit          |
| departments     |
| score           |
| students        |
| teach           |
| teachers        |
+-----------------+
7 rows in set (0.00 sec)
```

图 7.2 运行结果

7.2.3 修改表

ALTER TABLE 用于更改原有表的结构，例如，增加或删减列、重新命名列或表，以及修改默认字符集。

语法格式如下。

```
ALTER [IGNORE] TABLE tbl_name
alter_specification [,  alter_specification] ...
alter_specification:
ADD [COLUMN] column_definition [FIRST | AFTER col_name ]                //添加字段
| ALTER [COLUMN] col_name {SET DEFAULT literal | DROP DEFAULT}          //修改字段默认值
| CHANGE [COLUMN] old_col_name column_definition                        //重命名字段
[FIRST|AFTER col_name]
| MODIFY [COLUMN] column_definition [FIRST | AFTER col_name]            //修改字段数据类型
| DROP [COLUMN] col_name                                                //删除列
| RENAME [TO] new_tbl_name                                              //对表重命名
| ORDER BY col_name                                                     //按字段排序
| CONVERT TO CHARACTER SET charset_name [COLLATE collation_name] //将字符集转换为二进制
| [DEFAULT] CHARACTER SET charset_name [COLLATE collation_name]   //修改表的默认字符集
```

【任务 7.12】在 students 表的 d_no 列后面增加一列 speciality。

```
mysql> ALTER TABLE students
ADD speciality VARCHAR(5) NOT NULL AFTER department;
```

【任务 7.13】在 students 表的 birthday 列后增加一列“入学日期”，并定义其默认值为'2014-9-1'。

```
mysql>ALTER TABLE students
ADD 入学日期 DATE NOT NULL DEFAULT '2014-9-1'   AFTER birthday;
```

【任务 7.14】修改 students 表的 sex 列的默认值为“女”。

```
mysql> ALTER TABLE students CHANGE sexchar(2) NOT NULL DEFAULT '女';
```

【任务 7.15】删除 students 表的入学日期列的默认值。

```
mysql>ALTER TABLE students ALTER   入学日期 DROP DEFAULT;
```

【任务 7.16】将 students 表重命名为学生表。

```
mysql> ALTER TABLE students rename to 学生表;
```

【任务 7.17】修改 course 表的字符集为 UTF-8。

```
ALTER TABLE course DEFAULT CHARACTER SET utf8 COLLATE utf8_general_ci;
```

7.2.4 复制表

可以通过 CREATE TABLE 命令复制表的结构和数据。

语法格式如下。

```
CREATE [TEMPORARY] TABLE [IF NOT EXISTS] tbl_name
[ ( ) LIKE old_tbl_name [ ] ]
| [AS (select_statement)]   ;
```

【任务 7.18】创建 students 表的附表 students1。

```
mysql> CREATE TABLE students1 LIKE students;
```

【任务 7.19】用命令查看 students1 表的结构。

```
mysql> DESC students1;
```

运行结果如图 7.3 所示。

【任务 7.20】复制 students 表的结构和数据，名为 students_copy。

```
mysql> CREATE   TABLE   students_COPY   AS   SELECT   *   FROM   students;
```

可用SELECT   * FROM   students_COPY 查看 students_COPY 是否与表 students 的数据一致。

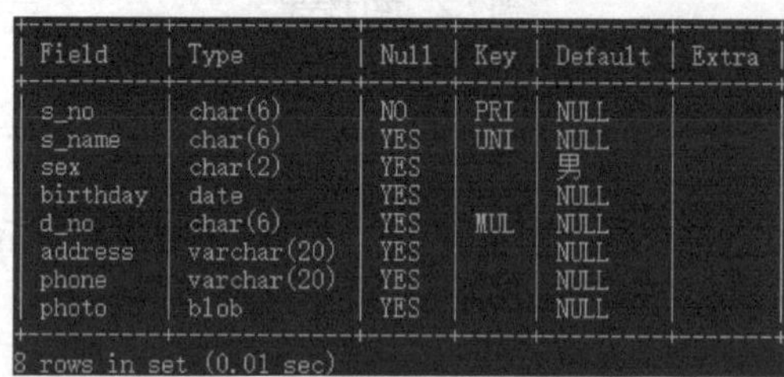

Field	Type	Null	Key	Default	Extra
s_no	char(6)	NO	PRI	NULL	
s_name	char(6)	YES	UNI	NULL	
sex	char(2)	YES		男	
birthday	date	YES		NULL	
d_no	char(6)	YES	MUL	NULL	
address	varchar(20)	YES		NULL	
phone	varchar(20)	YES		NULL	
photo	blob	YES		NULL	

8 rows in set (0.01 sec)

图 7.3 【任务 7.19】运行结果

分析与讨论

使用 LIKE 关键字，表示复制表的结构，但没复制数据；使用 AS 关键字，表示复制表的结构的同时，也复制了数据。

7.2.5 删除表

如果已存在的表不合适或不需要了，可以用 DROP TABLE 命令删除。

语法格式如下。

```
mysql> DROP [TEMPORARY] TABLE [IF EXISTS] tbl_name [, tbl_name] ...
```

tb1_name：要被删除的表名。

IF EXISTS：避免要删除的表不存在时出现错误信息。

【**任务 7.21**】删除 students1 表。

```
mysql> DROP TABLE students1;
```

7.3 表数据操作

7.3.1 插入数据

插入数据的方法很多，可以通过 INSERT INTO、REPLACE INTO 语句插入，也可以使用 LOAD DATA INFILE 方式将保存在文本文件中的数据插入指定的表。一次可以插入一行或多行数据。

1. 使用 INSERT INTO、REPLACE INTO 语句

语法格式如下。

```
INSERT | REPLACE
INTO tbl_name [(col_name, ...)]
VALUES ({expr | DEFAULT}, ...), (...), ...
| SET col_name ={expr | DEFAULT}, ...
```

【**任务 7.22**】向 students 表中插入两行数据（'132001','李平','男','1992-02-01','D001','上海市南京路 1234 号','021-345478',NULL)、('132002','张三峰','男','1992-04-01','D001','广州市沿江路 58 号','020-345498',NULL)。

```
mysql> INSERT INTO students VALUES
('132001','李平','男','1992-02-01','D001','上海市南京路 1234 号','021-345478',NULL),
('132002','张三峰','男','1992-04-01','D001','广州市沿江路 58 号','020-345498',NULL);
```

【**任务 7.23**】用 INSERT INTO 语句向 students 表中插入数据。

```
mysql> INSERT INTO STUDENTS (s_no,s_name,sex)VALUES('132001','李小平','男');
```

由于 students 表中已经有 132001 学生的记录，因此将出现主键冲突错误，如图 7.4 所示。

```
mysql> INSERT INTO students (s_no, s_name, sex)VALUES('132001', '李小平', '男');
ERROR 1062 (23000): Duplicate entry '132001' for key 1
```

图 7.4 【任务 7.23】运行结果

用 REPLACE INTO 语句则可以直接插入新数据，而不会出现错误信息。

```
mysql> REPLACE INTO students (s_no,s_name,sex) VALUES('132001','李小平','男');
```

【**任务 7.24**】假设有一课程表与 course 表的结构相同，现将 course 表的数据插入课程表中。

```
mysql> INSERT INTO 课程表 SELECT * FROM course;
```

查看课程表的数据。

```
mysql> SELECT * FROM 课程表;
```

运行结果如图 7.5 所示。

分析与讨论

（1）VALUES 子句包含各列需要插入的数据清单，数据的顺序要与列的顺序相对应。若表名后不给出列名，则在 VALUES 子句中要给出每一列（除 IDENTITY 和 TIMESTAMP 类型的列）的值，如果列值为空，则值必须置为 NULL，否则会出错。

（2）使用 INSERT INTO 语句可以向表中插入一行数据，也可以插入多行数据，若一次插入多行数据，各行数据之间用“,”分隔。

（3）可使用 SET 子句插入数据。用 SET 子句直接赋值时可以不按列顺序插入数据，对允许空值的列

可以不插入。

```
mysql> INSERT INTO COURSE SET C_NO='B003', C_NAME='应用文写作', TEACHER='马卫平', TYPE='选修',
HOURS=60;
```

（4）用 REPLACE INTO 语句向表中插入数据时，首先尝试插入数据到表中，如果发现表中已经有该行数据（根据主键或者唯一索引判断），则删除该行数据，再插入新的数据，否则，直接插入新数据。

（5）还可以向表中插入其他表的数据，但要求两个表具有相同的结构。

```
INSERT INTO TABLENAME1 SELECT * FROM TABLENAME2;
```

c_no	c_name	hours	credit	type
A001	MYSQL	64	3	专业课
A002	计算机文化基础	64	2	选修课
A003	操作系统	72	3	专业基础课
A004	数据结构	54	3	专业基础课
A005	PHOTOSHOP	54	2	专业基础课
B001	思想政治课	60	2	必修课
B002	IT产品营销	48	2	选修课
B003	公文写作	45	2	选修课
B004	网页设计	32	1	选修课
B006	大学英语	128	6	必修课
C001	会计电算化	64	3	必修课

11 rows in set (0.00 sec)

图7.5 【任务7.24】运行结果

2. 用LOAD DATA语句将数据插入数据库表

【任务7.25】创建一个名为“课程表”的表，假设课程表的数据已放在“D:\course.txt”中，现将course.txt的数据插入课程表。

```
mysql> LOAD DATA LOCAL INFILE"D:\course.txt"INTO TABLE 课程表 CHARACTER SET gb2312;
```

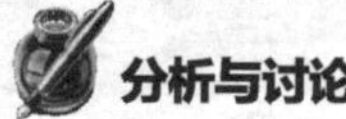

分析与讨论

（1）MySQL Server 默认的字符集是 UTF-8，在插入数据时，为避免中文字符乱码，要加上CHARACTER SET gb2312。

（2）course.txt 各行文本之间要用制表符<Tab>分隔。

（3）插入数据时也可以导入.xls 和.doc 文件。

3. 图片数据的插入

MySQL 支持图片的存储，图片一般可以以路径的形式来存储，因此插入图片采用直接插入图片的存储路径的方式。当然，也可以直接插入图片本身，使用LOAD_FILE( )函数即可。

【任务7.26】向students表中插入一行数据：

122110，程明，男，1991-02-01，D001，北京路123号，02066635425，picture.jpg。

其中，照片路径为“D: \IMAGE\ picture.jpg”。

使用如下语句可以插入图片路径。

```
mysql> INSERT INTO students
        VALUES('122110', '程明', '男', '1991-02-01', 'D001', '北京路123号',
                '02066635425', 'D:\IMAGE\picture.jpg');
```

下面语句是直接存储图片本身。

```
mysql> INSERT INTO students
VALUES('122110', '程明', '男', '1991-02-01', 'D001', '北京路123',
        '02066635425', LOAD_FILE('D:\IMAGE\picture.jpg');
```

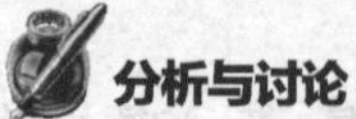

分析与讨论

（1）存放图片的字段要使用 BLOB 类型。BLOB 是专门存储二进制文件的类型，有大小之分，例如MEDIUMBLOB、LONGBLOB 等，以存储大小不同的二进制文件。一般的图形文件使用

MEDIUMBLOB 就足够了。

（2）插入图片文件路径的方式要比插入图片本身好。图片如果很小，可以直接将其存入数据库，但是如果图片很大，保存或读取操作会很慢。所以最好将图片存入指定的文件夹，而把文件路径和文件名存入数据库。

7.3.2 修改数据

用 UPDATE…SET…命令对表中的数据进行修改，可以修改一个表的数据，也可以修改多个表的数据。

修改单个表的数据，语法格式如下。

```
UPDATE tbl_name
SET col_name 1= [, col_name 2=expr2 ...]
[WHERE 子句]
[ORDER BY 子句]
[LIMIT 子句]
```

【任务 7.27】将学号为 122001 的学生的 A001 课程成绩修改为 80 分。

```
mysql> UPDATE SCORE SET REPORT=80 WHERE S_NO='122001'ANDC.NO='A001';
```

【任务 7.28】将 A202 课程的类型修改为专业基础课。

```
mysql> UPDATE COURSE SET   TYPE='专业基础课'   WHERE C_NO='A202';
```

【任务 7.29】将 A001 课程成绩乘以 1.2，转为 120 分制计。

```
mysql> UPDATE SCORE SET REPORT=REPORT*1.2 WHERE C_NO='A001';
```

分析与讨论

SET 子句：根据 WHERE 子句中指定的条件，对符合条件的数据行进行修改。若语句中不设定 WHERE 子句，则更新所有行。expr1、expr2……可以是常量、变量或表达式。该子句可以同时修改所在数据行的多个列值，各列值之间用逗号隔开。

7.3.3 删除数据

从单个表中删除数据，语法格式如下。

```
DELETE [LOW_PRIORITY] [QUICK] [IGNORE] FROM tbl_name
[WHERE 子句]
[ORDER BY 子句]
[LIMIT row_count]
```

【任务 7.30】删除女生记录。

```
mysql> DELETE FROM students WHERE SEX='女';
```

【任务 7.31】删除 B001 课程不及格的成绩记录。

```
mysql> DELETE FROM score WHERE C_NO='B001' AND REPORT <60;
```

【任务 7.32】删除 score 表的所有成绩记录。

```
mysql> DELETE FROM score;
```

【任务 7.33】删除 score 表中分数最低的 3 行记录。

```
mysql> DELETE FROM score ORDER BY REPORT   LIMIT 3;
```

分析与讨论

（1）QUICK 修饰符可以加快部分种类的删除操作的速度。

（2）FROM 子句用于指定从何处删除数据。

（3）WHERE 子句用于指定删除条件。如果省略 WHERE 子句，则删除该表的所有行。

（4）ORDER BY 子句：各行按照子句中指定的顺序进行删除。此子句只在与 LIMIT 联用时才起作用。ORDER BY 子句和 LIMIT 子句的具体定义将在任务 10 中介绍。

（5）LIMIT 子句用于告知服务器在控制命令被返回到客户端前被删除的行的最大值。

（6）数据删除后将不能恢复，因此，在执行删除操作之前一定要对数据做好备份。

7.4 对 JSON 数据类型的使用

从MySQL 5.7开始，MySQL支持对JSON(JavaScript Object Notation)数据类型的使用。JSON是一种轻量级的数据交换格式，易于阅读和编写。对象在 JavaScript 中是使用花括号{}包裹起来的内容，数据结构为 {key1:value1, key2:value2, ...} 的键值对结构。在面向对象的语言中，key 为对象的属性，value 为对应的值。键名可以使用整数和字符串来表示。值的类型可以是任意类型。

【任务 7.34】创建包含 json 字段的表。

```
mysql>CREATE TABLE tab_json (
  id INT(20) NOT NULL AUTO_INCREMENT,
  DATA JSON DEFAULT NULL,
  PRIMARY KEY (id)
);
```

【任务 7.35】向表中插入数据。

```
mysql>insert into tab_json(data) values('{"Tel": "132223232444","name": "david","address": "Beijing"}');
mysql>insert into tab_json(data) values('{"Tel": "13390989765","name": "Mike","address": "Guangzhou"}');
```

查看数据。运行结果如图 7.6 所示。

```
mysql>select * from tab_json;
```

```
+----+--------------------------------------------------------------------------+
| id | data                                                                     |
+----+--------------------------------------------------------------------------+
|  1 | {"Tel": "132223232444", "name": "david", "address": "Beijing"}           |
|  2 | {"Tel": "13390989765", "name": "Mike", "address": "Guangzhou"}           |
+----+--------------------------------------------------------------------------+
2 rows in set (0.00 sec)
```

图 7.6 查看 JSON 数据运行结果

7.5 计算字段的使用

计算字段（Generated Column）是从 MySQL 5.7 开始引入的新特性。所谓计算字段，就是数据库中这一列由其他列计算而得。

```
mysql>CREATE TABLE t
(id INT auto_increment NOT NULL,
c1 INT,
c2 INT,
c3 INT as(c1*c2),
PRIMARY KEY(id));
mysql>INSERT INTO t(c1, c2) values(3, 4);
SELECT c3;
```

【任务 7.36】知道直角三角形的两条直角边，求直角三角形的面积。很明显，面积可以通过两条直角边计算而得，这时候就可以在数据库中只存放直角边，面积用计算字段表示，如下所示。

```
mysql>CREATE TABLE triangle (sidea DOUBLE,   sideb DOUBLE,   area DOUBLE AS (sidea * sideb / 2));
mysql>INSERT INTO triangle(sidea,   sideb) values(3,   4);
SELECT area;
```

【项目实践】

（1）登录 JXGL 数据库。

① 查看数据库系统中已存在的数据库。

② 查看该数据库系统支持的存储引擎的类型。

(2)创建 TEST 数据库，创建一个 STUDENTS 表，有姓名、性别和兴趣爱好字段。要求性别字段单选('男'/'女')，兴趣爱好字段多选，可选('篮球','足球','音乐','电影','看书','画画','摄影')。

① 向 STUDENTS 表插入数据：('李明','男','足球,音乐,电影')、(张君,'女','篮球,足球,电影')。

② 再次查看数据库系统中已经存在的数据库，确保 TEST 数据库已经存在。

③ 复制 STUDENTS 表的结构和数据，成为附表 STUDENTS1。

④ 删除 STUDENTS 表数据。

⑤ 删除 TEST 数据库。

⑥ 再次查看数据库系统中已经存在的数据库，确保 TEST 数据库已经删除。

(3) 创建人事管理数据库 RSGL，该数据库有 3 张表，分别是 Employees、Departments 和 Salary 表，表结构见表 7.8~表 7.10。

① 请写出创建这 3 张表的 SQL 语句。

② 用 INSERT INTO 语句一次性向 Departments 表插入所有数据，数据见表 7.11。

③ 以文本文件的方式将数据装入 Employees 表，文件存储在“D:\MYSQL\ Employees.txt”。

表 7.8　Employees

字段名	类型	长度	默认值	是否空值	是否主键	备注
E_ID	VARCHAR	8		否	是	员工编号
E_name	VARCHAR	8		是		员工姓名
sex	VARCHAR	2	男	是		性别
professional	VARCHAR	6				职称
Political	VARCHAR	8				政治面貌
education	VARCHAR	8				学历
birth	DATE					出生日期
marry	VARCHAR	8				婚姻状态
GZ_time	DATE					参加工作时间
D_ID	VARCHAR	5		是	外键	与 Departments 关联
BZ	VARCHAR	2	是			是否为编内人员

表 7.9　Departments

字段名	类型	长度	默认值	是否空值	是否主键	备注
D_ID	TINYINT	5		否	是	部门编号
D_name	VARCHAR	10		否		部门名称

表 7.10　Salary

字段名	类型	长度	默认值	是否空值	是否主键	备注
E_ID	TINYINT	5		否	外键	与 Employees 关联
month	DATE					月份
JIB_IN	FLOAT	6,2				基本工资
JIX_IN	FLOAT	6,2				绩效工资
JINT_IN	FLOAT	6,2				津贴补贴
GJ_OUT	FLOAT	6,2				代扣公积金
TAX_OUT	FLOAT	6,2				扣税
QT_OUT	FLOAT	6,2				其他扣款

表 7.11　向 Departments 表插入的数据

部门编号	部门名称
A001	办公室
A002	人事处
A003	宣传部
A004	教务处
A005	科技处
A006	后勤处
B001	信息学院
B002	艺术学院
B003	外语学院
B004	金融学院
B005	建筑学院

【习题】

一、单项选择题

1. 在 MySQL 中，通常使用______语句来指定一个已有数据库作为当前工作数据库。

A. USING　　B. USED

C. USES　　D. USE

2. 下列 SQL 语句中，创建关系表的是______。

A. ALTER　　B. CREATE

C. UPDATE　　D. INSERT

3. INSERT 命令的功能是______。

A. 在表头插入一条记录　　B. 在表尾插入一条记录

C. 在表中指定位置插入一条记录　　D. 在表中指定位置插入若干条记录

4. 创建表时，不允许某列为空可以使用______。

A. NOT NULL　　B. NO NULL

C. NOT BLANK　　D. NO BLANK

5. 从学生（STUDENTS）表的姓名（NAME）字段中查找姓“张”的学生。可以使用如下代码：select * from STUDENTS where______。

A. NAME='张*'　　B. NAME='%张%'

C. NAME LIKE '张%'　　D. NAME LIKE '张*'

6. 要快速清空一个表，可以使用如下语句______。

A. TRUNCATE TABLE　　B. DELETE TABLE

C. DROP TABLE　　D. CLEAR TABLE

二、填空题

1. 在 MySQL 中，通常使用______值来表示一个列没有值或缺值的情形。

2. 在 CREATE TABLE 语句中，通常使用______关键字来指定主键。

3. 在 MySQL 中，可以使用 INSERT 或______语句，向数据库中已有的表插入一行或多行元组数据。

4. 在 MySQL 中，可以使用______语句或______语句删除表中的一行或多行数据。

5. 在 MySQL 中，可以使用______语句来修改、更新一个表或多个表中的数据。

三、编程与应用题

1. 请使用 MySQL 命令行客户端在 MySQL 中创建一个名为“db_test”的数据库。

2. 请使用 MySQL 命令行客户端在数据库 bookdb 中，创建一个网络留言板系统中用于描述网络留言内容的数据表 contentinfo，该表的结构如下。

字段名	数据类型	长度	是否空值	默认值	是否主键	备注
id	INT	8	否		是	访客编号
username	VARCHAR	8				访客姓名
Subject	VARCHAR	200	是			留言标题
content	VARCHAR	1000	是			留言内容
reply	VARCHAR	1000	是			回复内容
face	VARCHAR	50	是			头像图标文件
email	VARCHAR	50	是			电子邮件
posttime	TIMESTAMP			CURRENT_TIMESTAMP		创建日期和时间

3. 请使用 INSERT 语句向数据库 bookdb 的表 contentinfo 中插入一行描述下列留言信息的数据。

访客编号由系统自动生成；访客姓名为“探险者”；留言标题为“SUV 论坛专栏”；留言内容为“我喜欢的 SUV 是”；电子邮件为“Explorer@gmail.com”；留言创建日期和时间为系统当前时间。

4. 请使用 UPDATE 语句将数据库 bookdb 的表 contentinfo 中访客姓名为“探险者”的留言内容修改为“我最喜欢的国产 SUV”。

5. 请使用 DELETE 语句将数据库 bookdb 的表 contentinfo 中访客姓名为“探险者”的用户在 2014-5-1 的留言信息删除。

四、简答题

1. 请分别解释 AUTO_INCREMENT、默认值和 NULL 的用途。
2. 请简述 INSERT 语句与 REPLACE 语句的区别。
3. 请简述 DELETE 语句与 TRUNCATE 语句的区别。

任务 8 创建和管理索引

08

【任务背景】

由于数据库在执行一条 SQL 语句的时候，默认的方式是根据搜索条件进行全表扫描，因此遇到匹配条件的就加入搜索结果集合。当进行涉及多个表连接，包括许多搜索条件（例如大小比较、Like 匹配等），而且表数据量特别大的查询时，在没有索引的情况下，MySQL 需要执行的扫描行数会很大，速度也会很慢。

【任务要求】

本任务将从认识索引、索引的分类及索引的设计原则等方面着手，介绍创建和管理索引的方法。特别要注意的是，索引并不是越多越好，要正确认识索引的重要性和设计原则，创建合适的索引。

拓展阅读

索引建立和使用索引

【任务分解】

8.1 认识索引

索引是一种特殊的数据库结构，可以用来快速查询数据库表中的特定记录。在 MySQL 中，所有的数据类型都可以被索引。

MySQL 支持的索引主要有 Hash 索引和 B-Tree 索引。目前，大部分 MySQL 索引都是以平衡树（Balance Tree）方式存储的。B-Tree 索引是 MySQL 数据库中使用最为频繁的索引类型，除了 Archive 存储引擎之外的其他所有的存储引擎都支持 B-Tree 索引。不仅在 MySQL 中如此，在很多其他的数据库管理系统中 B-Tree 索引也同样是作为最主要的索引类型的，这主要是因为 B-Tree 索引的存储结构在数据库的数据检索中有着非常优异的表现。一般来说，MySQL 中的 B-Tree 索引的物理文件大多是以平衡树的结构来存储的，也就是所有实际需要的数据都存放于树的叶子节点，而且到任何一个叶子节点的最短路径的长度都是完全相同的，所以它被称为 B-Tree 索引。

MySQL Hash 索引相对于 B-Tree 索引，检索效率要高得多。虽然 Hash 索引效率高，但是 Hash 索引由于本身的特殊性也带来了很多限制和弊端，主要表现在以下方面。

（1）MySQL Hash 索引仅能满足“=”“IN”“<=>”查询，不能使用范围查询。

（2）MySQL Hash 索引无法被用来避免数据的排序操作。

（3）MySQL Hash 索引不能利用部分索引键查询。

（4）MySQL Hash 索引在任何时候都不能避免表扫描。

（5）MySQL Hash 索引在遇到大量 Hash 值相等的情况时，性能并不一定就会比 B-Tree 索引好。

分析与讨论

（1）MyISAM 里所有键的长度仅支持 1000 字节，InnoDB 是 767 字节。

（2）BLOB 和 TEXT 字段仅支持前缀索引。

（3）当使用“!=”和“<>”时，MySQL 不使用索引。

（4）当字段使用函数时，MySQL 无法使用索引；当连接条件字段类型不一致时，MySQL 无法使用索引；在组合索引里使用非第一个索引时也不使用索引。

（5）当使用 LIKE、以“%”开头即“%×××”时无法使用索引；当使用 OR 时，要求 OR 前后字段都有索引。

（6）索引是一个简单的表，MySQL 将一个表的索引都保存在同一个索引文件中，所以索引也是要占用物理空间的。如果有大量的索引，索引文件可能会比数据文件更快地达到最大的文件量。

（7）当更新表中索引列上的数据时，MySQL 会自动地更新索引，索引树总是和表的内容保持一致。这可能需要重新组织一个索引，如果表中的索引很多，这是很浪费时间的。也就是说，索引的存在降低了添加、删除、修改和其他写入等操作的效率。表中的索引越多，更新表的时间就越长。

（8）如果从表中删除列，则索引可能受到影响。如果所删除的列为索引的组成部分，则该列也将从索引中删除。如果组成索引的所有列都被删除，则整个索引将被删除。

8.1.1 索引的分类

MySQL 的索引包括普通索引（INDEX）、唯一性索引（UNIQUE）、主键索引（PRIMARY KEY）、全文索引（FULLTEXT）和空间索引（SPATIAL）。

1. 普通索引

普通索引的关键字是 INDEX，这是最基本的索引，没有任何限制。

2. 唯一性索引

唯一性索引的关键字是 UNIQUE。UNIQUE 索引与普通索引类似，但是它的列的值必须唯一，允许有空值。如果是组合索引，则列值的组合必须唯一。在一张表上可以创建多个 UNIQUE 索引。

3. 主键索引

主键索引是一种特殊的唯一索引，不允许有空值。一般是在建表的时候同时创建主键索引，也可通过修改表的方法增加主键索引，但一张表只能有一个主键索引。

4. 全文索引

全文索引只能对 CHAR、VARCHAR 和 TEXT 类型的列创建索引，并且只能在 MyISAM 表中创建。在 MySQL 默认情况下，这种索引对于中文作用不大。

5. 空间索引

空间索引只能对空间列创建索引，并且只能在 MyISAM 表中创建。本书不讨论。

另外，按索引创建在一列还是多列上，又可以将索引分为单列索引和多列索引（复合索引）。

8.1.2 索引的设计原则

为了使索引的使用效率更高，在创建索引的时候必须考虑在哪些字段上创建索引和创建什么类型的索引。索引的设计原则如下。

（1）在主键上创建索引。在 InnoDB 中，如果通过主键来访问数据，效率是非常高的。

（2）为经常需要排序、分组和联合操作的字段创建索引，即那些将用于 JOIN、WHERE 判断和 ORDER BY 排序的字段。

（3）为经常作为查询条件的字段创建索引，如用于 JOIN、WHERE 判断的字段。

（4）尽量不要对数据库中某个含有大量重复的值的字段创建索引，如"性别"字段。在这样的字段上创建索引将不会有什么帮助，相反，还有可能降低数据库的性能。

（5）限制索引的数目。

（6）尽量使用数据量小的索引。

（7）尽量使用前缀来创建索引。

（8）删除不再使用或者很少使用的索引。

8.2 索引的创建

创建索引有 3 种方式，分别是创建表时创建索引、在已经存在的表上用 CREATE INDEX 语句创建索引和用 ALTER TABLE 语句创建索引。下面将详细讲解这 3 种创建索引的方式。

8.2.1 创建表时创建索引

创建表的时候可以直接创建索引，这种方式简单、方便。

语法格式如下。

```
CREATE [TEMPORARY] TABLE [IF NOT EXISTS] tbl_name
[ ( [column_definition] ,  ... | [index_definition] ) ]
[table_option] [select_statement];
```

其中，index_definition 为索引项。

```
[CONSTRAINT [symbol]]PRIMARY KEY [index_type] (index_col_name, ...)
|{INDEX | KEY} [index_name] [index_type] (index_col_name, ...)
| [CONSTRAINT [symbol]] UNIQUE [INDEX] [index_name] [index_type] (index_col_name, ...)
| [FULLTEXT|SPATIAL] [INDEX] [index_name] (index_col_name, ...)
| [CONSTRAINT [symbol]] FOREIGN KEY    [index_name] (index_col_name, ...) [reference_definition]
```

【任务 8.1】创建 student2 表，s_no 为主键索引，s_name 为唯一性索引。在 address 列上前 5 位字符创建索引。

```
mysql> CREATE TABLE IF NOT EXISTS student2
(
s_no CHAR(4) NOT NULL COMMENT '学号',
s_name CHAR (4) DEFAULT NULL COMMENT '姓名',
sex CHAR (2) DEFAULT '男' COMMENT '性别',
birthday DATE DEFAULT NULL COMMENT '出生日期',
d_no CHAR (4) DEFAULT NULL COMMENT '所在系部',
address VARCHAR(20) DEFAULT NULL COMMENT '家庭地址',
phone VARCHAR (12) DEFAULT NULL COMMENT '联系电话',
photo BLOB COMMENT '照片',
PRIMARY KEY (s_no),
UNIQUE index name_index(s_name),
INDEX ad_index(address(5))
) ENGINE=InnoDB DEFAULT CHARSET=gb2312;
```

8.2.2 用 CREATE INDEX 语句创建索引

如果表已建好，可以使用 CREATE INDEX 语句创建索引。

语法格式如下。

```
CREATE [UNIQUE|FULLTEXT|SPATIAL] INDEX index_name
[USING index_type]
ON tbl_name (index_col_name, ...)
```

其中，index_col_name 的语法格式如下。

```
col_name [(length)] [ASC | DESC]
```

1. 创建普通索引

【任务 8.2】为便于按地址进行查询，为 students 表的 address 列上的前 6 个字符创建一个升序索引 address_index。

```
mysql> CREATE INDEX address_index
ON students(address(6) ASC);
```

【任务 8.3】为经常作为查询条件的字段创建索引。

例如，表 students 的 d_no 字段经常作为查询条件，为其创建普通索引。

```
mysql> CREATE INDEX d_no_index
ON students(d_no);
```

2. 创建唯一性索引

学生的姓名、课程表的课程名、部门表的部门名、商品表的商品名之类的字段，一般情况下可创建一个唯一性索引。

【任务 8.4】为 course 表的 c_name 字段创建一个唯一性索引 c_name_index。

```
mysql> CREATE UNIQUE index c_name_index
ON course(c_name);
```

【任务 8.5】为 teachers 表的 t_name 字段创建一个唯一性索引 t_name_index。

```
mysql> CREATE UNIQUE index t_name_index
ON teachers(t_name);
```

3. 创建多列索引

一个索引的定义中可以包含多个列，中间用逗号分隔，但是这些列要属于同一个表，这样的索引叫作复合索引。

【任务 8.6】为 score 表的 s_no 和 c_no 列创建一个复合索引 score_index。

```
mysql> CREATE INDEX   score_index
ON   score(s_no,   c_no);
```

分析与讨论

（1）对于 CHAR 和 VARCHAR 列，只用一列的一部分就可创建索引。当创建索引时，使用 col_name(length)，对前缀创建索引。前缀包括每列值的前 length 个字符。BLOB 和 TEXT 列也可以创建索引，但是必须给出前缀长度。

（2）因为多数名称的前 10 个字符通常不同，所以前缀索引不会比使用列的全名创建的索引速度慢很多。另外，使用列的一部分创建索引可以使索引文件量大大减小，从而节省大量的磁盘空间，有可能提高 INSERT 操作的速度。

（3）CREATE INDEX 语句并不能创建主键。

（4）索引名可以不写，若不写索引名，则默认与列名相同。

（5）部分存储引擎允许在创建索引时指定索引类型，在索引名后面加上 USING index_type。不同的存储引擎所允许的索引类型见表 8.1。如果列有多个索引类型，当没有指定 index_type 时，第一个类型是默认值。

（6）索引会生成一个文件保存，当查找该列数据时，数据是排好序的。

表 8.1 支持的索引类型

存储引擎	允许的索引类型
MyISAM	B-Tree
InnoDB	B-Tree
MEMORY/HEAP	Hash, B-Tree

8.2.3 用 ALTER TABLE 语句创建索引

在已经存在的表上可以用 ALTER TABLE 语句创建索引。

语法格式如下。

```
ALTER  TABLE  tbl_name
ADD [PRIMARY KEY| UNIQUE | FULLTEXT | SPATIAL ]   INDEX
index_name ( col_name [(length)]  [ASC|DESC] ) ;
```

其中的参数与上述两种方式的参数是一样的。

【任务 8.7】在 teachers 表上创建 t_no 主键索引（假设还未创建主键），创建 t_name 和 d_no 的复合索引，可提高表的检索速度。

```
mysql> ALTER TABLE teachers
ADD PRIMARY KEY(t_no),
ADD INDEX mark(t_name,  d_no);
```

【任务 8.8】在 departments 表中创建 d_name 的唯一性索引。

```
mysql> ALTER TABLE departments
ADD UNIQUE INDEX d_name_index(d_name);
```

分析与讨论

（1）主键索引必定是唯一的，唯一性索引不一定是主键。

（2）一张表上只能有一个主键，但可以有一个或者多个唯一性索引。

8.3 索引的查看

如果想要查看表中创建的索引的情况，可以使用 SHOW INDEX FROM tbl_name 语句，如下所示。

```
mysql> SHOW INDEX FROM course;
```

运行结果如图 8.1 所示。

```
mysql> SHOW INDEX FROM course;
+--------+------------+----------+--------------+-------------+-----------+-----
--------+----------+--------+------+------------+---------+---------------+
| Table  | Non_unique | Key_name | Seq_in_index | Column_name | Collation | Card
inality | Sub_part | Packed | Null | Index_type | Comment | Index_comment |
+--------+------------+----------+--------------+-------------+-----------+-----
--------+----------+--------+------+------------+---------+---------------+
| course |          0 | PRIMARY  |            1 | c_no        | A         |
     11 |     NULL | NULL   |      | BTREE      |         |               |
+--------+------------+----------+--------------+-------------+-----------+-----
--------+----------+--------+------+------------+---------+---------------+
1 row in set (0.00 sec)
```

图 8.1 运行结果

```
mysql> SHOW INDEX FROM score;
```

运行结果如图 8.2 所示。

```
+-------+------------+----------+--------------+-------------+-----------+------
------+----------+--------+------+------------+---------+
| Table | Non_unique | Key_name | Seq_in_index | Column_name | Collation | Cardi
nality | Sub_part | Packed | Null | Index_type | Comment |
+-------+------------+----------+--------------+-------------+-----------+------
------+----------+--------+------+------------+---------+
| SCORE |          0 | PRIMARY  |            1 | s_no        | A         |
   51 |     NULL | NULL   |      | BTREE      |         |
| SCORE |          0 | PRIMARY  |            2 | c_no        | A         |
   51 |     NULL | NULL   |      | BTREE      |         |
| SCORE |          1 | c_no     |            1 | c_no        | A         |
   25 |     NULL | NULL   |      | BTREE      |         |
+-------+------------+----------+--------------+-------------+-----------+------
------+----------+--------+------+------------+---------+
3 rows in set (0.00 sec)
```

图 8.2　运行结果

8.4　索引的删除

删除索引是指将表中已经存在的索引删掉。一些不再使用的索引会降低表的更新速度，影响数据库的性能。对于这样的索引，应该将其删除。

已经存在的索引，可以通过 DROP INDEX 语句来删除，也可用 ALTER TABLE 语句删除。

8.4.1　用 DROP INDEX 语句删除索引

语法格式如下。

```
DROP   INDEX   index_name   ON   tbl_name ;
```

index_name 为要删除的索引名, tb1_name 为索引所在的表。

【任务 8.9】删除 course 表的 mark 索引。

```
mysql> DROP INDEX mark ON course;
```

8.4.2　用 ALTER TABLE 语句删除索引

语法格式如下。

```
ALTER [IGNORE] TABLE tb1_name
| DROP PRIMARY KEY
| DROP INDEX index_name
| DROP FOREIGN KEY fk_symbol
```

【任务 8.10】在【任务 8.9】中，也可以用 ALTER TABLE 语句删除索引。

```
mysql> ALTER   TABLE course
     DROP PRIMARY KEY,
     DROP index mark;
```

【任务 8.11】删除 course 表上的唯一性索引 c_name_index。

```
mysql> ALTER   TABLE course
DROP   Index c_name_index;
```

**分析与讨论**

（1）DROP INDEX 子句可以删除各种类型的索引。

（2）删除唯一性索引，如同删除普通索引，用 DROP INDEX 语句即可，不能写成 DROP UNIQUE INDEX，但是创建唯一性索引要写成 ADD UNIQUE INDEX。

（3）如果要删除主键索引，直接使用 DROP PRIMARY KEY 子句进行删除，不需要提供索引名称，因为一个表中只有一个主键索引。

【项目实践】

在 YSGL 数据库中。

（1）对 Employees 表完成以下操作。

① 用 CREATE INDEX 语句为 birth 字段创建名为 index_birth 的索引。

② 用 CREATE INDEX 语句为 E_name、birth 字段创建名为 index_bir 的多列索引。

③ 用 ALTER TABLE 语句为 E_name 字段创建名为 index_id 的唯一性索引。

④ 删除 index_birth 索引。

（2）先删除 user 表，然后新建 user 表，见表 8.2，为 User_name 字段创建普通索引 index_username，为 User_ID 字段创建 index_id 唯一性索引。

表 8.2　user

字段名	类型	长度	默认值	是否空值	是否主键	备注
User_ID	CHAR	8		否		
User_name	CHAR	8		否		
Authentication_string				否		

【习题】

一、单项选择题

1. 下列哪种方法不能用于创建索引？______
   A. 使用 CREATE INDEX 语句　　B. 使用 CREATE TABLE 语句
   C. 使用 ALTER TABLE 语句　　D. 使用 CREATE DATABASE 语句
2. 下列哪种情况不适合建立索引？______
   A. 经常被查询搜索的列　　B. 包含太多重复选用值的列
   C. 是外键或主键的列　　D. 该列的值唯一的列
3. MySQL 中唯一性索引的关键字是______。
   A. FULLTEXT　　B. ONLY
   C. UNIQUE　　D. INDEX
4. 下面关于索引描述错误的一项是______。
   A. 索引可以提高数据查询的速度　　B. 索引可以降低数据的插入速度
   C. InnoDB 存储引擎支持全文索引　　D. 删除索引的命令是 DROP INDEX
5. 支持外键、索引及事务的存储引擎是______。
   A. MyISAM　　B. InnoDB
   C. MEMORY　　D. CHARACTER

二、填空题

1. 创建普通索引时，通常使用的关键字是______。
2. 创建全文性索引时，通常使用的关键字是______。

三、编程与应用题

1. 请用 CREATE INDEX 语句在数据库 bookdb 的表 contentinfo 中，根据留言标题列的前 5 个字符采用默认的索引类型创建一个升序索引 index_subject。

2. 用 ALTER TABLE 语句为留言时间列创建普通索引 index_posttime。

四、简答题

1. 请简述索引的概念及其作用。
2. 请列举索引的类型。
3. 请分别简述在 MySQL 中创建、查看和删除索引的 SQL 语句。
4. 请简述使用索引的弊端。

拓展阅读

隐藏索引

思维导图

建立和管理索引

任务 9 数据约束和参照完整性

09

【任务背景】

在一张表中，通常存在某个字段或字段的组合唯一地表示一条记录的现象。例如，一个学生有唯一的学号，一门课程只能有一个课程号，这就是主键约束。

在一张表中，有时要求某些列值不能重复。例如，在课程表中，通常是不允许课程同名的，即要求课程名唯一。但由于一张表只能有一个主键，而且已设置了课程号为主键，这时可以将课程名设置为 UNIQUE 键进行约束。

在关系数据库中，表与表之间的数据是有关联的。例如，成绩表中的课程号要参照课程表的课程号，成绩表的学号要参照学生表中的学号。该怎样进行约束，使表与表之间的数据保持一致呢?

【任务要求】

本任务要求学习者理解主键（PRIMARY KEY）约束、唯一性（UNIQUE）约束、外键（FOREIGN KEY）参照完整性约束和 CHECK 约束的含义，学习创建和修改约束的方法，掌握数据约束的实际应用。

【任务分解】

9.1 PRIMARY KEY 约束

9.1.1 理解 PRIMARY KEY 约束

PRIMARY KEY 也叫主键。可指定 1 个字段作为表主键，也可以指定 2 个及 2 个以上字段作为复合主键，其值能唯一地标识表中的每一行，而且 PRIMARY KEY 约束中的列不能取空值。因为 PRIMARY KEY 约束能确保数据唯一，所以经常用来定义标志列。

可以在创建表时创建主键，也可以对表中已有主键进行修改或者增加新的主键。

9.1.2 设置主键的两种方式

设置主键通常有两种方式：表的完整性约束和列的完整性约束。

【任务 9.1】创建表 course1，用表的完整性约束设置主键。

```
mysql> CREATE TABLE IF NOT EXISTS course1
(
c_no CHAR (4) NOT NULL,
c_name CHAR(10) DEFAULT NULL,
t_no CHAR (10) DEFAULT NULL,
hours INT(11) DEFAULT NULL,
```

```
credit INT(11) DEFAULT NULL,
type VARCHAR(10) DEFAULT NULL,
PRIMARY KEY (c_no)
) ENGINE=InnoDB DEFAULT CHARSET=gb2312;
```

【任务 9.2】创建表 course2，用列的完整性约束设置主键。

```
mysql> CREATE TABLE IF NOT EXISTS course2
 (
c_no CHAR (4) NOT NULL PRIMARY KEY,
c_name CHAR (10) DEFAULT NULL,
d_no CHAR (10) DEFAULT NULL,
hours INT(11) DEFAULT NULL,
credit INT(11) DEFAULT NULL,
type VARCHAR(10) DEFAULT NULL
) ENGINE=InnoDB DEFAULT CHARSET=gb2312;
```

9.1.3 复合主键

【任务 9.3】创建表 score1，用 s_no 和 c_no 作为复合主键。

```
mysql> CREATE TABLE IF NOT EXISTS score1
(
s_no CHAR (8) NOT NULL,
c_no CHAR (4) NOT NULL,
report FLOAT(5, 1) DEFAULT NULL,
PRIMARY KEY (s_no, c_no)
) ENGINE=InnoDB DEFAULT CHARSET=gb2312;
```

分析与讨论

（1）主键可以是单一的字段，也可以是多个字段的组合。

（2）在 score1 表中，一个学生一门课的成绩只能有一条记录，不能出现同一个学生同一门课有多条记录的情况，因此必须设置 s_no 和 c_no 为表 score1 的复合主键，以保证数据的唯一性。另外，如果单独设置 s_no 或 c_no 为主键，将出现一个学生（或一门课）只能录入一次成绩的情况，是不符合现实需要的。

（3）当表中的主键为复合主键时，只能定义为表的完整性约束。

（4）作为表的完整性约束时，需要在语句最后加上一条 PRIMARY KEY（col_name，...）语句；作为列的完整性约束时，只需在定义列的时候加上关键字 PRIMARY KEY。

9.1.4 修改表的主键

【任务 9.4】修改 students 表的主键，删除原主键，设置 s_name 为主键。

```
mysql>ALTER TABLE students DROP PRIMARY KEY ADD PRIMARY KEY (s_name );
```

9.2 UNIQUE 约束

9.2.1 理解 UNIQUE 约束

UNIQUE 约束（唯一性约束）又称替代键。替代键是没有被选作主键的候选键。替代键像主键一样，是表的一列或一组列，其值在任何时候都是唯一的，可以为主键之外的其他字段设置 UNIQUE 约束。

9.2.2 创建 UNIQUE 约束

【任务 9.5】在 TEST 数据库中，创建表 employees，只包含 employeeid、name、sex 和

education 字段，用列的完整性约束的方式将 name 设为主键，用表的完整性约束的方式将 employeeid 设为替代键。

```
mysql> CREATE TABLE employees
   (
employeeid CHAR(6) NOT NULL,
name CHAR(10) NOT NULL PRIMARY KEY,
sex TINYINT(1),
education CHAR(4),
UNIQUE(employeeid)
   );
```

也可以用列的完整性约束的方式直接在字段后面设置唯一性约束。

```
mysql> CREATE TABLE employees
   (
employeeid CHAR(6) NOT NULL UNIQUE,
name CHAR(10) NOT NULL PRIMARY KEY,
sex TINYINT(1),
education CHAR(4)
   );
```

9.2.3 修改 UNIQUE 约束

【任务 9.6】设置 course 表的 c_name 为 UNIQUE 约束。

```
mysql>ALTER TABLE course ADD UNIQUE (c_name);
```

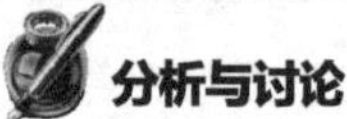**分析与讨论**

（1）尝试向 course 表中输入同名的课程，会出现什么情况？为什么？

（2）一张数据表只能创建一个主键。但一张表可以有若干个 UNIQUE 键，并且它们甚至是可以重合的。

（3）主键字段的值不允许为 NULL，而 UNIQUE 字段的值可取 NULL，但是必须使用 NULL 或 NOT NULL 声明。

（4）一般在创建 PRIMARY KEY 约束时，系统会自动产生 PRIMARY KEY 索引；创建 UNIQUE 约束时，系统自动产生 UNIQUE 索引。在 phpMyAdmin 下分别打开 score1 和 employees 表，分别在界面的左下方可以很清楚地看到 score1 和 employees 表的索引情况，如图 9.1 和图 9.2 所示。

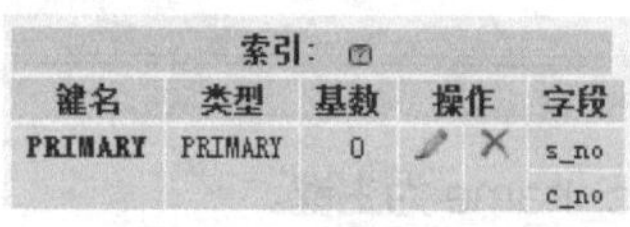

索引：

键名	类型	基数	操作	字段
PRIMARY	PRIMARY	0		s_no c_no

图 9.1 score1 表的主键索引

索引：

键名	类型	基数	操作	字段
PRIMARY	PRIMARY	0		name
employeeid	UNIQUE	0		employeeid

图 9.2 employees 表的索引

9.3 FOREIGN KEY 参照完整性约束

9.3.1 理解参照完整性约束

在关系数据库中，有很多规则是和表之间的关系有关的。表与表之间往往存在一种“父子”关系，例如，字段 s_no 是一个表 A 的属性，且依赖于表 B 的主键，则称表 B 为父表，表 A 为子表。通常将 s_no 设为表 A 的外键，参照表 B 的主键字段，通过 s_no 字段将父表 B 和子表 A 建立关联关系。这种类型的关系就是参照完整性约束（Referential Integrity Constraint）。参照完整性约束是一种特殊的完整性约束，实现为一个外键，外键是表的一个特殊字段。

在 JXGL 数据库中，存储在 score 表中的所有 s_no 必须存在于 students 表的学号列中，score

表中的所有 c_no 也必须出现在 course 表的课程号列中，因此，应该将 score 表中的 s_no 列定义外键参照 students 表的学号，c_no 列定义外键参照 course 表的课程号。

外键的作用是建立子表与其父表的关联关系，保证子表与父表关联的数据的一致性。父表中更新或删除某条信息时，子表中与之对应的信息也必须有相应的改变。

可以在创建表或修改表时定义一个外键声明。

定义外键的语法格式已经在 7.2.1 给出，这里仅列出 reference_definition 的语法格式。

reference_definition 的语法格式如下。

```
REFERENCES tbl_name [(index_col_name, ...)]
[ON DELETE   {RESTRICT | CASCADE | SET NULL | NO ACTION}]
[ON UPDATE   {RESTRICT | CASCADE | SET NULL | NO ACTION}]
```

说明 （1）外键被定义为表的完整性约束，reference_definition 中包含了外键所参照的表和列，还可以声明参照动作。

（2）RESTRICT：当要删除或更新父表中被参照列上在外键中出现的值时，拒绝对父表的删除或更新操作。

（3）CASCADE：当从父表删除或更新行时自动删除或更新子表中匹配的行。

（4）SET NULL：当从父表删除或更新行时，设置子表中与之对应的外键列为 NULL。如果外键列没有指定 NOT NULL 限定词，这就是合法的。

（5）NO ACTION：NO ACTION 意味着不采取动作，即如果有一个相关的外键值在被参考的表里，删除或更新父表中主要键值的企图就不被允许，和 RESTRICT 一样。

（6）SET DEFAULT：作用和 SET NULL 一样，只不过 SET DEFAULT 是指定子表中的外键列为默认值。

（7）MySQL 默认存储引擎为 MyISAM，同时也支持 InnoDB 表创建外键。

9.3.2 在创建表时创建外键

【任务 9.7】在 TEST 数据库中创建 salary 表，包含 employeeid、income 和 outcome 字段，其中 employeeid 作为外键，参照【任务 9.5】中的 employees 表的 employeeid 字段。

```
mysql> CREATE TABLE salary
(
employeeid CHAR(6) NOT NULL PRIMARY KEY,
income FLOAT(8) NOT NULL,
outcome FLOAT(8) NOT NULL,
FOREIGN KEY(employeeid)
references employees (employeeid)
ON UPDATE CASCADE
ON DELETE CASCADE
)CHARACTER SET gb2312   engine=innodb;
```

9.3.3 对已有的表添加外键

【任务 9.8】创建一个与 salary 表结构相同的 salary1 表，用 ALTER TABLE 语句向 salary1 表中的 employeeid 列添加一个外键，要求当 employees 表中要删除或修改与 employeeid 值有关的行时，检查 salary1 表中有没有该 employeeid 值，如果存在则拒绝更新 employees 表。

```
mysql>ALTER TABLE salary1
ADD FOREIGN KEY(employeeid)
REFERENCES employees(employeeid)
ON UPDATE RISTRICT
ON DELETE RISTRICT;
```

9.3.4 创建级联删除、级联更新

【任务 9.9】在 JXGL 数据库中，将 score 表的 s_no 字段参照表 students 的 s_no 字段，score 表的 c_no 字段参照 course 的 c_no 字段。当 students 表的 s_no 字段、course 的 c_no 字段更新或删除时，score 表级联更新、级联删除。

```
mysql> ALTER TABLE   score
ADD FOREIGN KEY (s_no)
REFERENCES   students (s_no)
ON UPDATE CASCADE
ON DELETE CASCADE;
mysql> ALTER TABLE   score
ADD FOREIGN KEY (c_no)
REFERENCES   course (c_no)
ON UPDATE CASCADE
ON DELETE CASCADE;
```

9.4 CHECK 约束

9.4.1 理解 CHECK 约束

主键、替代键和外键都是常见的完整性约束的例子。但是，每个数据库还有一些专用的完整性约束。例如，score 表中 report 字段的数值要在 0～100，students 表中出生日期必须大于 1990 年 1 月 1 日。这样的规则可以使用 CHECK 约束来指定。

constraint CHECK 完整性约束在创建表的时候定义，可以定义为列完整性约束，也可以定义为表完整性约束。

语法格式如下。

```
constraintCHECK(expr)
```

说明 **expr 是一个表达式，指定需要检查的条件，在更新表数据的时候，MySQL 会检查更新后的数据行是否满足 CHECK 约束的条件。**

9.4.2 创建 CHECK 约束

【任务 9.10】在 TEST 数据库中，创建表 employees3，包含学号、性别和出生日期字段。其中，出生日期必须大于 1980 年 1 月 1 日，性别只能是“男”或“女”。

```
mysql> CREATE TABLE employees3
(
e_id CHAR(5) NOT NULL PRIMARY KEY,
sex CHAR(2) DEFAULT '男',
birth DATE NOT NULL ,
CHECK(sex='男' OR sex='女')
CHECK(birth> '1980-1-1')
);
```

定义为列的完整性约束，SQL 语句如下。

```
mysql> CREATE TABLE employees3
(
e_id CHAR（5）NOT NULL PRIMARY KEY,
sex CHAR（2）DEFAULT'男'CHECK (sex='男'OR sex='女'),
birth DATE NOT NULL CHECK(brith>'1980-1-1')
```

```
);
```

在 MySQL 5.7 前所有的存储引擎均能够对 CHECK 子句进行分析，但是忽略 CHECK 子句，即 CHECK 约束还不起作用。MySQL 8.0 支持 CHECK 分析并起作用。

【项目实践】

在 YSGL 数据库中进行如下操作。

（1）通过修改表的方式创建外键，使 Employees 表的 D_ID 字段参照 Departments 表的 D_ID 字段，级联更新、级联删除。

（2）通过修改表的方式创建外键，使 Salary 表的 E_ID 字段参照 Employees 表的 E_ID 字段，级联更新、级联删除。

（3）用 ALTER 语句修改表，将 Departments 表的 D_name 字段设置为 UNIQUE 约束。

（4）修改 Employees 表，将性别的数据类型改为 ENUM，取值必须为“男”或“女”，性别默认为“男”。

（5）修改 Salary 表，使用 CHECK 约束，使基本工资取值为 3000～4500。

【习题】

一、单项选择题

数据库的________是为了保证由授权用户对数据库所做的修改不会影响数据一致性。

A. 安全性　　B. 完整性

C. 并发控制　　D. 恢复

二、填空题

MySQL 支持关系模型中________、________和________3 种不同的完整性约束。

三、简答题

1. 请简述什么是表的完整性。
2. 请简述 MySQL 是如何实现表的完整性约束的？
3. 常见的约束有哪些？分别代表什么意思？如何使用？
4. 字段改名后，为什么会有部分约束条件丢失？
5. 请简述如何设置外键。

思维导图

数据约束和参照完整性

项目五　数据查询、数据处理与视图

任务 10 数据库的查询

10

【任务背景】

查询和统计数据是数据库的基本功能。在数据库实际操作中，经常遇到类似的查询，例如，查询成绩为80~90 的学生，查询姓李的学生，查询选了李明老师、成绩在 80 分以上的学生姓名，统计各系、各专业人数，查询成绩前 10 名的学生等。这些查询有些是简单的单表查询，有些是字符匹配方面的查询，有些是基于多表的查询，有些需要使用函数进行统计。对于多表查询，可以使用连接查询和嵌套查询的方法来实现。

【任务要求】

本任务将从简单的单表查询开始，学习使用查询的基本语法，学习 SELECT、FROM、WHERE、GROUP BY、ORDER BY、HAVING 和 LIMIT 等子句的使用，学习聚合函数在数据统计查询中的应用，学习基于多表的全连接、JOIN 连接、嵌套查询，以及联合查询的实际应用。

微课视频

数据查询，数据处理与视图

拓展阅读

数据查询

【任务分解】

10.1 了解 SELECT 语法结构

SELECT 语句可以从一个或多个表中选取特定的行和列，结果通常是生成一个临时表。语法格式如下。

```
SELECT
[ALL|DISTINCT]
[FROM 表名[, 表名]...]
[WHERE 子句]
[GROUP BY 子句]
[HAVING 子句]
[ORDER  BY 子句]
[LIMIT 子句]
```

其中，[ ]表示可选项。

SELECT 子句：指定要查询的列名称，列与列之间用逗号隔开。

FROM 子句：指定要查询的表，可以指定两个以上的表，表与表之间用逗号隔开。

WHERE 子句：指定要查询的条件。

GROUP BY 子句：对查询结构进行分组。

HAVING 子句：指定分组的条件，通常用在 GROUP BY 子句之后。

ORDER BY 子句：对查询结果进行排序。

LIMIT 子句：限制查询的输出结果行。

【任务 10.1】查询学生的学号、姓名和联系电话。SQL 语句如下。

```
mysql> SELECT s_no, s_name, phone
FROM students ;
```

运行结果如图 10.1 所示。

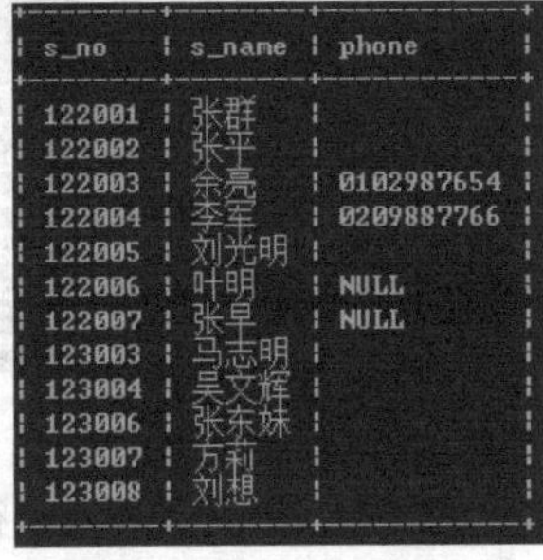

s_no	s_name	phone
122001	张群	
122002	张平	
122003	余亮	0102987654
122004	李军	0209887766
122005	刘光明	
122006	叶明	NULL
122007	张早	NULL
123003	马志明	
123004	吴文辉	
123006	张东妹	
123007	方利	
123008	刘想	

图 10.1 【任务 10.1】运行结果

10.2 认识基本子句

10.2.1 认识 SELECT 子句

SELECT 子句用于指定要返回的列，SELECT 子句常用参数见表 10.1。

表 10.1 SELECT 子句常用参数

参数	说明
ALL	显示所有行，包括重复行，ALL 是系统默认
DISTINCT	消除重复行
列名	指明返回结果的列，如果是多列，用逗号隔开
*	通配符，返回所有列值

1. 使用通配符“*”

【任务 10.2】查询学生的所有记录。

```
mysql> SELECT  *  FROM  students;
```

运行结果如图 10.2 所示。

s_no	s_name	sex	birthday	D_NO	address	phone	photo
122001	张群	男	1990-02-01	D001	文明路8 号		NULL
122002	张平	男	1992-03-02	D001	人民路9号		NULL
122003	余亮	男	1992-06-03	D002	北京路188号	0102987654	NULL
122004	李军	女	1993-02-01	D002	东风路66号	0209887766	NULL
122005	刘光明	男	1992-05-06	D002	东风路110号		NULL
122006	叶明	女	1992-05-02	D003	学院路89号	NULL	NULL

图 10.2 【任务 10.2】运行结果

2. 使用 DISTINCT 消除重复行

【任务 10.3】查询学生所在系部，去掉重复值。SQL 语句如下。

```
mysql> SELECT distinict d_no  FROM  students;
```

运行结果如图 10.3 所示。

```
mysql> SELECT  DISTINCT  d_no   FROM  students;
+-------+
| d_no  |
+-------+
| D001  |
| D002  |
| D003  |
| D005  |
| D006  |
+-------+
5 rows in set (0.01 sec)
```

图 10.3 【任务 10.3】运行结果

试对比一下不清除重复行（不加 DISTINCT）的运行结果，如图 10.4 所示。

3. 使用 AS 定义查询的列别名

【任务 10.4】统计男生的人数。SQL 语句如下。

```
mysql> SELECT COUNT(*) AS '男生人数'
FROM   STUDENTS
WHERE SEX='男';
```

运行结果如图 10.5 所示。

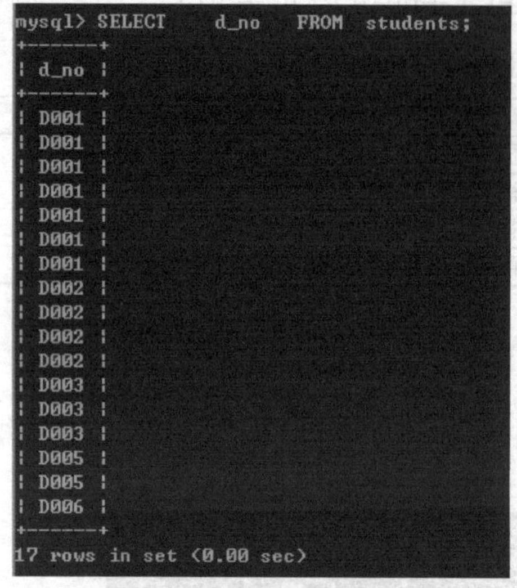

```
mysql> SELECT    d_no   FROM  students;
+-------+
| d_no  |
+-------+
| D001  |
| D001  |
| D001  |
| D001  |
| D001  |
| D001  |
| D001  |
| D002  |
| D002  |
| D002  |
| D002  |
| D003  |
| D003  |
| D003  |
| D005  |
| D005  |
| D006  |
+-------+
17 rows in set (0.00 sec)
```

图 10.4 不清除重复行的运行结果

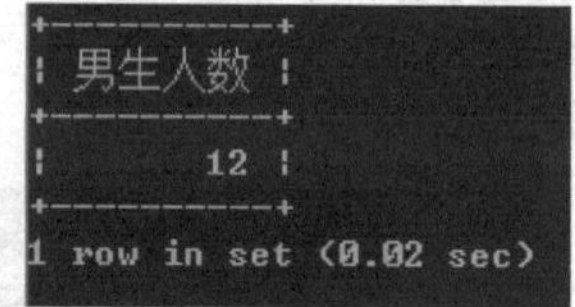

```
+----------+
| 男生人数 |
+----------+
|       12 |
+----------+
1 row in set (0.02 sec)
```

图 10.5 【任务 10.4】运行结果

10.2.2 认识 FROM 子句

SELECT 的查询对象由 FROM 子句指定。FROM 子句指定进行查询的单个表或者多个表。FROM 子句要查询的数据源还可以来自视图，视图相当于一个临时表。语法格式如下。

```
FROM {表名 | 视图}[,...,n]
```

当有多个表时，表与表之间用“，”分隔。

【任务 10.5】查询男生基本情况。SQL 语句如下。

```
mysql> SELECT  *  FROM   students
WHERE SEX='男';
```

运行结果如图 10.6 所示。

【**任务 10.6**】查询学生的姓名、系部名称和联系地址。SQL 语句如下。

```
mysql> SELECT S_NAME AS'姓名', D_NAME AS'系部', address AS'地址'
FROM students, departments
WHERE departments.D_NO= students.D_NO;
```

运行结果如图 10.7 所示。

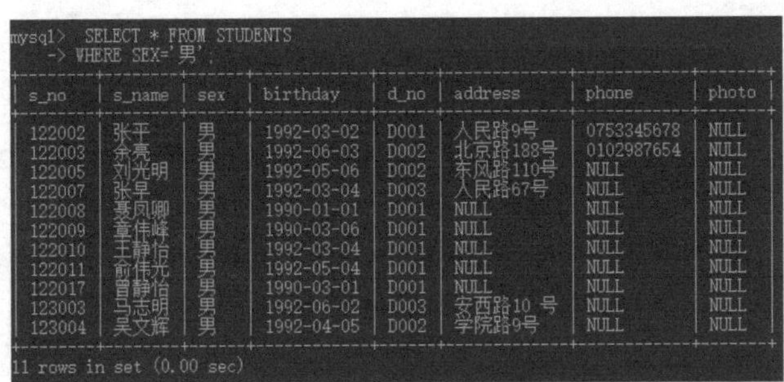

mysql> SELECT * FROM STUDENTS
-> WHERE SEX='男';

s_no	s_name	sex	birthday	d_no	address	phone	photo
122002	张平	男	1992-03-02	D001	人民路9号	0753345678	NULL
122003	余亮	男	1992-06-03	D002	北京路188号	0102987654	NULL
122005	刘光明	男	1992-05-06	D002	东风路110号	NULL	NULL
122007	张早	男	1992-03-04	D003	人民路67号	NULL	NULL
122008	聂凤卿	男	1990-01-01	D001	NULL	NULL	NULL
122009	章伟峰	男	1990-03-06	D001	NULL	NULL	NULL
122010	王静怡	男	1992-03-04	D001	NULL	NULL	NULL
122011	俞伟光	男	1992-05-04	D001	NULL	NULL	NULL
122017	曾静怡	男	1990-03-01	D001	NULL	NULL	NULL
123003	马志明	男	1992-06-02	D003	安西路10 号	NULL	NULL
123004	吴文辉	男	1992-04-05	D002	学院路9号	NULL	NULL

11 rows in set (0.00 sec)

图 10.6　【任务 10.5】运行结果

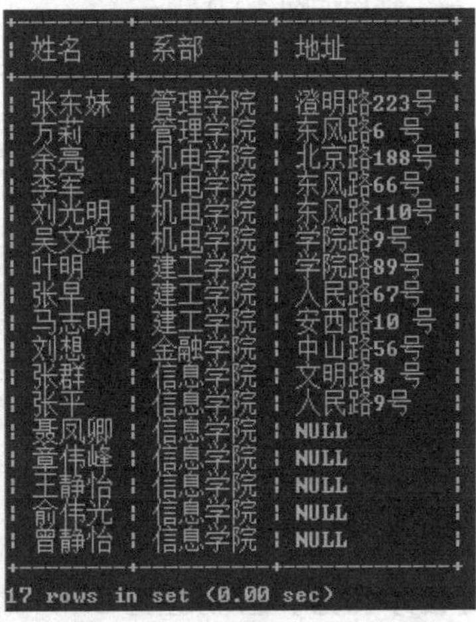

姓名	系部	地址
张东妹	管理学院	澄明路223号
方莉	管理学院	东风路6 号
余亮	机电学院	北京路188号
李军	机电学院	东风路66号
刘光明	机电学院	东风路110号
吴文辉	机电学院	学院路9号
叶明	建工学院	学院路89号
张早	建工学院	人民路67号
马志明	建工学院	安西路10 号
刘想	金融学院	中山路56号
张群	信息学院	文明路8 号
张平	信息学院	人民路9号
聂凤卿	信息学院	NULL
章伟峰	信息学院	NULL
王静怡	信息学院	NULL
俞伟光	信息学院	NULL
曾静怡	信息学院	NULL

17 rows in set (0.00 sec)

图 10.7　【任务 10.6】运行结果

分析与讨论

【任务 10.6】要查询的信息来自 2 张表，它们在 FROM 子句中被指定，并用逗号隔开，WHERE 子句指明表与表之间的全连接。

10.2.3　认识 WHERE 子句

WHERE 子句指定查询的条件，限制返回的数据行。WHERE 子句必须紧跟 FROM 子句。在 WHERE 子句中，使用一个条件从 FROM 子句的中间结果中选取行。

语法格式如下。

```
WHERE where_definition
```

其中，where_definition 为查询条件。

WHERE 子句用于指定条件，过滤不符合条件的数据记录。可以使用的过滤条件类型有比较运算、逻辑运算、字符串运算和范围等。过滤条件类型和查询条件，见表 10.2。

表 10.2　WHERE 查询条件

过滤条件类型	查询条件
比较运算	=、>、<、>=、<=、<>、!>、!<、!=
逻辑运算	AND、OR、NOT
字符串运算	LIKE、ESCAPE
范围	BETWEEN ...AND...、IN
空值	IS NULL、IS NOT NULL

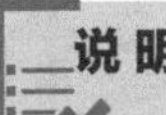

说 明

IN 关键字既可以指定范围，也可以表示子查询。

【任务 10.7】查询选修了 A001 课程且成绩在 80 分以上的学生。SQL 语句如下。

```
mysql> SELECT *
FROM score
WHERE C_NO='A001' AND report>=80;
```

运行结果如图 10.8 所示。

【任务 10.8】查询出生日期在 1992 年 5 月的学生。

```
mysql> SELECT *
FROM students
WHERE BIRTHDAY BETWEEN'1992-5-1' AND   '1992-5-31';
```

运行结果如图 10.9 所示。

```
+--------+--------+--------+
| s_no   | c_no   | report |
+--------+--------+--------+
| 122001 | A001   |   87.0 |
| 122007 | A001   |   85.0 |
+--------+--------+--------+
2 rows in set (0.00 sec)
```

图 10.8 【任务 10.7】运行结果

```
mysql>  SELECT *
    -> FROM STUDENTS
    -> WHERE BIRTHDAY BETWEEN'1992-5-1' AND '1992-5-31';
+--------+--------+-----+------------+------+-------------+-------+-------+
| s_no   | s_name | sex | birthday   | d_no | address     | phone | photo |
+--------+--------+-----+------------+------+-------------+-------+-------+
| 122005 | 刘光明 | 男  | 1992-05-06 | D002 | 东风路110号 | NULL  | NULL  |
| 122006 | 叶明   | 女  | 1992-05-02 | D003 | 学院路89号  | NULL  | NULL  |
| 122011 | 俞伟光 | 男  | 1992-05-04 | D001 | NULL        | NULL  | NULL  |
+--------+--------+-----+------------+------+-------------+-------+-------+
3 rows in set (0.01 sec)
```

图 10.9 【任务 10.8】运行结果

【任务 10.9】查询系别为 D001 或 D002 的学生。

```
mysql> SELECT *
FROM students
WHERE D_NO IN('D001',   'D002');
```

运行结果如图 10.10 所示。

【任务 10.10】查询成绩在 60～70 分的学生和课程信息。

```
mysql> SELECT *
FROM score
WHERE report BETWEEN 60 AND 70;
```

运行结果如图 10.11 所示。

```
mysql> SELECT *
    -> FROM STUDENTS
    -> WHERE D_NO IN('D001', 'D002');
+--------+--------+-----+------------+------+-------------+------------+-------+
| s_no   | s_name | sex | birthday   | d_no | address     | phone      | photo |
+--------+--------+-----+------------+------+-------------+------------+-------+
| 122002 | 张平   | 男  | 1992-03-02 | D001 | 人民路9号   | 0753345678 | NULL  |
| 122003 | 余亮   | 男  | 1992-06-03 | D002 | 北京路188号 | 0102987654 | NULL  |
| 122004 | 李军   | 女  | 1993-02-01 | D002 | 东风路66号  | 0209887766 | NULL  |
| 122005 | 刘光明 | 男  | 1992-05-06 | D002 | 东风路110号 | NULL       | NULL  |
| 122008 | 聂凤卿 | 男  | 1990-01-01 | D001 | NULL        | NULL       | NULL  |
| 122009 | 章伟峰 | 男  | 1990-03-06 | D001 | NULL        | NULL       | NULL  |
| 122010 | 王静怡 | 男  | 1992-03-04 | D001 | NULL        | NULL       | NULL  |
| 122011 | 俞伟光 | 男  | 1992-05-04 | D001 | NULL        | NULL       | NULL  |
| 122017 | 曾静怡 | 男  | 1990-03-01 | D001 | NULL        | NULL       | NULL  |
| 123004 | 吴文辉 | 男  | 1992-04-05 | D002 | 学院路9号   | NULL       | NULL  |
+--------+--------+-----+------------+------+-------------+------------+-------+
10 rows in set (0.00 sec)
```

图 10.10 【任务 10.9】运行结果

```
+--------+--------+--------+
| s_no   | c_no   | report |
+--------+--------+--------+
| 122001 | B001   |   60.0 |
| 122002 | A001   |   67.0 |
| 122003 | B001   |   67.0 |
| 122003 | B003   |   67.0 |
| 122004 | A002   |   68.0 |
| 122004 | A003   |   67.0 |
| 122006 | A001   |   67.0 |
| 122006 | B001   |   62.0 |
| 123003 | A001   |   65.0 |
| 123004 | A001   |   60.0 |
| 123006 | A003   |   68.0 |
| 123006 | B004   |   65.0 |
| 123007 | A001   |   69.0 |
| 123008 | A004   |   67.0 |
+--------+--------+--------+
14 rows in set (0.00 sec)
```

图 10.11 【任务 10.10】运行结果

【任务 10.11】查询电话不为空的学生信息。

```
mysql> SELECT *
FROM students
WHERE phone IS NOT NULL;
```

运行结果如图 10.12 所示。

```
mysql> SELECT * FROM students WHERE phone IS NOT NULL;
+--------+--------+-----+------------+------+-----------+------------+-------+
| s_no   | s_name | sex | birthday   | d_no | address   | phone      | photo |
+--------+--------+-----+------------+------+-----------+------------+-------+
| 122003 | 余亮   | 男  | 1992-06-03 | D002 | 北京路188号 | 0102987654 | NULL  |
| 122004 | 李军   | 女  | 1993-02-01 | D002 | 东风路66号 | 0209887766 | NULL  |
| 122002 | 张平   | 男  | 1992-03-02 | D001 | 人民路9号  | 0753345678 | NULL  |
+--------+--------+-----+------------+------+-----------+------------+-------+
3 rows in set (0.00 sec)
```

图 10.12 【任务 10.11】运行结果

【任务 10.12】查询姓李的学生信息。

```
mysql> SELECT * FROM students WHERE s_name LIKE'李%';
```

运行结果如图 10.13 所示。

可以与 LIKE 相匹配的符号及其含义见表 10.3。

```
mysql> SELECT * FROM students WHERE s_name LIKE'李%';
+--------+--------+-----+------------+------+-----------+------------+-------+
| s_no   | s_name | sex | birthday   | d_no | address   | phone      | photo |
+--------+--------+-----+------------+------+-----------+------------+-------+
| 122004 | 李军   | 女  | 1993-02-01 | D002 | 东风路66号 | 0209887766 | NULL  |
+--------+--------+-----+------------+------+-----------+------------+-------+
1 row in set (0.01 sec)
```

图 10.13 【任务 10.12】运行结果

表 10.3 与 LIKE 相匹配的符号及其含义

符号	含义
%	多个字符
_	单个字符
【 】	指定字符的取值范围，【x_z】表示【xyz】中的任意单个字符
【^】	指定字符要排除的取值范围，【^x_z】表示不在集合【xyz】中的任意单个字符

【任务 10.13】查询家庭地址在北京路的学生信息。

```
mysql> SELECT * FROM students WHERE  address LIKE'%北京%';
```

运行结果如图 10.14 所示。

```
+--------+--------+-----+------------+------+-------------+------------+-------+
| s_no   | s_name | sex | birthday   | D_NO | address     | phone      | photo |
+--------+--------+-----+------------+------+-------------+------------+-------+
| 122003 | 余亮   | 男  | 1992-06-03 | D002 | 北京路188号 | 0102987654 | NULL  |
+--------+--------+-----+------------+------+-------------+------------+-------+
1 row in set (0.00 sec)
```

图 10.14 【任务 10.13】运行结果

【任务 10.14】查询姓名是两位字符的学生信息。

```
mysql> SELECT * FROM students WHERE s_name LIKE'__';
```

运行结果如图 10.15 所示。

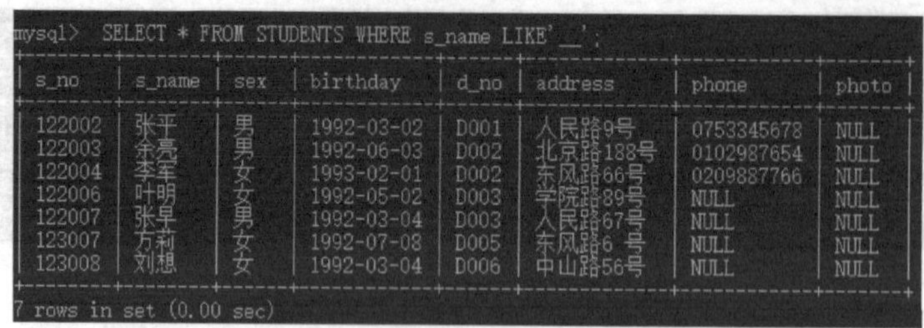

mysql> SELECT * FROM STUDENTS WHERE s_name LIKE'__';

s_no	s_name	sex	birthday	d_no	address	phone	photo
122002	张平	男	1992-03-02	D001	人民路9号	0753345678	NULL
122003	余亮	男	1992-06-03	D002	北京路188号	0102987654	NULL
122004	李军	女	1993-02-01	D002	东风路66号	0209887766	NULL
122006	叶明	女	1992-05-02	D003	学院路89号	NULL	NULL
122007	张早	男	1992-03-04	D003	人民路67号	NULL	NULL
123007	方莉	女	1992-07-08	D005	东风路6 号	NULL	NULL
123008	刘想	女	1992-03-04	D006	中山路56号	NULL	NULL

7 rows in set (0.00 sec)

图 10.15 【任务 10.14】运行结果

10.2.4 认识 GROUP BY 子句

GROUP BY 子句主要根据字段对行进行分组。例如，根据学生所学的专业对 students 表中的所有行进行分组，结果是每个专业的学生成为一组。GROUP BY 子句的语法格式如下。

```
GROUP BY {字段名 | 表达式 | 正整数} 【ASC | DESC】, ... 【WITH ROLLUP】
```

说明

（1）GROUP BY 子句通常包含列名或表达式。也可以用正整数表示列，如指定 3，则表示按第 3 列分组。

（2）ASC 为升序，DESC 为降序。系统默认为 ASC，将按分组的第一列升序排列输出结果。

（3）可以指定多列分组。若指定多列分组，则先按指定的第一列分组，再对指定的第二列分组，以此类推。

（4）使用带 ROLLUP 操作符的 GROUP BY 子句：指定在结果集内不仅有由 GROUP BY 提供的正常行，还有汇总行。

【任务 10.15】按系别统计各系的学生人数。SQL 语句如下。

```
mysql> SELECT D_NO , COUNT(*) AS 各系人数
FROM students
GROUP BY D_NO;
```

运行结果如图 10.16 所示。

【任务 10.16】统计各系男女生人数。SQL 语句如下。

```
mysql> SELECT D_NO AS 系别, SEX AS 性别,  COUNT(*) AS 人数
FROM students
GROUP BY D_NO, SEX;
```

运行结果如图 10.17 所示。

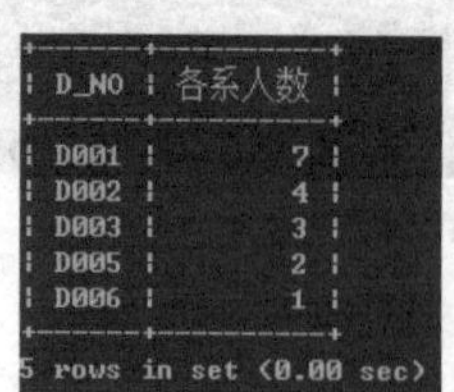

D_NO	各系人数
D001	7
D002	4
D003	3
D005	2
D006	1

5 rows in set (0.00 sec)

图 10.16 【任务 10.15】运行结果

系别	性别	人数
D001	男	7
D002	男	3
D002	女	1
D003	男	2
D003	女	1
D005	女	2
D006	女	1

7 rows in set (0.00 sec)

图 10.17 【任务 10.16】运行结果

【任务 10.17】求各门课程的平均成绩和选修人数。

```
mysql> SELECT C_NO, AVG(REPORT) AS 平均成绩, COUNT(C_NO) AS 选修人数
FROM score
GROUP BY C_NO;
```

运行结果如图 10.18 所示。

【**任务 10.18**】统计各系教师人数，包括汇总行。SQL 语句如下。

```
mysql> SELECT D_NO, COUNT(*) AS '各系教师人数'
FROM teachers
GROUP BY D_NO
WITH ROLLUP;
```

运行结果如图 10.19 所示。

C_NO	平均成绩	选修人数
A001	64.00000	6
A002	71.20000	5
A003	78.00000	7
A004	84.00000	4
A005	82.50000	2
B001	67.00000	1
B002	79.60000	5
B003	71.00000	6
B004	76.00000	4

图 10.18 【任务 10.17】运行结果

D_NO	各系教师人数
D001	5
D002	2
D003	2
D004	2
D005	2
D006	2
D007	2
D008	2
NULL	19

9 rows in set (0.00 sec)

图 10.19 【任务 10.18】运行结果

GROUP BY 子句通常与聚合函数 SUM()、COUNT()、AVG()、MAX()和 MIN()一起使用，聚合函数的用法将在任务 11 中详细介绍。

10.2.5 认识 ORDER BY 子句

使用 ORDER BY 子句后，可以保证结果中的行按一定顺序排列。

语法格式如下。

```
ORDER BY {列 | 表达式 | 正整数} 【ASC | DESC】, ...
```

说 明

（1）ORDER BY 后可以是一个列、一个表达式或正整数，用于表示列，如指定 3，则表示按第 3 列排序。

（2）关键字 ASC 表示升序排列，DESC 表示降序排列，系统默认值为 ASC。

（3）指定要排序的列可以是多列。如果有多列，系统先按照第一列排序，当该列出现重复值时，按第二列排序，以此类推。

【**任务 10.19**】按成绩降序排列列出选修 A001 课程的学生学号和成绩。SQL 语句如下。

```
mysql> SELECT S_NO, report
FROM score
WHERE C_NO='A001'
ORDER BY report DESC;
```

运行结果如图 10.20 所示。

【**任务 10.20**】按系别和出生日期降序排列。SQL 语句如下。

```
mysql> SELECT *
FROM students
ORDER BY 5, 4 DESC;
```

运行结果如图 10.21 所示。

说 明

在[任务 10.20]中，ORDER BY 5,4 中的 5 表示第 5 列（d_no）,4 表示第 4 列（birthday）。

S_NO	REPORT
122001	87.0
122007	85.0
122008	78.0
122005	75.0
123007	69.0
122006	67.0
122002	67.0
123003	65.0
123004	60.0
123006	53.0
122004	45.0
123008	45.0

12 rows in set (0.00 sec)

图 10.20 【任务 10.19】运行结果

s_no	s_name	sex	birthday	d_no	address	phone	photo
122011	俞伟光	男	1992-05-04	D001	NULL	NULL	NULL
122010	王静怡	男	1992-03-04	D001	NULL	NULL	NULL
122002	张平	男	1992-03-02	D001	人民路9号	0753345678	NULL
122009	章伟峰	男	1990-03-06	D001	NULL	NULL	NULL
122017	曾静怡	男	1990-03-01	D001	NULL	NULL	NULL
122008	聂凤卿	男	1990-01-01	D001	NULL	NULL	NULL
122004	李军	女	1993-02-01	D002	东风路66号	0209887766	NULL
122003	余亮	男	1992-06-03	D002	北京路188号	0102987654	NULL
122005	刘光明	男	1992-05-06	D002	东风路110号	NULL	NULL
123004	吴文辉	男	1992-04-05	D002	学院路9号	NULL	NULL
123003	马志明	男	1992-06-02	D003	安西路10 号	NULL	NULL
122006	叶明	女	1992-05-02	D003	学院路89号	NULL	NULL
122007	张早	男	1992-03-04	D003	人民路67号	NULL	NULL
123007	方莉	女	1992-07-08	D005	东风路6 号	NULL	NULL
123006	张东妹	女	1992-06-07	D005	澄明路223号	NULL	NULL
123008	刘想	女	1992-03-04	D006	中山路56号	NULL	NULL

16 rows in set (0.00 sec)

图 10.21 【任务 10.20】运行结果

【任务 10.21】按学生的平均成绩从低到高排序，显示学号和平均成绩。

```
mysql> SELECT S_NO, AVG(report)
FROM score
GROUP BY S_NO
ORDER BY AVG(report) DESC;
```

运行结果如图 10.22 所示。

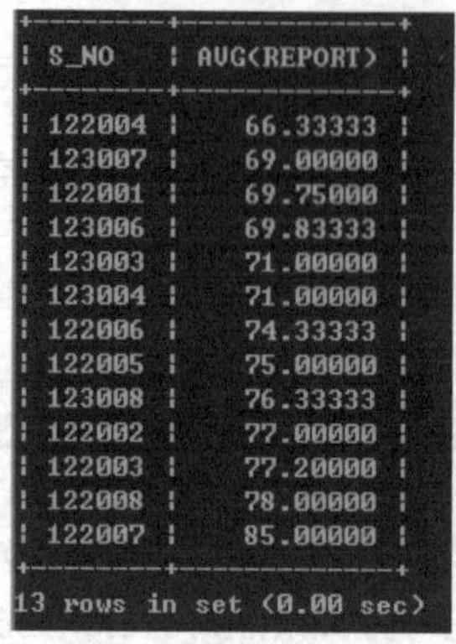

S_NO	AVG(REPORT)
122004	66.33333
123007	69.00000
122001	69.75000
123006	69.83333
123003	71.00000
123004	71.00000
122006	74.33333
122005	75.00000
123008	76.33333
122002	77.00000
122003	77.20000
122008	78.00000
122007	85.00000

13 rows in set (0.00 sec)

图 10.22 【任务 10.21】运行结果

10.2.6 认识 HAVING 子句

使用 HAVING 子句的目的与 WHERE 子句类似，不同的是 WHERE 子句是用来在 FROM 子句之后选择行，而 HAVING 子句用来在 GROUP BY 子句后选择行。语法格式与 WHERE 的类似。

【任务 10.22】查询选修了 2 门以上课程的学生学号。

```
mysql> SELECT S_NO
FROM score
GROUP BY S_NO
HAVING COUNT(S_NO) >2;
```

运行结果如图 10.23 所示。

【任务 10.23】查询讲授了至少 2 门课程的教师编号。

```
mysql> SELECT T_NO FROM teach
GROUP BY T_NO
HAVING COUNT(*)>=2;
```

运行结果如图 10.24 所示。

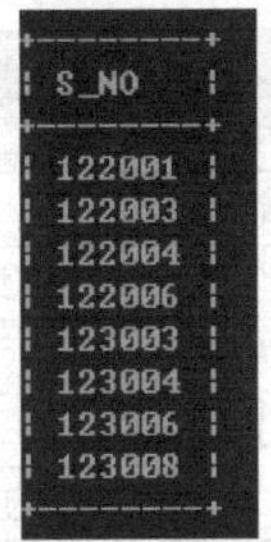

S_NO
122001
122003
122004
122006
123003
123004
123006
123008

图 10.23 【任务 10.22】运行结果

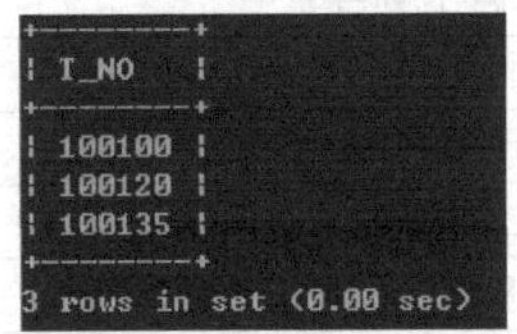

T_NO
100100
100120
100135

3 rows in set (0.00 sec)

图 10.24 【任务 10.23】运行结果

10.2.7 认识 LIMIT 子句

LIMIT 子句主要用于限制被 SELECT 语句返回的行数。

语法格式如下。

```
LIMIT {【偏移量, 】行数 | 行数 OFFSET 偏移量}
```

例如，“LIMIT 5”表示返回 SELECT 语句的结果集中最前面 5 行，而“LIMIT 3,5”则表示从第 4 行开始返回 5 行。值得注意的是初始行的偏移量为 0 而不是 1。

【任务 10.24】查询 A101 课程成绩前五名的学生的学号。

```
mysql> SELECT S_NO,  report
FROM score
WHERE C_NO='A001'ORDER BY report DESC   LIMIT 5 ;
```

运行结果如图 10.25 所示。

分析与讨论

如果要查询成绩倒数 5 名的学生，可以用下面的 SQL 语句。

```
SELECT S_NO,  report FROM score ORDER BY report   LIMIT 5 ;
```

【任务 10.25】查询成绩在第 5～第 14 名的学生的学号。

```
mysql> SELECT S_NO FROM score   ORDER BY report   LIMIT 4, 10;
```

运行结果如图 10.26 所示。

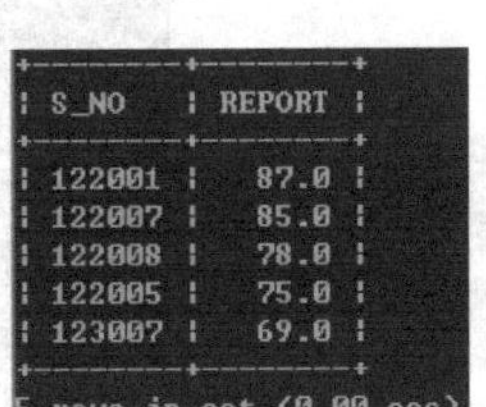

S_NO	REPORT
122001	87.0
122007	85.0
122008	78.0
122005	75.0
123007	69.0

5 rows in set (0.00 sec)

图 10.25 【任务 10.24】运行结果

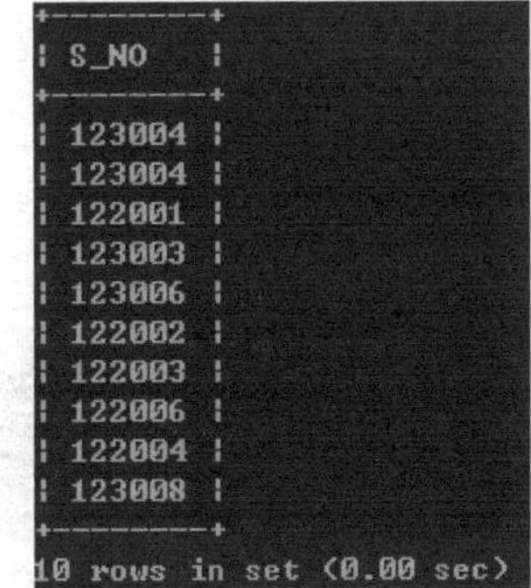

S_NO
123004
123004
122001
123003
123006
122002
122003
122006
122004
123008

10 rows in set (0.00 sec)

图 10.26 【任务 10.25】运行结果

10.3 使用聚合函数进行统计查询

常用的聚合函数见表 10.4。

表 10.4　常用的聚合函数

函数	功能
SUM((DISTINCT|ALL|*))	计算某列值的总和
COUNT((DISTINCT|ALL|列名))	计算某列值的个数
AVG((DISTINCT|ALL|列名))	计算某列值的平均值
MAX((DISTINCT|ALL|列名))	计算某列值的最大值
MIN((DISTINCT|ALL|列名))	计算某列值的最小值
VARIANCE / STDDEV((DISTINCT|ALL|列名))	计算特定的表达式中的所有值的方差/标准差

说明

（1）DISTINCT 表示在计算过程中去掉列中的重复值，如果不指定 DISTINCT 或指定 ALL，则计算列中的所有值。

（2）COUNT(*)计算所有记录的数值，也包括空值所在的行。而 COUNT(列名)则只计算列的数量，不计该列中的空值。同样，SUM()、AVG()、MAX()、MIN()函数也不计空的列值，即不把空值所在行计算在内，只对列中的非空值进行计算。

【任务 10.26】求学号为 122001 的学生的总分、平均分。

```
mysql> SELECT SUM(report) , AVG(report)
FROM score
GROUP BY S_NO
HAVING S_NO='122001';
```

运行结果如图 10.27 所示。

【任务 10.27】求 A001 课程的最高分、最低分。

```
mysql> SELECT MAX(report), MIN(report)
FROM score
GROUP BY C_NO
HAVING C_NO='A001';
```

运行结果如图 10.28 所示。

【任务 10.28】求各课程的选修人数。

```
mysql> SELECT c_no, COUNT(*) AS 选修人数   FROM score GROUP BY   c_no;
```

运行结果如图 10.29 所示。

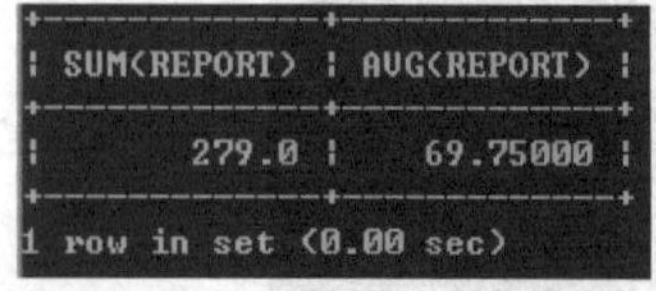

图 10.27　【任务 10.26】运行结果

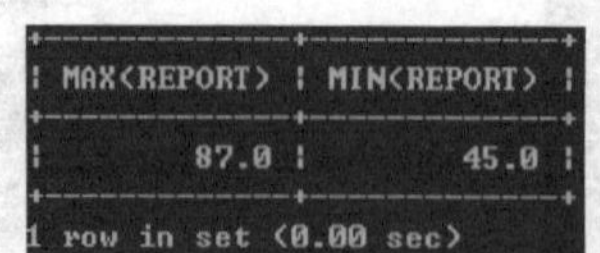

图 10.28　【任务 10.27】运行结果

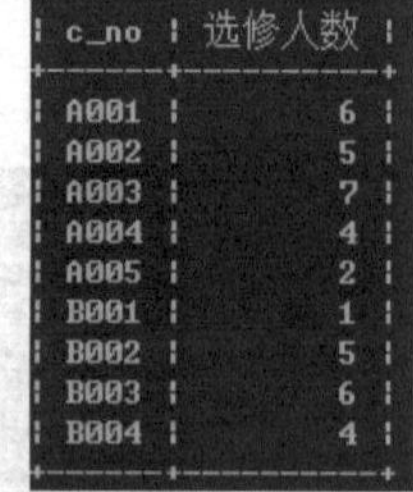

图 10.29　【任务 10.28】运行结果

10.4　多表连接查询

数据库的设计原则是精简，通常是每张表尽可能单一、存放不同的数据、最大限度减少数据冗余。而在实际工作中，需要从多个表查出用户需要的数据并生成一个临时结果，这就是连接查询。当查询的数据来源于 2 个及以上表时，可用全连接、JOIN 连接或嵌套查询来实现。

10.4.1 全连接

多表查询实际上通过各个表之间的共同列的关联性来查询数据。连接的方式是将各个表用逗号分隔，用 WHERE 子句设定条件进行等值连接，这样就指定了全连接。语法格式如下。

```
SELECT 表名.列名【, ...,n】
FROM 表【, ...,n】
WHERE {连接条件 AND | OR 查询条件}
```

【任务 10.29】查找 JXGL 数据库中被选过的课程名和课程号。

```
mysql> SELECT DISTINCT course.c_no, course.c_name
FROM course, score
WHERE course.c_no=score.c_no;
```

运行结果如图 10.30 所示。

说 明

一门课由 DISTINCT 来消除重复行。

【任务 10.30】查询“信息学院”学生所选修的课程和成绩。

```
mysql> SELECT   course.c_no, score.report
FROM   students, score, course, departments
WHERE students.s_no=score.s_no
AND course.c_no=score.c_no
AND students.d_no=departments.d_no
AND departments.d_name='信息学院';
```

运行结果如图 10.31 所示。

```
+------+--------------+
| c_no | c_name       |
+------+--------------+
| A001 | MYSQL        |
| A002 | 计算机文化基础 |
| A003 | 操作系统      |
| A004 | 数据结构      |
| A005 | PHOTOSHOP    |
| B001 | 思想政治课    |
| B002 | IT产品营销    |
| B003 | 公文写作      |
| B004 | 网页设计      |
+------+--------------+
```

图 10.30 【任务 10.29】运行结果

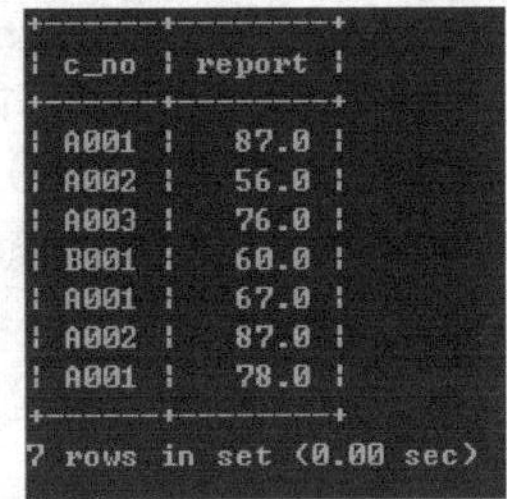

```
+------+--------+
| c_no | report |
+------+--------+
| A001 |   87.0 |
| A002 |   56.0 |
| A003 |   76.0 |
| B001 |   60.0 |
| A001 |   67.0 |
| A002 |   87.0 |
| A001 |   78.0 |
+------+--------+
7 rows in set (0.00 sec)
```

图 10.31 【任务 10.30】运行结果

【任务 10.31】查询选修了“陈静”老师课程的学生。

```
mysql> SELECT score.s_no, course.c_no, t_name
FROM teachers, teach, course,   score
WHERE course.c_no=score.c_no
AND teach.c_no= course.c_no
AND teachers.t_no=teach.t_no
AND teachers.t_name='陈静';
```

运行结果如图 10.32 所示。

【任务 10.32】查找讲授“计算机文化基础”课程的老师。

```
mysql> SELECT t_name, c_name
FROM teachers, teach, course
WHERE teach.c_no=course.c_no
AND teachers.t_no=teach.t_no
AND c_name='计算机文化基础';
```

运行结果如图 10.33 所示。

s_no	c_no	t_name
122001	A001	陈静
122002	A001	陈静
122004	A001	陈静
122005	A001	陈静
122006	A001	陈静
122007	A001	陈静
122008	A001	陈静
123003	A001	陈静
123004	A001	陈静
123006	A001	陈静
123007	A001	陈静
123008	A001	陈静
122001	A002	陈静
122002	A002	陈静
122004	A002	陈静
123003	A002	陈静
122001	B006	陈静
122002	B006	陈静

18 rows in set (0.00 sec)

图 10.32 【任务 10.31】运行结果

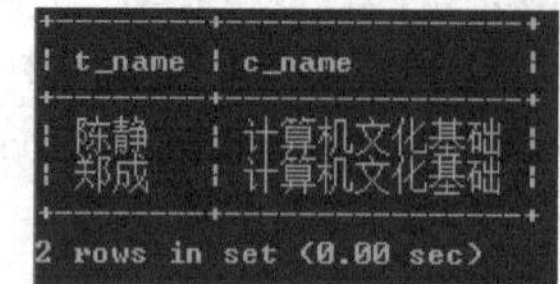

t_name	c_name
陈静	计算机文化基础
郑成	计算机文化基础

2 rows in set (0.00 sec)

图 10.33 【任务 10.32】运行结果

10.4.2 JOIN 连接

JOIN 主要分为内连接、外连接和交叉连接。语法格式如下。

```
SELECT 表名.列名【, ...,n】
FROM {表 1【连接方式】JOIN 表 2 ON 连接条件 | USING(字段)}
WHERE 查询条件
```

1. 内连接

MySQL 默认的 JOIN 连接是内连接（INNER JOIN），INNER 可以省略。

【任务 10.33】用 JOIN 连接查询学生姓名、课程名和成绩信息。

```
mysql> SELECT STUDENTS.s_name, course.c_name, score.score
FROM    students inner join score on students.s_no=score.s_no
inner   join    course on course.c_no=score.c_no;
```

该语句根据 ON 关键字后面的连接条件合并两张表，并返回满足条件的行。

【任务 10.34】查询信息学院成绩在 80 分以上的学生信息。

```
mysql> SELECT students.s_no, d_name, report
FROM SCORE JOIN students USING(s_no)
JOIN departments using(d_no)
WHERE d_name='信息学院'AND report>80;
```

运行结果如图 10.34 所示。

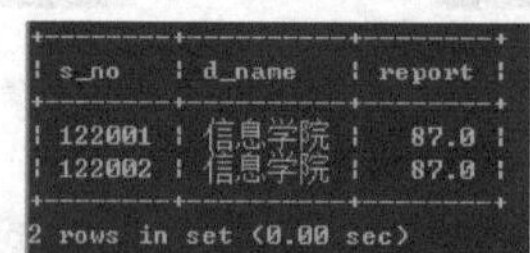

s_no	d_name	report
122001	信息学院	87.0
122002	信息学院	87.0

2 rows in set (0.00 sec)

图 10.34 【任务 10.34】运行结果

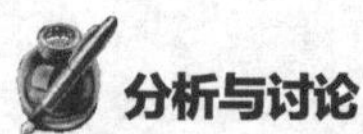

分析与讨论

（1）内连接是系统默认的，可以省略 INNER 关键字。使用内连接后，FROM 子句中的 ON 条件主要用来连接表，其他并不属于连接表的条件可以使用 WHERE 子句来指定。

（2）在 JOIN 连接中，如果连接的条件由两张表的相同类型的字段等值相连，则可用 USING(字段)来连接。

2. 外连接

外连接分为左外连接（LEFT OUTER JOIN）和右外连接（RIGHT OUTER JOIN）。

LEFT OUTER JOIN 是指返回连接查询的表中匹配的行和所有来自左表不符合指定条件的行。连接查询以左表为准，左表的记录将会全部表示出来，而右表只会显示符合查询条件的记录。

RIGHT OUTER JOIN 是指返回连接查询的表中匹配的行和所有来自右表不符合指定条件的行。连接查询以右表为准，右表的记录将会全部表示出来，而左表只会显示符合查询条件的记录。

【任务 10.35】用 LEFT OUTER JOIN 查询已选课程学生的学号、课程号、成绩，以及未选修课程的学生信息。

```
mysql> SELECT students.S_NO , c_no, score
FROM students LEFT JOIN score USING(s_no);
```

运行结果如图 10.35 所示。

```
+--------+------+-------+
| S_NO   | c_no | score |
+--------+------+-------+
| 122001 | A001 |  87.0 |
| 122001 | A002 |  56.0 |
| 122001 | A003 |  76.0 |
| 122002 | A001 |  67.0 |
| 122002 | A002 |  87.0 |
| 122003 | A005 |  76.0 |
| 122003 | B001 |  67.0 |
| 122003 | B002 |  89.0 |
| 122003 | B003 |  67.0 |
| 122003 | B004 |  87.0 |
| 122004 | A002 |  68.0 |
| 122004 | A003 |  67.0 |
| 122004 | B002 |  71.0 |
| 122004 | B003 |  73.0 |
| 122004 | B004 |  74.0 |
| 122005 | NULL |  NULL |
| 122006 | A001 |  67.0 |
| 122006 | A003 |  87.0 |
| 122006 | A004 |  96.0 |
| 122006 | B003 |  56.0 |
| 122006 | B004 |  78.0 |
| 122007 | NULL |  NULL |
```

图 10.35 【任务 10.35】运行结果

说 明

122005、122007 所对应的 c_no、score 为 NULL，表示这些学生未选课。

【任务 10.36】【任务 10.35】也可以用 RIGHT OUTER JOIN 查询。

```
mysql> SELECT students.*
FROM score RIGHT students JOIN USING(s_no);
```

3. 交叉连接

交叉连接(CROSS JOIN)返回两张表交叉查询的结果。交叉连接实际上是将两张表进行笛卡儿积运算，返回结果集合中的数据行数等于第一张表中符合查询条件的数据行数乘以第二张表中符合查询条件的数据行数。交叉连接不带 WHERE 子句，不需要用 ON 子句来指定两张表的连接条件。

【任务 10.37】列出可能的选课情况。

```
mysql> SELECT s_no, c_no FROM students   CROSS JOIN   course ;
```

10.5 嵌套查询

MySQL 4.1 开始支持嵌套查询，在该版本前，可以用 JOIN 连接查询来进行替代。

嵌套查询通常指在一个 SELECT 语句的 WHERE 或 HAVING 语句中，又嵌套有另外一个 SELECT 语句，使用子查询的结果作为条件的一部分。在嵌套查询中，上层 SELECT 语句块被称为父查询或外层查询，下层 SELECT 语句块被称为子查询或内层查询。SQL 标准允许 SELECT 多层嵌套使用，用来实现复杂的查询。子查询可以在 SELECT、INSERT、UPDATE 或 DELETE 语句中使用。

一般情况下，子查询是通过 WHERE 子句实现的，但实际上它还能应用于 SELECT 语句及 HAVING 子句。子查询的嵌套形式一般有如下几种：嵌套在 WHERE 子句中、嵌套在 SELECT 子句中、嵌套在 FROM 子句中。

子查询通常与 IN、EXISTS 谓词及比较运算符等操作符结合使用。如果按操作符划分，子查询又可以分为 IN 子查询、比较子查询和 EXISTS 子查询。

根据子查询的结果，又可以将 MySQL 子查询分为 4 种类型：返回一张表的子查询是表子查询；返回带有一个或多个值的一行的子查询是行子查询；返回一行或多行但每行上只有一个值的子查询是列子查询；只返回一个值的子查询是标量子查询。从定义上讲，每个标量子查询都是一个列子查询和行子查询。

分析与讨论

（1）子查询需要用圆括号括起来。

（2）子查询不能出现在 ORDER BY 子句中，ORDER BY 子句应该放在最外层的父查询中。

（3）子查询不支持 LIMIT，如果要使用 LIMIT，必须放在最外层的父查询中。

（4）子查询返回的结果值的数据类型必须匹配 WHERE 子句中数据类型，子查询不能查询包含数据类型是 TEXT 或 BOLB 的字段。

（5）子查询中也可以再嵌套子查询，嵌套可以多至 32 层。

（6）表的子查询可以用在 FROM 子句中，但必须为子查询产生的中间表定义一个别名。

（7）SELECT 关键字后面也可以定义子查询。

（8）子查询执行效率并不理想，在一般情况下不推荐使用子查询。

10.5.1 嵌套在 WHERE 子句中

嵌套在 WHERE 子句中是子查询最常用的形式，语法格式如下。

```
SELECT select_list
FROM tb1_name
WHERE expression =(subquery);
```

(subquery)表示子查询，该子查询语句返回的是一个值，也就是列子查询，查询语句将以子查询的结果作为 WHERE 子句的条件进行查询。

【任务 10.38】查询“信息学院”的学生信息。

```
SELECT * FROM students WHERE D_NO=
(SELECT D_NO FROM departments WHERE D_NAME='信息学院') ;
```

运行结果如图 10.36 所示。

s_no	s_name	sex	birthday	D_NO	address	phone	photo
122001	张群	男	1990-02-01	D001	文明路8 号		NULL
122002	张平	男	1992-03-02	D001	人民路9号		NULL
122008	聂凤卿	男	1990-01-01	D001	NULL	NULL	NULL
122009	章伟峰	男	1990-03-06	D001	NULL	NULL	NULL
122010	王静怡	男	1992-03-04	D001	NULL	NULL	NULL
122011	俞伟光	男	1992-05-04	D001	NULL	NULL	NULL
122017	曾静怡	男	1990-03-01	D001	NULL	NULL	NULL

7 rows in set (0.00 sec)

图 10.36 【任务 10.38】运行结果

分析与讨论

（1）在执行查询时，先执行内层的子查询，返回一个结果集。即先从 departments 表中找到信息学院的系别 D_NO，创建一张中间表，再执行外层的父查询，根据查询到的 D_NO 从 students 表中找到相应的学生信息。

（2）嵌套在 WHERE 子句的查询还有如下的形式。

```
SELECT select_list FROM tbl_name WHERE expression   in[NOT in] (subquery);
```

子查询语句返回的是一个范围，即行子查询，查询语句将以子查询的结果作为 WHERE 子句的条件进行查询。这种查询也叫作 IN 子查询，将在 10.5.4 小节详细介绍。

（3）如果在子查询中使用比较运算符作为 WHERE 子句的关键词，这样的查询也叫作比较子查询。将在 10.5.5 节详细介绍。

10.5.2 嵌套在 SELECT 子句中

把子查询的结果放在 SELECT 子句后面作为查询的一个列值，其值是唯一的。语法格式如下。

```
SELECT select_list, ( subquery) FROM tbl_name;
```

【任务 10.39】从 score 表中查找所有学生的平均成绩，以及其与学号为 122001 的学生的平均成绩的差距。

```
mysql> SELECT S_NO,   AVG(report),   AVG(report)-
( SELECT AVG(report)
FROM score
WHERE S_NO='122001'
)     AS 成绩差距
FROM score
GROUP BY S_NO;
```

运行结果如图 10.37 所示。

S_NO	AVG(REPORT)	成绩差距
122001	69.75000	0.00000
122002	77.00000	7.25000
122003	77.20000	7.45000
122004	66.33333	-3.41667
122005	75.00000	5.25000
122006	74.33333	4.58333
122007	85.00000	15.25000
122008	78.00000	8.25000
123003	71.00000	1.25000
123004	71.00000	1.25000
123006	69.83333	0.08333
123007	69.00000	-0.75000
123008	76.33333	6.58333

13 rows in set (0.04 sec)

图 10.37 【任务 10.39】运行结果

分析与讨论

SELECT 子查询把计算结果作为选择列表中的一个输出列，并作为算术表达式的一部分输出，而且只能返回一个列值，如果返回多行记录将出错。

10.5.3 嵌套在 FROM 子句中

这种查询通过子查询执行的结果来构建一张新的表，用来作为主查询的对象。

语法格式如下。

```
SELECT select_list
FROM (subquery) AS NAEM
WHERE expression;
```

【任务 10.40】查找平均成绩在 75～90 分的学生的姓名。

```
mysql> SELECT S_NAME,   AVG(report)
FROM   (SELECT S_NO,   S_NAME , C_NO,   REPORT
FROM score JOIN STUDENTS USING(S_NO)
) AS STU
GROUP BY S_NO
HAVING AVG(report)>75 AND   AVG(report)<90
ORDER BY AVG(report);
```

运行结果如图 10.38 所示。

S_NAME	avg(report)
刘想	76.33333
张平	77.00000
余亮	77.20000
聂凤卿	78.00000
张早	85.00000

5 rows in set (0.00 sec)

图 10.38 【任务 10.40】运行结果

分析与讨论

FROM 后面的子查询得到的是一张虚拟表，要用 AS 子句定义一个表名称。该句法非常强大，一般在一些复杂的查询中用到。

10.5.4 IN 子查询

通过使用 IN 关键字可以把原表中目标列的值和子查询返回的结果集进行比较，进行一个给定值是否在子查询结果集中的判断，如果列值与子查询的结果一致或存在与之匹配的数据行，则查询结果包含该数据行。语法格式如下。

```
SELECT select_list
FROM tbl_name
WHERE expression   in[NOT in] (subquery);
```

当表达式与子查询的结果表中的某个值相等时，IN 返回 TRUE，否则返回 FALSE；若使用了 NOT，则返回的值刚好相反。

【任务 10.41】 查找不及格的学生姓名。

```
mysql> SELECT S_NAME
FROM    students WHERE S_NO IN
(
SELECT S_NO FROM score WHERE report<60
) LIMIT 2;
```

运行结果如图 10.39 所示。

【任务 10.42】 查找不及格的学生姓名，并按 S_NAME 降序排列。

```
mysql> SELECT S_NAME
FROM    students WHERE S_NO IN
(
SELECT S_NO FROM score WHERE report<60
) ORDER BY S_NAME DESC;
```

运行结果如图 10.40 所示。

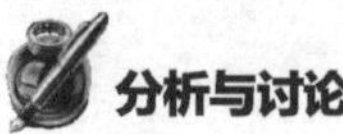

分析与讨论

子查询使用 ORDER BY 时只能在外层使用，不能在内层使用。

【任务 10.43】 查找必修课成绩在 90 分以上的学生学号和姓名。

```
mysql> SELECT S_NO, S_NAME
FROM students
WHERE S_NO IN
            (SELECT S_NO FROM SCORE
            WHERE report<90 AND C_NO IN (
                    SELECT C_NO FROM course WHERE TYPE='必修课'
));
```

运行结果如图 10.41 所示。

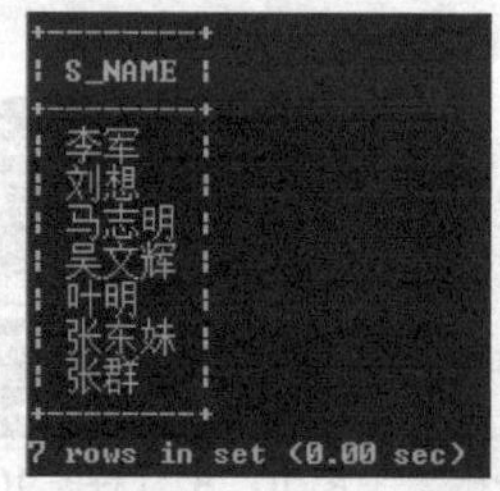

S_NAME
李军
刘想
马志明
吴文辉
叶明
张东妹
张群

7 rows in set (0.00 sec)

图 10.39 【任务 10.41】运行结果

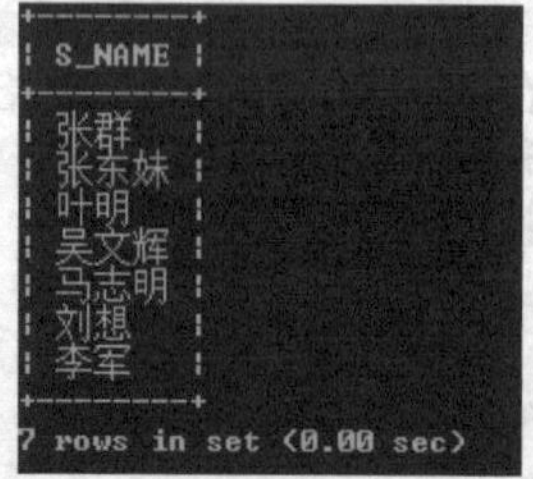

S_NAME
张群
张东妹
叶明
吴文辉
马志明
刘想
李军

7 rows in set (0.00 sec)

图 10.40 【任务 10.42】运行结果

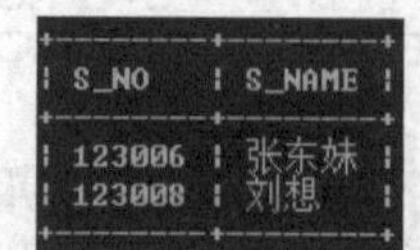

S_NO	S_NAME
123006	张东妹
123008	刘想

图 10.41 【任务 10.43】运行结果

【任务 10.44】查找选修了“MySQL”课程的学生学号和姓名。

```
mysql> SELECT S_NO, S_NAME
FROM students
    WHERE   S_NO IN
        (SELECT S_NO
            FROM score
                WHERE C_NO = (
            SELECT C_NO
                FROM course
                    WHERE C_NAME ='MySQL'
        ));
```

运行结果如图 10.42 所示。

图 10.42 【任务 10.44】运行结果

10.5.5 比较子查询

比较子查询可以被认为是 IN 子查询的扩展，它将表达式的值与子查询的结果集进行比较运算。语法格式如下。

```
SELECT select_list
FROM tbl_name
WHERE expression   { < | <= | = | > | >= | != | <> } { ALL | SOME | ANY } ( subquery);
```

ALL、SOME 和 ANY 操作符说明对比较运算的限制。

ALL 指定表达式要与子查询结果集中的每个值都进行比较，当表达式与每个值都满足比较的关系时，才返回 TRUE，否则返回 FALSE。

SOME 或 ANY 是同义词，表示表达式只要与子查询结果集中的某个值满足比较的关系，就返回 TRUE，否则返回 FALSE。

【任务 10.45】查找 students 表中所有比“信息学院”的学生年龄大的学生的学号、姓名。

```
mysql> SELECT S_NO,   S_NAME
FROM students
WHERE   birthday < ALL
        (
            SELECT birthday
            FROM students
            WHERE D_NO =(SELECT D_NO
            FROM departments
WHERE D_NAME='信息学院'
        ));
```

运行结果如图 10.43 所示。

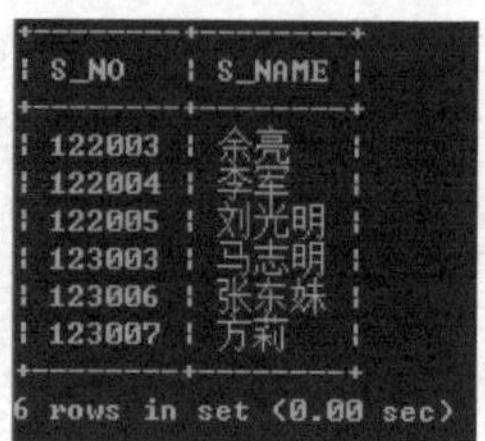

S_NO	S_NAME
122003	余亮
122004	李军
122005	刘光明
123003	马志明
123006	张东妹
123007	方莉

6 rows in set (0.00 sec)

图 10.43 【任务 10.45】运行结果

10.5.6 EXISTS 子查询

在子查询中可以使用 EXISTS 和 NOT EXISTS 操作符判断某个值是否在一系列的值中。

外层查询测试子查询返回的记录是否存在。基于查询所指定的条件，子查询返回 TRUE 或 FALSE，子查询不产生任何数据。

【任务 10.46】查找考试分数中有不及格的学生的学号和姓名。

```
SELECT s_no, s_name FROM students WHERE
EXISTS(SELECT * FROM score
WHERE students.s_no=score.s_no AND report<60);
```

运行结果如图 10.44 所示。

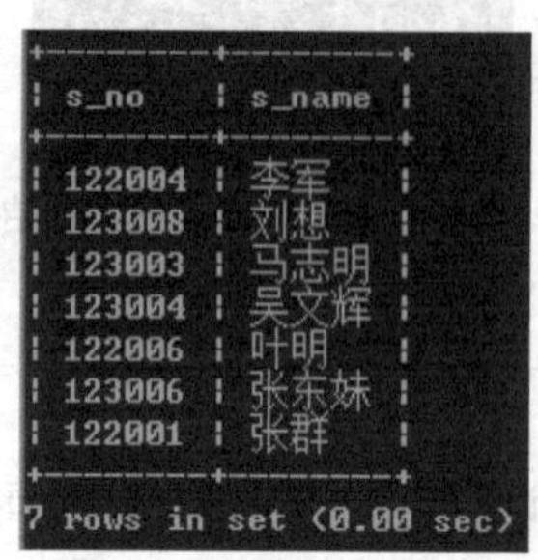

s_no	s_name
122004	李军
123008	刘想
123003	马志明
123004	吴文辉
122006	叶明
123006	张东妹
122001	张群

7 rows in set (0.00 sec)

图 10.44 【任务 10.46】运行结果

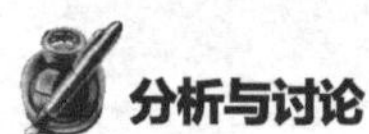

分析与讨论

（1）查找外层 students 表的第 1 行，根据其 s_no 值处理内层查询。

（2）将外层的 s_no 与内层 score 表的 s_no 比较，由此决定外层条件的真、假。如果为真，则此记录为符合条件的结果；反之，则不输出。

（3）顺序处理外层 students 表中的其他行。

10.6 联合查询

联合查询是指将多个 SELECT 语句返回的结果通过 UNION 组合到一个结果集中。参与查询的 SELECT 语句中的列数和列的顺序必须相同，数据类型也必须兼容。语法格式如下。

```
SELECT ...UNION【ALL | DISTINCT】SELECT ...【UNION【ALL | DISTINCT】SELECT ...】
```

说明 其中，ALL 指查询结果包括所有的行，如果不使用 ALL，则系统自动删除重复行。查询结果的列标题是第一个查询语句中的列标题。

ORDER BY 和 LIMIT 子句只能在整个语句最后指定，且使用第一个查询语句中的列名、列标题或序列号，同时还应对单个 SELECT 语句加圆括号。排序和限制行数对最终结果起作用。

【任务 10.47】联合查询学号分别为 122001 和 123003 的学生的信息。

```
mysql> SELECT S_NO AS 学号, S_NAME AS 姓名, SEX   AS 性别
FROM students
WHERE S_NO='122001'
UNION SELECT S_NO, S_NAME, SEX
FROM students
WHERE S_NO='123003';
```

运行结果如图 10.45 所示。

【任务 10.48】联合查询 D001 系和 D005 系的成绩，查找在两个院系中成绩排名前 5 位的学生的学号和成绩。

```
mysql> SELECT students.S_NO, D_NO,   report
FROM students, score
WHERE students.S_NO=score.S_NO AND D_NO ='D001'
UNION
SELECT students.S_NO, D_NO, report
FROM students, score
WHERE students.S_NO=score.S_NO AND D_NO ='D005'
ORDER BY report   DESC LIMIT 5;
```

运行结果如图 10.46 所示。

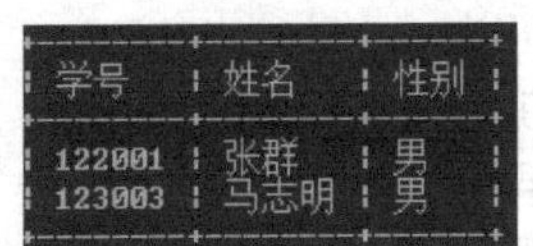

学号	姓名	性别
122001	张群	男
123003	马志明	男

图 10.45 【任务 10.47】运行结果

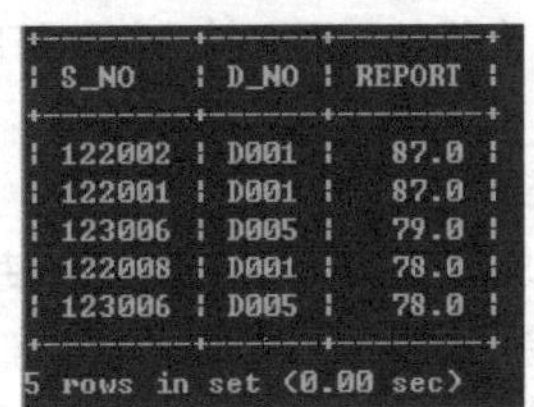

S_NO	D_NO	REPORT
122002	D001	87.0
122001	D001	87.0
123006	D005	79.0
122008	D001	78.0
123006	D005	78.0

5 rows in set (0.00 sec)

图 10.46 【任务 10.48】运行结果

分析与讨论

ORDER BY 和 LIMIT 在整个语句最后指定，不能放在子查询中。LIMIT 5 查询到的结果是按两个院系学生成绩合计排名在前 5 位的学生信息，并不是每个系的前 5 名。

【项目实践】

对 YSGL 数据库执行如下查询。

（1）查询工龄为 10 年以上员工的员工姓名、职称和学历。

（2）查询工龄最长的 10 位员工的信息。

（3）查询信息学院教授的平均年龄，分别用 WHERE 连接、JOIN 连接和 where 子查询实现。

（4）查询 20 世纪 80 年代出生的员工的基本信息。

（5）查询职称为教授的员工的姓名、年龄和部门名称信息分别用 WHERE 连接、JOIN 连接和 from 子查询实现。

（6）按部门和职称分别统计老师的平均基本工资分别用 WHERE 连接、JOIN 连接和 from 子查询实现。

（7）统计财政编制的老师基本工资总和，分别用 WHERE 连接、JOIN 连接和 in 子查询实现。

（8）按部门统计各类学历人数。

（9）统计各位员工的每月实发工资。

（10）统计各类职称老师的平均扣税。

（11）查询王姓的员工的信息。

（12）查询未婚女老师的姓名、学历和年龄等基本信息。

（13）查询教授人数在3个以上的院系的信息。

（14）按工作年份统计每年参加工作的人数，并按工作年份升序排序。

【习题】

一、单项选择题

1. 在MySQL中，通常使用________语句来进行数据的检索、输出操作。
   A. SELECT　　B. INSERT
   C. DELETE　　D. UPDATE

2. 在SELECT语句中，可以使用________子句，根据选择列的值，将结果集中的数据行进行逻辑分组，以便能汇总表内容的子集，即实现对每个组的聚集计算。
   A. LIMIT　　B. GROUP BY
   C. WHERE　　D. ORDER BY

3. SQL允许使用通配符进行字符串匹配，其中“%”可以表示________。
   A. 0个字符　　B. 1个字符
   C. 多个字符　　D. 以上都可以

4. 在用SELECT命令查询时，使用WHERE子句指出的是________。
   A. 查询目标　　B. 查询结果
   C. 查询条件　　D. 查询视图

5. 求每个交易所的平均单价的SQL语句是________。
   A. SELECT 交易所，avg(单价) FROM stock GROUP BY 单价
   B. SELECT 交易所，avg(单价) FROM stock ORDER BY 单价
   C. SELECT 交易所，avg(单价) FROM stock ORDER BY 交易所
   D. SELECT 交易所，avg(单价) FROM stock GROUP BY 交易所

6. 用SELECT命令查询时HAVING子句通常出现在短语________中。
   A. ORDER BY　　B. GROUP BY
   C. SORT　　D. INDEX

7. 联合查询使用的关键字是________。
   A. UNION　　B. JOIN
   C. ALL　　D. FULL

8. 子查询中可以使用运算符ANY，它表示的意思是________。
   A. 满足所有的条件　　B. 满足至少一个条件
   C. 一个都不用满足　　D. 满足至少5个条件

9. 下列哪个关键字在SELECT语句中表示所有列________。
   A. *　　B. ALL
   C. DESC　　D. DISTINCT

二、填空题

1. SELECT语句的执行过程是从数据库中选取匹配的特定________和________，并将这些数据组成一个结果集，然后以一张________的形式返回。

2. 当使用SELECT语句返回的结果集中行数很多时，为了便于用户对结果数据进行浏览和操作，

可以使用________子句来限制 SELECT 语句返回的行数。

三、编程与应用题

请使用 SELECT 语句将 bookdb 数据库中的 contentinfo 表中的访客姓名为“探险者”的用户在 2014 年 5 月的所有留言信息检索出来。

四、简答题

1. 请简述什么是子查询。
2. 请简述 UNION 语句的作用。

拓展阅读

通用表表达式

思维导图

数据库的查询

任务 11 MySQL运算符和函数

【任务背景】

在数据管理过程中，经常要使用运算符和函数进行数据处理。例如，进行简单的数学运算、比较运算，求总成绩、最高分、最低分、平均分，根据参加工作的时间计算工龄，查询年龄在 30~40 岁的老师，根据成绩判断是否及格，格式化时间、日期等，这些都需要使用相关运算符和函数。

【任务要求】

本任务从认识 MySQL 支持的运算符和函数着手，学习运算符和函数的实际应用。学习内容主要包括算术运算符、比较运算符、逻辑运算符、位运算符，数学函数、聚合函数、日期和时间函数、控制流判断函数、字符串函数、系统信息函数、加密函数和格式化函数等。

【任务分解】

11.1 认识和使用运算符

运算符是用来连接表达式中各个操作数的符号，其作用是指明对操作数所进行的运算。MySQL 支持使用运算符。运算符可以使数据库的功能更加强大，而且通过运算符可以更加灵活地使用表中的数据。MySQL 支持的运算符包括 4 类，分别是算术运算符、比较运算符、逻辑运算符和位运算符。

当数据库中的表定义好以后，表中的数据代表的意义就定下来了。通过使用运算符进行运算，可以得到代表其他意义的数据。例如，进货单有“进货单价”和“数量”字段，没有“进货金额”字段，可以用“进货单价×数量”计算得出进货金额。再如，students 表中存在一个“birthday”字段，这个字段是表示学生的出生日期，没有字段表示年龄，可以用当前的年份减去学生的出生年份计算得出学生的年龄。当然，这还需要使用时间函数。

11.1.1 算术运算符

算术运算符是 MySQL 中最常用的一类运算符，见表 11.1。MySQL 支持的算术运算符包括加、减、乘、除、求余等。

表 11.1 MySQL 支持的算术运算符

符　号	表达式的形式	作　用
+	x1+x2+⋯+xn	加法运算
-	x1-x2-⋯-xn	减法运算
*	x1*x2*⋯*xn	乘法运算
/	x1 / x2	除法运算，返回 x1 除以 x2 的商

续表

符　号	表达式的形式	作　用
DIV	x1 DIV x2	除法运算，返回商。同“/”
%	x1%x2	求余运算，返回 x1 除以 x2 的余数
MOD	MOD(x1,x2)	求余运算，返回余数。同“%”

1. “+”运算符

“+”运算符用于获得一个或多个值的和。

```
MySQL>SELECT 3+2, 1.5+3.8256;
```

运行结果如图 11.1 所示。

2. “–”运算符

“–”运算符用于从一个值中减去另一个值，并可以更改参数符号。

```
MySQL>SELECT 100-200, 0.24-0.12, -2, -32.5;
```

运行结果如图 11.2 所示。

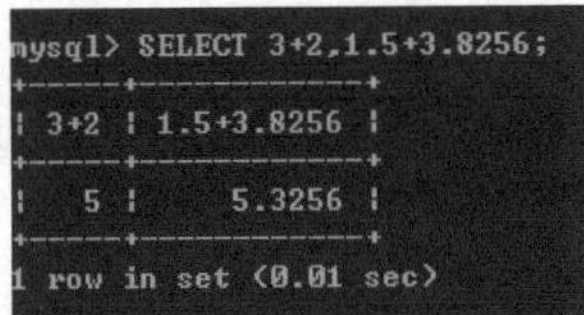

图 11.1　“+”运算运行结果

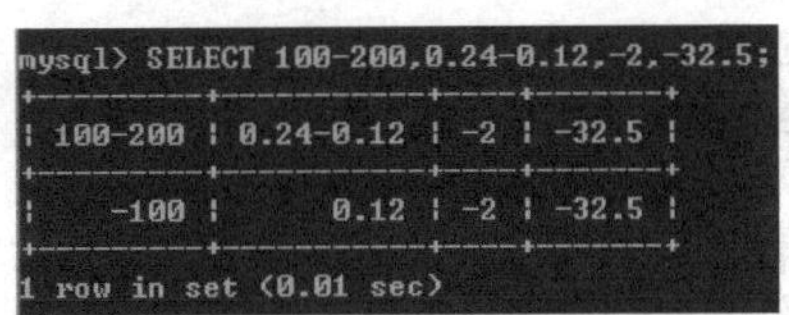

图 11.2　“–”运算运行结果

3. “*”运算符

“*”运算符用来获得两个或多个值的乘积。

```
MySQL>SELECT 3*8, -22.5*3.6, 8*0;
```

运行结果如图 11.3 所示。

4. “/”运算符

“/”运算符用来获得一个值除以另一个值得到的商。

```
MySQL>SELECT 3/5, 96/12, 128/0.2, 1/0;
```

运行结果如图 11.4 所示。

除数为零是不允许的，MySQL 会返回 NULL。

5. “%”运算符

“%”运算符用来获得一个或多个除法运算的余数。

```
Mysql>SELECT 5%2, 16%4, 7%0;
```

运行结果如图 11.5 所示。

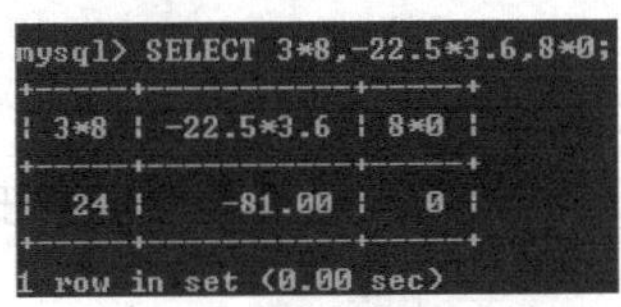

图 11.3　“*”运算运行结果

```
mysql> SELECT 3/5,96/12,128/0.2,1/0;
+--------+---------+----------+------+
| 3/5    | 96/12   | 128/0.2  | 1/0  |
+--------+---------+----------+------+
| 0.6000 | 8.0000  | 640.0000 | NULL |
+--------+---------+----------+------+
1 row in set (0.00 sec)
```

图 11.4　“/”运算运行结果

```
mysql> SELECT 5%2,16%4,7%0;
+-----+------+------+
| 5%2 | 16%4 | 7%0  |
+-----+------+------+
|   1 |    0 | NULL |
+-----+------+------+
1 row in set (0.00 sec)
```

图 11.5　“%”运算运行结果

11.1.2 比较运算符

比较运算符（又称关系运算符），用于比较两个表达式的值，其运算结果为逻辑值，可以为 3 种之一：1（真）、0（假）及 NULL（不能确定）。MySQL 支持的比较运算符见表 11.2。

表 11.2 MySQL 支持的比较运算符

运算符	含义	运算符	含义
=	判断是否等于	<=>	判断是否相等，可以判断是否等于 NULL
>、>=	判断是否大于、大于等于	<、<=	判断是否小于、小于等于
<>、!=	判断是否不等于	IS NULL、IS NOT NULL	判断是否等于 NULL
IN/NOT IN	判断是否在某个数据集合	BETWEEN AND/NOT BETWEEN AND	判断是否在某个取值范围内
LIKE/NOT LIKE	判断是否匹配	REGEXP	判断是否正则匹配

1. “=”运算符

“=”运算的结果相等返回 1，不相等返回 0。空值不能使用“=”和“!=”判断。

```
mysql>SELECT 'A'='B', 1+1=2,'X'='x';
```

运行结果如图 11.6 所示。

在默认情况下，MySQL 不区分大小写，所以'X'='x'的结果为真。

```
mysql>SELECT  'A'=NULL, NULL=NULL, NULL=0;
```

'A'=NULL 运算不能被判断，运行结果如图 11.7 所示。

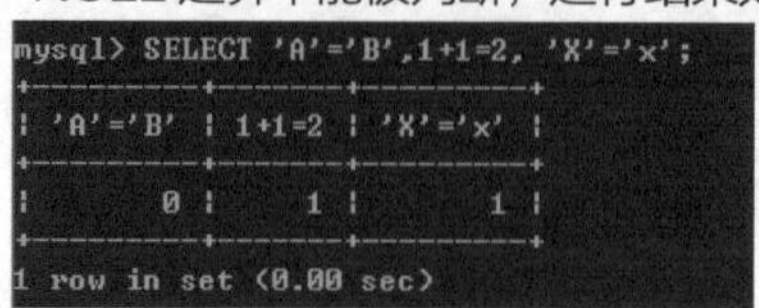

图 11.6 “=”运算运行结果

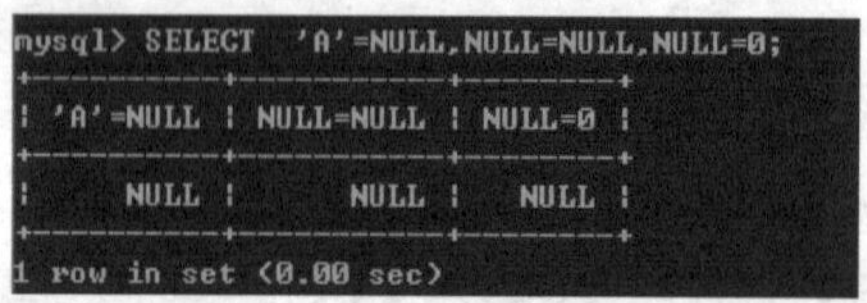

图 11.7 空值“=”运算运行结果

2. “<=>”运算符

“<=>”与“=”作用相似，唯一区别是它可以用来判断空值。

```
mysql>SELECT 5<=>5 , 5<=>6,'a'<=> 'a', NULL<=>NULL, NULL<=>0;
```

运行结果如图 11.8 所示。

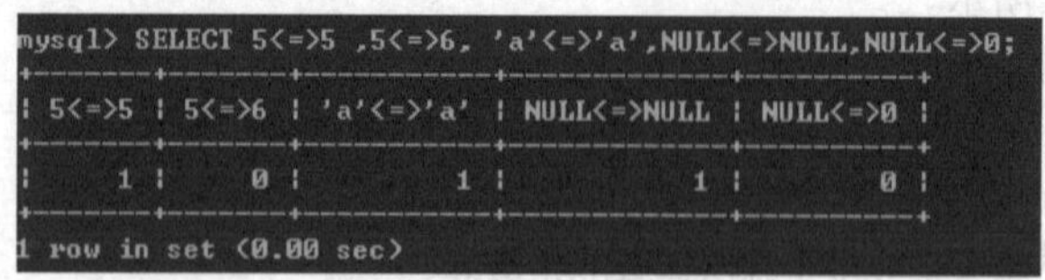

图 11.8 “<=>”运算运行结果

NULL 可以用“<=>”进行判断，NULL 不等于 0。

3. “>”和“>=”、“<”和“<=”运算符

“>”用来判断左边的操作数是否大于右边的操作数。如果大于，返回 1；否则返回 0。

“>=”用来判断左边的操作数是否大于或等于右边的操作数。如果大于或等于，返回 1；如果小于，返回 0。

“<”用来判断左边的操作数是否小于右边的操作数。如果小于，返回 1；否则，返回 0。

“<=”用来判断左边的操作数是否小于或等于右边的操作数。如果小于或等于，返回 1；如果大于，返回 0。

NULL 与 NULL 进行比较仍然返回 NULL。

```
mysql>SELECT 3<5, 8<3,'A'>= 'B', 3.15>=3.150, NULL>NULL;
```

运行结果如图 11.9 所示。

```
mysql> SELECT 3<5,8<3, 'A'>='B',3.15>=3.150,NULL>NULL;
+-----+-----+----------+-------------+-----------+
| 3<5 | 8<3 | 'A'>='B' | 3.15>=3.150 | NULL>NULL |
+-----+-----+----------+-------------+-----------+
|   1 |   0 |        0 |           1 |      NULL |
+-----+-----+----------+-------------+-----------+
1 row in set (0.02 sec)
```

图 11.9 “>”“>=”“<”“<=”运算运行结果

4. “<>”“!= ”运算符

“< >”“! =”用于进行数字字符串和表达式不相等的判断，当 NULL 与 NULL 用“<>”比较时仍然返回 NULL。

```
mysql>SELECT NULL<>NULL, NULL<>0, 0<>0;
mysql>SELECT 1<>0,'2'<>2, 5!=5, 3-2!=4-3, NULL<>NULL;
```

运行结果如图 11.10 所示。

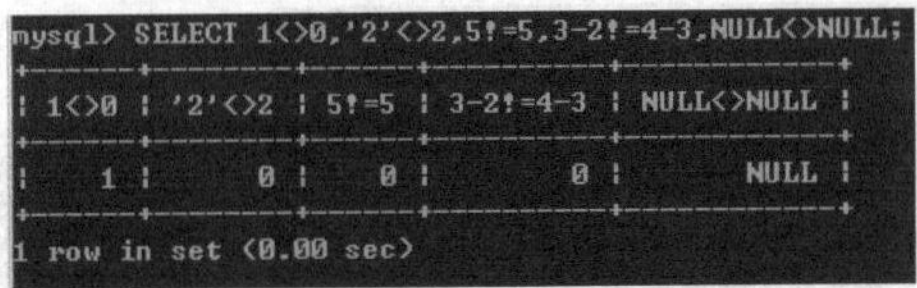

```
mysql> SELECT 1<>0,'2'<>2,5!=5,3-2!=4-3,NULL<>NULL;
+------+--------+------+----------+------------+
| 1<>0 | '2'<>2 | 5!=5 | 3-2!=4-3 | NULL<>NULL |
+------+--------+------+----------+------------+
|    1 |      0 |    0 |        0 |       NULL |
+------+--------+------+----------+------------+
1 row in set (0.00 sec)
```

图 11.10 “< >”“! =”运算运行结果

【任务 11.1】查找 D001 系以外的学生信息。

```
mysql>SELECT * FROM students WHERE D_NO != 'D001';
```

运行结果如图 11.11 所示。

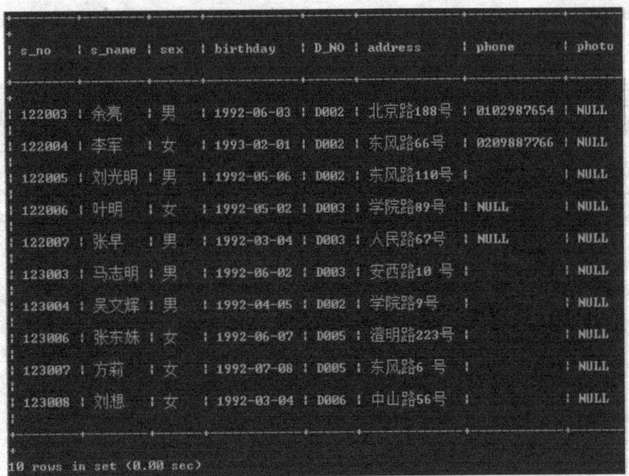

s_no	s_name	sex	birthday	D_NO	address	phone	photo
122003	余亮	男	1992-06-03	D002	北京路188号	0102987654	NULL
122004	李军	女	1993-02-01	D002	东风路66号	0209887766	NULL
122005	刘光明	男	1992-05-06	D002	东风路110号		NULL
122006	叶明	女	1992-05-02	D003	学院路89号	NULL	NULL
122007	张早	男	1992-03-04	D003	人民路67号	NULL	NULL
123003	马志明	男	1992-06-02	D003	安西路10 号		NULL
123004	吴文辉	男	1992-04-05	D002	学院路9号		NULL
123006	张东妹	女	1992-06-07	D005	澄明路223号		NULL
123007	方莉	女	1992-07-08	D005	东风路6 号		NULL
123008	刘想	女	1992-03-04	D006	中山路56号		NULL

10 rows in set (0.00 sec)

图 11.11 【任务 11.1】运行结果

5. “IS NULL”“IS NOT NULL”“ISNULL”运算符

“IS NULL”“IS NOT NULL”“ISNULL”用来判断操作数是否为空值。为空时返回 1，不为空时返回 0。

```
MYSQL>SELECT NULL IS NULL, ISNULL(18), ISNULL(NULL), 30 IS NOT NULL;
```

NULL 和 NULL 使用 IS 判断返回 1。

运行结果如图 11.12 所示。

```
mysql> SELECT NULL IS NULL,ISNULL(18),ISNULL(NULL),30 IS NOT NULL;
+--------------+------------+--------------+----------------+
| NULL IS NULL | ISNULL(18) | ISNULL(NULL) | 30 IS NOT NULL |
+--------------+------------+--------------+----------------+
|            1 |          0 |            1 |              1 |
+--------------+------------+--------------+----------------+
1 row in set (0.00 sec)
```

图 11.12 “IS NULL”“IS NOT NULL”“IS NULL”运算运行结果

【任务 11.2】查找电话为 NULL 的学生信息。

```
MySQL>SELECT * FROM students WHERE phone IS NULL;
```

运行结果如图 11.13 所示。

6. “IN”运算符

“IN”运算符可以判断操作数是否落在某个集合中，表达式为“x1 in(值 1，值 2，…,值 n) ”。如果 x1 等于其中任何一个值，返回 1；否则返回 0。

```
MySQL>SELECT 5 IN(1, 2, 3, 4, 5, 6, 7, 8, 9);
```

运行结果如图 11.14 所示。

```
mysql> SELECT * FROM STUDENTS WHERE phone IS NULL;
+--------+--------+-----+------------+------+----------+-------+-------+
| s_no   | s_name | sex | birthday   | D_NO | address  | phone | photo |
+--------+--------+-----+------------+------+----------+-------+-------+
| 122006 | 叶明   | 女  | 1992-05-02 | D003 | 学院路89号 | NULL | NULL  |
| 122007 | 张早   | 男  | 1992-03-04 | D003 | 人民路67号 | NULL | NULL  |
| 122008 | 聂凤卿 | 男  | 1990-01-01 | D001 | NULL     | NULL  | NULL  |
| 122009 | 章伟峰 | 男  | 1990-03-06 | D001 | NULL     | NULL  | NULL  |
| 122010 | 王静怡 | 男  | 1992-03-04 | D001 | NULL     | NULL  | NULL  |
| 122011 | 俞伟光 | 男  | 1992-05-04 | D001 | NULL     | NULL  | NULL  |
| 122017 | 曾静怡 | 男  | 1990-03-01 | D001 | NULL     | NULL  | NULL  |
+--------+--------+-----+------------+------+----------+-------+-------+
7 rows in set (0.00 sec)
```

图 11.13 【任务 11.2】运行结果

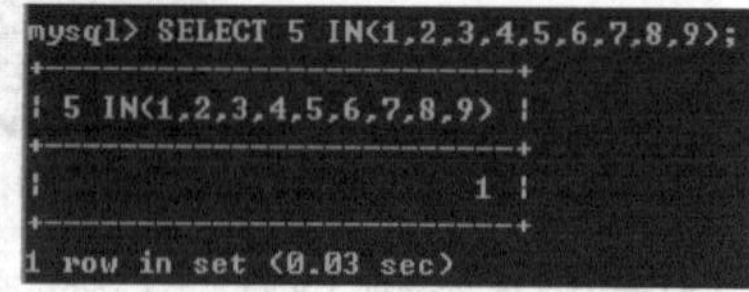

```
mysql> SELECT 5 IN(1,2,3,4,5,6,7,8,9);
+-------------------------+
| 5 IN(1,2,3,4,5,6,7,8,9) |
+-------------------------+
|                       1 |
+-------------------------+
1 row in set (0.03 sec)
```

图 11.14 “IN”运算运行结果

【任务 11.3】查找 D001 或 D002 系的学生信息。

```
MySQL>SELECT * FROM   students   WHERE   D_NO   IN('D001','D002');
```

运行结果如图 11.15 所示。

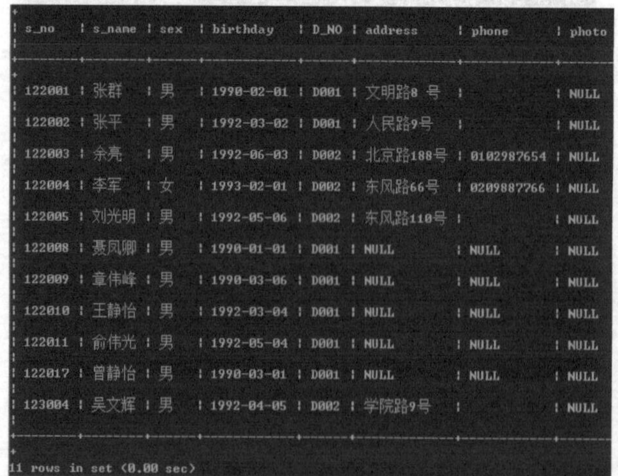

s_no	s_name	sex	birthday	D_NO	address	phone	photo
122001	张群	男	1990-02-01	D001	文明路8 号		NULL
122002	张平	男	1992-03-02	D001	人民路9号		NULL
122003	余亮	男	1992-06-03	D002	北京路188号	0102987654	NULL
122004	李军	女	1993-02-01	D002	东风路66号	0209887766	NULL
122005	刘光明	男	1992-05-06	D002	东风路110号		NULL
122008	聂凤卿	男	1990-01-01	D001	NULL	NULL	NULL
122009	章伟峰	男	1990-03-06	D001	NULL	NULL	NULL
122010	王静怡	男	1992-03-04	D001	NULL	NULL	NULL
122011	俞伟光	男	1992-05-04	D001	NULL	NULL	NULL
122017	曾静怡	男	1990-03-01	D001	NULL	NULL	NULL
123004	吴文辉	男	1992-04-05	D002	学院路9号		NULL

11 rows in set (0.00 sec)

图 11.15 【任务 11.3】运行结果

可以添加“NOT”逻辑运算符对“IN”运算进行取反。

```
Mysql>SELECT 5 NOT IN (1, 10)
```

【**任务 11.4**】查找 D001 或 D002 系以外的其他系的学生信息。

```
mysql>SELECT * FROM   students   WHERE   project   WHERE   D_NO NOT IN('D001','D002');
```

运行结果如图 11.16 所示。

7. "BETWEEN AND" 运算符

"BETWEEN AND" 运算符可以判断操作数是否落在某个取值范围内（包含端点取值）。

```
mysql>SELECT 10 BETWEEN 0 AND 10, 50 BETWEEN 0 AND 100;
```

运行结果如图 11.17 所示。

```
mysql> SELECT * FROM  students  WHERE  D_NO not IN('D001', 'D002');
```

s_no	s_name	sex	birthday	D_NO	address	phone	photo
122006	叶明	女	1992-05-02	D003	学院路89号	NULL	NULL
122007	张早	男	1992-03-04	D003	人民路67号	NULL	NULL
123003	马志明	男	1992-06-02	D003	安西路10 号		NULL
123006	张东妹	女	1992-06-07	D005	澄明路223号		NULL
123007	万莉	女	1992-07-08	D005	东风路6 号		NULL
123008	刘想	女	1992-03-04	D006	中山路56号		NULL

6 rows in set (0.00 sec)

图 11.16 【任务 11.4】运行结果

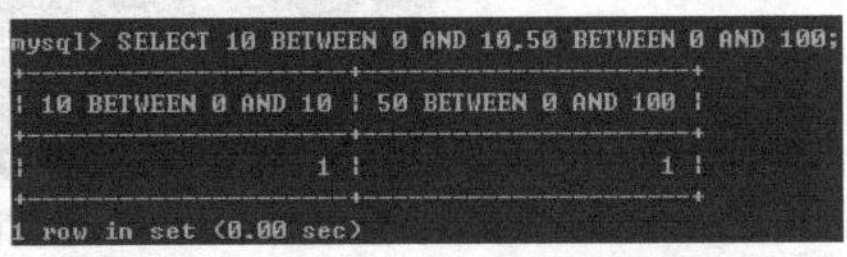

```
mysql> SELECT 10 BETWEEN 0 AND 10,50 BETWEEN 0 AND 100;
```

10 BETWEEN 0 AND 10	50 BETWEEN 0 AND 100
1	1

1 row in set (0.00 sec)

图 11.17 "BETWEEN AND" 运算运行结果

【**任务 11.5**】查找出生日期在 1982 年 6 月的学生信息。

```
MySQL>SELECT * FROM   students   WHERE birthday   between'1992-6-1' and '1992-6-30';
```

运行结果如图 11.18 所示。

【**任务 11.6**】查找成绩在 80～90 分的学生信息。

```
mysql>SELECT * FROM score WHERE report BETWEEN 80 AND 90;
```

运行结果如图 11.19 所示。

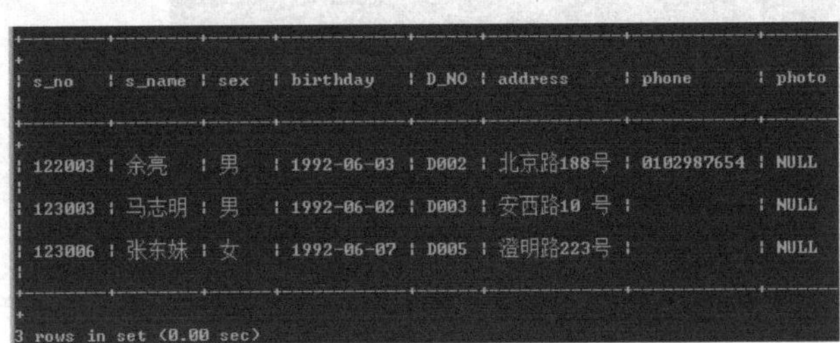

s_no	s_name	sex	birthday	D_NO	address	phone	photo
122003	余亮	男	1992-06-03	D002	北京路188号	0102987654	NULL
123003	马志明	男	1992-06-02	D003	安西路10 号		NULL
123006	张东妹	女	1992-06-07	D005	澄明路223号		NULL

3 rows in set (0.00 sec)

图 11.18 【任务 11.5】运行结果

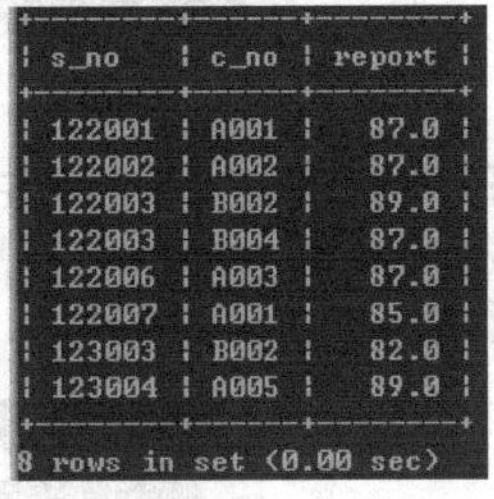

s_no	c_no	report
122001	A001	87.0
122002	A002	87.0
122003	B002	89.0
122003	B004	87.0
122006	A003	87.0
122007	A001	85.0
123003	B002	82.0
123004	A005	89.0

8 rows in set (0.00 sec)

图 11.19 【任务 11.6】运行结果

可以添加 "NOT" 逻辑运算符对 "BETWEEN AND" 运算进行取反。

```
MySQL>SELECT 'B' NOT BETWEEN 'A' AND 'Z', 99 NOT BETWEEN 1 AND 100;
```

运行结果如图 11.20 所示。

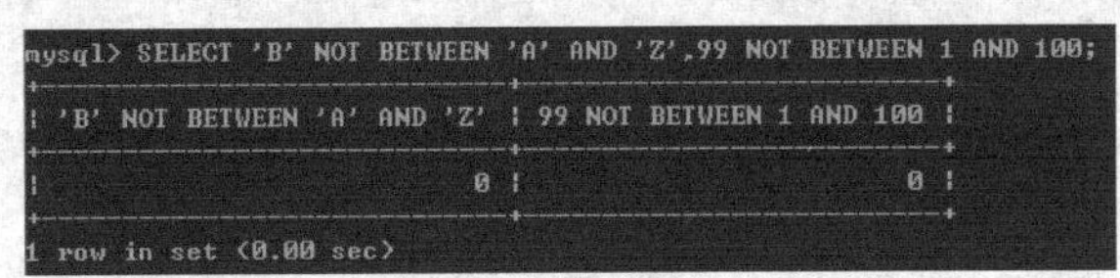

```
mysql> SELECT 'B' NOT BETWEEN 'A' AND 'Z',99 NOT BETWEEN 1 AND 100;
```

'B' NOT BETWEEN 'A' AND 'Z'	99 NOT BETWEEN 1 AND 100
0	0

1 row in set (0.00 sec)

图 11.20 "BETWEEN AND" 运算运行结果

8. "LIKE" 运算符

"LIKE" 运算符用来匹配字符串。表达式为 "x1 LIKE s1"，如果 x1 与字符串 s1 匹配，结果返回 1；否则返回 0。

"%" 通配符能匹配任意个字符，"_" 通配符只能匹配一个字符。

```
SELECT 'CHINA' LIKE 'CHINA','MYSQL'LIKE'MY%','APPLE' LIKE 'A_';
```

运行结果如图 11.21 所示。

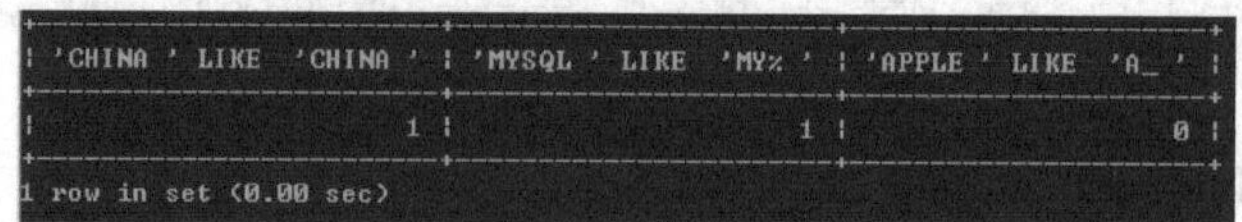

'CHINA' LIKE 'CHINA'	'MYSQL' LIKE 'MY%'	'APPLE' LIKE 'A_'
1	1	0

1 row in set (0.00 sec)

图 11.21 “LIKE”运算运行结果

【任务 11.7】查找在学院路住的学生信息。

```
mysql>SELECT * FROM students WHERE address LIKE'%学院路%';
```

运行结果如图 11.22 所示。

s_no	s_name	sex	birthday	D_NO	address	phone	photo
122006	叶明	女	1992-05-02	D003	学院路89号	NULL	NULL
123004	吴文辉	男	1992-04-05	D002	学院路9号		NULL

2 rows in set (0.00 sec)

图 11.22 【任务 11.7】运行结果

【任务 11.8】查找姓张的学生信息。

```
mysql> SELECT * FROM students WHERE S_NAME LIKE'张%';
```

运行结果如图 11.23 所示。

s_no	s_name	sex	birthday	D_NO	address	phone	photo
123006	张东妹	女	1992-06-07	D005	澄明路223号		NULL
122002	张平	男	1992-03-02	D001	人民路9号		NULL
122001	张群	男	1990-02-01	D001	文明路8 号		NULL
122007	张早	男	1992-03-04	D003	人民路67号	NULL	NULL

4 rows in set (0.00 sec)

图 11.23 【任务 11.8】运行结果

【任务 11.9】查找单名单姓的学生信息。

```
mysql>SELECT * FROM students WHERE s_name LIKE'__';
```

运行结果如图 11.24 所示。

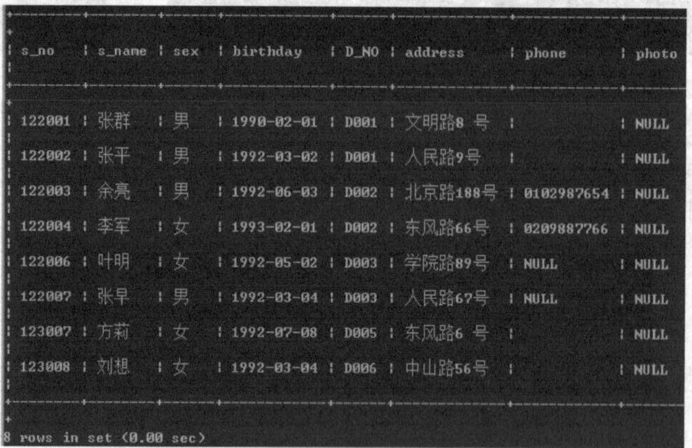

s_no	s_name	sex	birthday	D_NO	address	phone	photo
122001	张群	男	1990-02-01	D001	文明路8 号		NULL
122002	张平	男	1992-03-02	D001	人民路9号		NULL
122003	余亮	男	1992-06-03	D002	北京路188号	0102987654	NULL
122004	李军	女	1993-02-01	D002	东风路66号	0209887766	NULL
122006	叶明	女	1992-05-02	D003	学院路89号	NULL	NULL
122007	张早	男	1992-03-04	D003	人民路67号	NULL	NULL
123007	方莉	女	1992-07-08	D005	东风路6 号		NULL
123008	刘想	女	1992-03-04	D006	中山路56号		NULL

8 rows in set (0.00 sec)

图 11.24 【任务 11.9】运行结果

9. “REGEXP”运算符

“REGEXP”运算符也用来匹配字符串，但使用正则表达式匹配。

【任务 11.10】查询姓名中最后一位字符是“明”的学生信息。

```
mysql>SELECT * FROM students WHERE S_NAME REGEXP '明$';
```

说 明 “$”表示匹配结尾部分。

运行结果如图 11.25 所示。

mysql> SELECT * FROM STUDENTS WHERE S_NAME REGEXP '明$';

s_no	s_name	sex	birthday	D_NO	address	phone	photo
122005	刘光明	男	1992-05-06	D002	东风路110号	NULL	NULL
122006	叶明	女	1992-05-02	D003	学院路89号	NULL	NULL
123003	马志明	男	1992-06-02	D003	安西路10 号	NULL	NULL

3 rows in set (0.00 sec)

图 11.25 【任务 11.10】运行结果

【任务 11.11】查找姓名中含有“明”字符的学生信息。

```
mysql>SELECT * FROM STUDENTS WHERE S_NAME REGEXP '.明';
```

运行结果如图 11.26 所示。

mysql> SELECT * FROM STUDENTS WHERE S_NAME REGEXP '.明';

s_no	s_name	sex	birthday	D_NO	address	phone	photo
122005	刘光明	男	1992-05-06	D002	东风路110号	NULL	NULL
122006	叶明	女	1992-05-02	D003	学院路89号	NULL	NULL
123003	马志明	男	1992-06-02	D003	安西路10 号	NULL	NULL
123009	张明辉	男	1990-01-01	D003	NULL	NULL	NULL

4 rows in set (0.02 sec)

图 11.26 【任务 11.11】运行结果

11.1.3 逻辑运算符

逻辑运算符用来判断表达式的真假。逻辑运算符的返回结果只有 TRUE（1）和 FALSE（0）。如果表达式是真，结果返回 1；如果表达式是假，结果返回 0。逻辑运算符又被称为“布尔运算符”。MySQL 支持 4 种逻辑运算符，这 4 种逻辑运算符分别是与（AND、&&）、或（OR、||）、非（NOT）和异或（XOR）。

1. “AND”（“&&”）运算符

在逻辑与运算中，若测试逻辑条件（两个或以上）的值全部为真，而且值不为 NULL，则结果为真；否则为假。

```
mysql>SELECT (3=1) AND (12>10), ('c'='C') AND ('c'<'d')AND(1=1);
```

运行结果如图 11.27 所示。

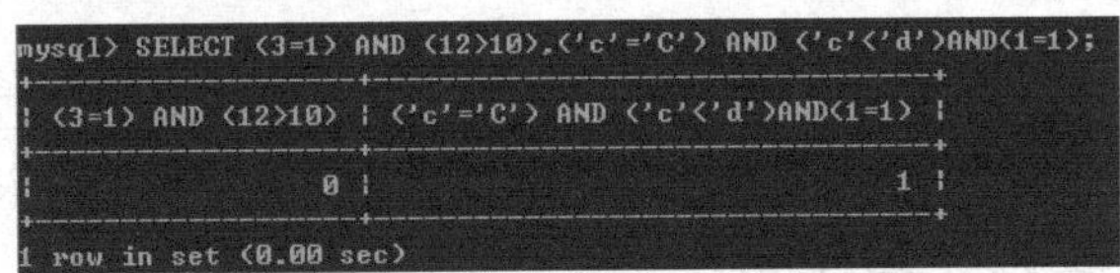
mysql> SELECT (3=1) AND (12>10),('c'='C') AND ('c'<'d')AND(1=1);

(3=1) AND (12>10)	('c'='C') AND ('c'<'d')AND(1=1)
0	1

1 row in set (0.00 sec)

图 11.27 “AND”（“&&”）运算运行结果

“&&”也是逻辑与运算符，如下所示。

```
mysql>SELECT (3=1) && (12>10), ('c'='C') &&('c'<'d') && (1=1);
mysql>SELECT 1&&1;
mysql>SELECT 1&&0;
mysql>SELECT 0 && NULL;
mysql>SELECT 1 && NULL;
```

2. “OR”（“||”）运算符

在逻辑或运算中，若测试逻辑条件（两个或以上）的值有一个为真，而且值不为 NULL，则结果为真；若全为假，则结果为假。

```
mysql>SELECT (3=1) OR (12>10)OR('c'= 'C') OR(1=1);
```

运行结果如图 11.28 所示。

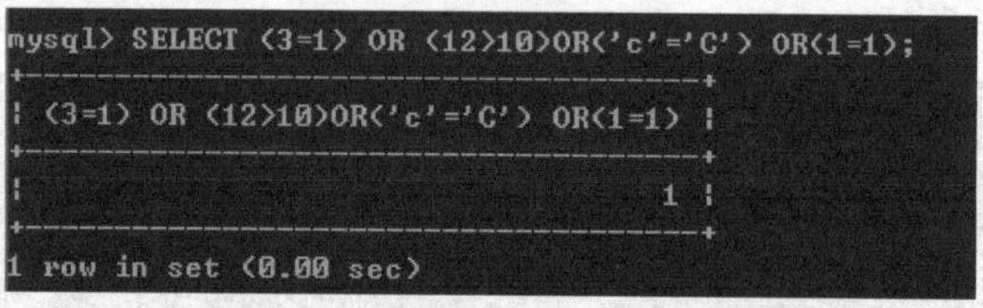

```
mysql> SELECT (3=1) OR (12>10)OR('c'='C') OR(1=1);
+-------------------------------------+
| (3=1) OR (12>10)OR('c'='C') OR(1=1) |
+-------------------------------------+
|                                   1 |
+-------------------------------------+
1 row in set (0.00 sec)
```

图 11.28　“OR”（“||”）运算运行结果

“||”也是逻辑或运算符，如下所示。

```
mysql>SELECT 1||1;
mysql>SELECT 1||0;
mysql>SELECT 0 ||NULL;
mysql>SELECT 1||NULL;
```

3. “NOT”运算符

逻辑非运算对跟在它后面的逻辑测试判断取反，把真变假，把假变真。

```
mysql>SELECT NOT 0 , NOT('A'='B'), NOT(3.14=3.140);
```

运行结果如图 11.29 所示。

4. “XOR”运算符

在逻辑异或运算中，如果包含的值或表达式一个为真，而另一个为假并且值不为 NULL，那么返回真值；否则返回假值。

```
mysql>SELECT ('A'='a')XOR(1+1=3),(3+2=5)XOR('A'>'B');
```

运行结果如图 11.30 所示。

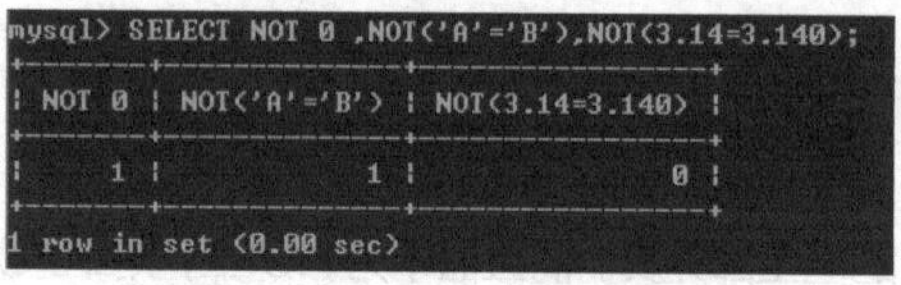

```
mysql> SELECT NOT 0 ,NOT('A'='B'),NOT(3.14=3.140);
+-------+--------------+-----------------+
| NOT 0 | NOT('A'='B') | NOT(3.14=3.140) |
+-------+--------------+-----------------+
|     1 |            1 |               0 |
+-------+--------------+-----------------+
1 row in set (0.00 sec)
```

图 11.29　“NOT”运算运行结果

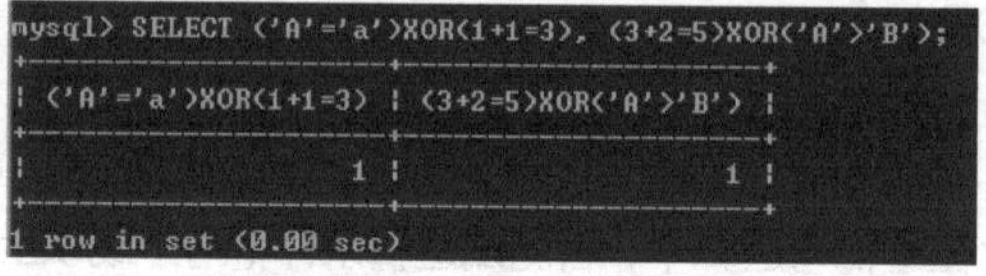

图 11.30　“XOR”运算运行结果

11.1.4　位运算符

位运算符是在二进制数上进行计算的运算符。位运算会先将操作数转换成二进制数，然后进行位运算，最后将计算结果从二进制数转换回十进制数。MySQL 支持的 6 种位运算符分别是位与、位或、位异或、位右移、位左移和位取反，见表 11.3。

表 11.3　MySQL 支持的位运算符

运算符	运算规则	运算符	运算规则
&	位与	>>	位右移
|	位或	<<	位左移
^	位异或	~	位取反

1. 位与、位或、位异或

```
mysql> SELECT 3&2, 2|3, 3^2;
```

运行结果如图 11.31 所示。

【任务 11.12】 从 students 表中筛选出学号为奇数的学生信息。

```
mysql> SELECT * FROM students WHERE (s_no & 0x01);
```

这样就把 s_no 为奇数的记录选出来了，运行结果如图 11.32 所示。

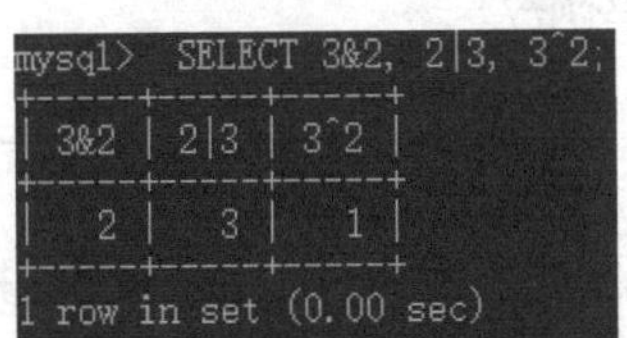

图 11.31 位与、位或运行结果

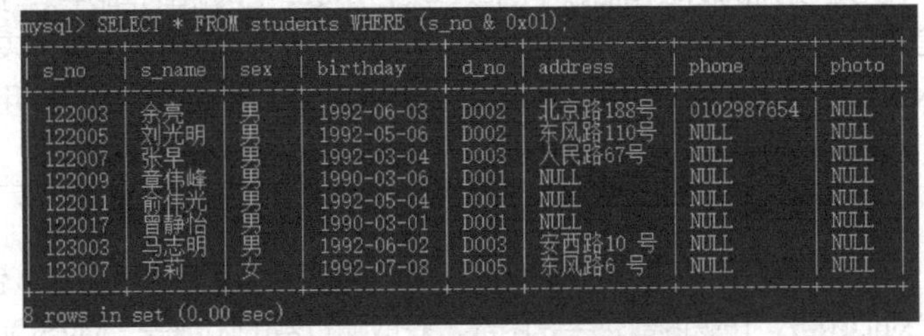

图 11.32 【任务 11.12】运行结果

2. 位右移、位左移

（1）位右移。

```
mysql> select 100>>5;
```

（2）位左移。

```
mysql> select 100<<5;
```

运行结果如图 11.33 和图 11.34 所示。

3. 位取反

```
mysql> select ~1, ~18446744073709551614;
```

运行结果如图 11.35 所示。

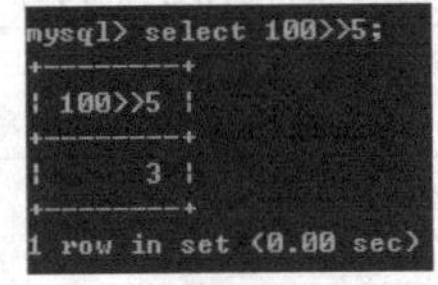

图 11.33 位右移运行结果

图 11.34 位左移运行结果

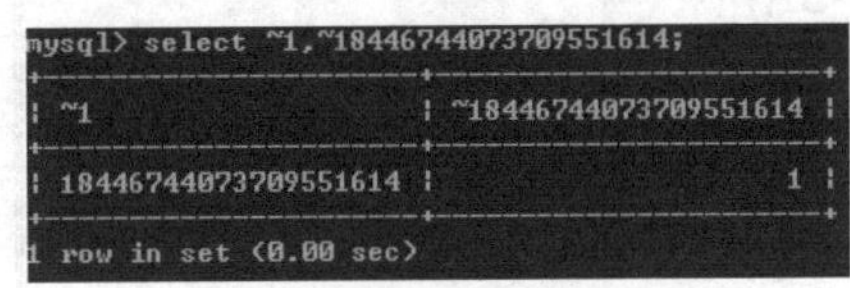

图 11.35 位取反运行结果

11.1.5 运算符的优先级

当一个复杂的表达式有多个运算符时，运算符优先级决定执行运算的先后次序。在一个表达式中按先高（优先级数字小）后低（优先级数字大）的顺序进行运算。运算符优先级见表 11.4。

表 11.4 运算符优先级

运算符	优先级	运算符	优先级
+（正）、-（负）、~（位取反）	1	NOT	6
*（乘）、/（除）、%（求余）	2	AND	7
+（加）、-（减）	3	ALL、ANY、BETWEEN、IN、LIKE、OR、SOME	8
=、>、<、>=、<=、<>、!=、!>、!<	4	=（赋值）	9
&（位与）、|（位或）、^（位异或）	5		

11.2 认识和使用函数

MySQL 数据库提供了很丰富的函数。这些内部函数可以帮助用户更加方便地处理表中的数据。MySQL 支持的函数包括数学函数、聚合函数、日期和时间函数、控制流判断函数、字符串函数、系统信息函数、加密函数和格式化函数等。SELECT 语句及其条件表达式都可以使用这些函数。同时，INSERT、UPDATE 和 DELETE 语句及其条件表达式也可以使用这些函数。

11.2.1 数学函数

数学函数是 MySQL 中常用的一类函数。主要用于处理数据，包括整数、浮点数等。数学函数包括绝对值函数、正弦函数、余弦函数、获取随机数的函数等。MySQL 中常见数学函数见表 11.5。

表 11.5 MySQL 中常见数学函数

函数	功能	函数	功能
ABS(x)	返回某个数的绝对值	ROUND(x) ROUND(x,y)	返回距离 x 最近的整数 返回 x 保留到小数点后 y 位的值
PI()	返回圆周率	SIGN(x)	返回 x 的符号，当 x 分别是负数、0、正数时返回–1、0、1
SQRT(x)	返回一个数的平方根	RADIANS(x) DEGREES(x)	将角度转换为弧度 将弧度转换为角度 这两个函数互为反函数。
MOD(x,y)	返回余数	SIN(x)、COS(x) TAN(x)	分别返回一个角度（弧度）的正弦、余弦和正切值
GREATEST() LEAST()	返回一组数的最大值和最小值	ASIN(x)、ACOS(x) 和 ATAN(x)	分别返回一个角度（弧度）的反正弦、反余弦和反正切值。x 的取值必须为–1～1
FLOOR() CEILING()	分别返回小于一个数的最大整数值、大于一个数的最小整数值	LOG(x) LOG10(x)	返回 x 的自然对数 返回 x 的以 10 为底的对数
RAND() RAND(x)	返回 0～1 的随机数	POW(x,y) EXP(x)	返回 x 的 y 次方，即 x^y 返回 e 的 x 次方，即 e^x

1. 求绝对值、圆周率

```
mysql>SELECT ABS(8),ABS(-10.2),PI();
```

运行结果如图 11.36 所示。

2. 求平方根、余数

```
mysql>SELECT SQRT(32),SQRT(3),MOD(8, 3);
```

运行结果如图 11.37 所示。

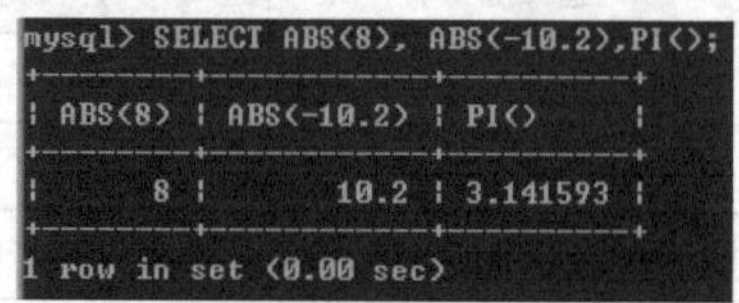

图 11.36 求绝对值、圆周率运行结果

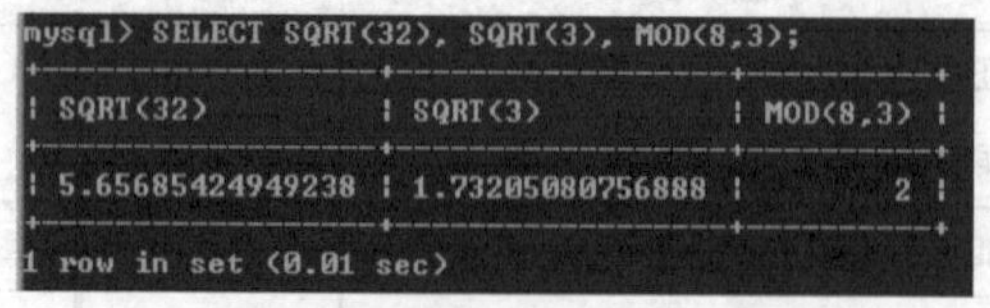

图 11.37 求平方根、余数运行结果

3. 求一组数中的最大值和最小值

```
mysql>SELECT GREATEST(100, 12, 66, 0), LEAST(4, 5, 6),LEAST(5.34, NULL, 9);
```

运行结果如图 11.38 所示。

```
mysql> SELECT GREATEST(100,12,66,0),LEAST(4,5,6), LEAST(5.34,null,9);
+-----------------------+--------------+--------------------+
| GREATEST(100,12,66,0) | LEAST(4,5,6) | LEAST(5.34,null,9) |
+-----------------------+--------------+--------------------+
|                   100 |            4 |               NULL |
+-----------------------+--------------+--------------------+
1 row in set (0.04 sec)
```

图 11.38　求一组数中的最大值和最小值运行结果

当某个数为 NULL 时，返回 NULL。

4. 取整

FLOOR()函数用于获得小于一个数的最大整数值，CEILING()函数用于获得大于一个数的最小整数值。

```
mysql>SELECT FLOOR(-3.62),CEILING(-3.62),FLOOR(18.8),CEILING(18.8);
```

运行结果如图 11.39 所示。

```
mysql> SELECT FLOOR(-3.62), CEILING(-3.62), FLOOR(18.8), CEILING(18.8);
+--------------+----------------+-------------+---------------+
| FLOOR(-3.62) | CEILING(-3.62) | FLOOR(18.8) | CEILING(18.8) |
+--------------+----------------+-------------+---------------+
|           -4 |             -3 |          18 |            19 |
+--------------+----------------+-------------+---------------+
1 row in set (0.00 sec)
```

图 11.39　取整运行结果

5. 获取随机数

```
mysql>SELECT RAND(), RAND(),RAND(3),RAND(3);
```

运行结果如图 11.40 所示。

说 明　**RAND()函数返回的数是完全随机的，当 RAND(x)函数的 x 相同时，它被用作种子值，返回的值是相同的。**

【任务 11.13】随机查找 students 表中的学生信息。

```
mysql>SELECT * FROM  students ORDER BY RAND();
```

运行结果如图 11.41 所示。

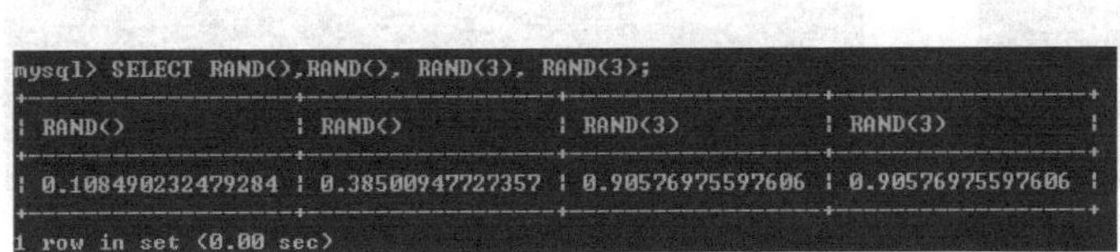

```
mysql> SELECT RAND(),RAND(), RAND(3), RAND(3);
+-------------------+-------------------+-------------------+-------------------+
| RAND()            | RAND()            | RAND(3)           | RAND(3)           |
+-------------------+-------------------+-------------------+-------------------+
| 0.108490232479284 | 0.38500947727357  | 0.90576975597606  | 0.90576975597606  |
+-------------------+-------------------+-------------------+-------------------+
1 row in set (0.00 sec)
```

图 11.40　获取随机数运行结果

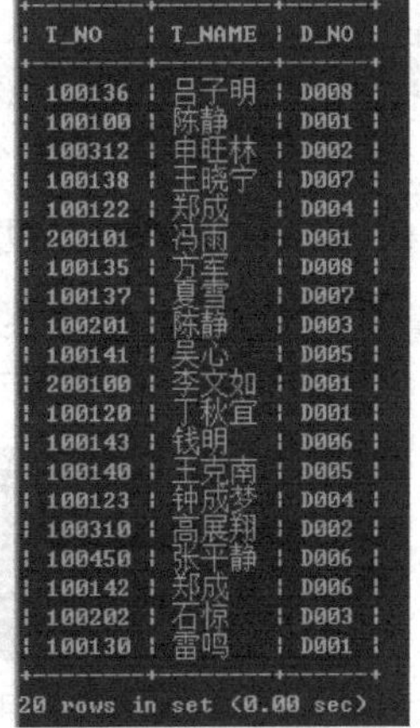

T_NO	T_NAME	D_NO
100136	吕子明	D008
100100	陈静	D001
100312	申旺林	D002
100138	王晓宁	D007
100122	郑成	D004
200101	冯雨	D001
100135	方军	D008
100137	夏雪	D007
100201	陈静	D003
100141	吴心	D005
200100	李文如	D001
100120	丁秋宜	D001
100143	钱明	D006
100140	王克南	D005
100123	钟成梦	D004
100310	高展翔	D002
100450	张平静	D006
100142	郑成	D006
100202	石惊	D003
100130	雷鸣	D001

20 rows in set (0.00 sec)

图 11.41　【任务 11.13】运行结果

可以看到，找到的信息并不是按学号顺序排列，而是按随机排列。

6. 四舍五入

```
mysql>SELECT ROUND(3.8), ROUND(2.5), ROUND(-2.14, 1), ROUND(3.66, 0);
```

运行结果如图 11.42 所示。

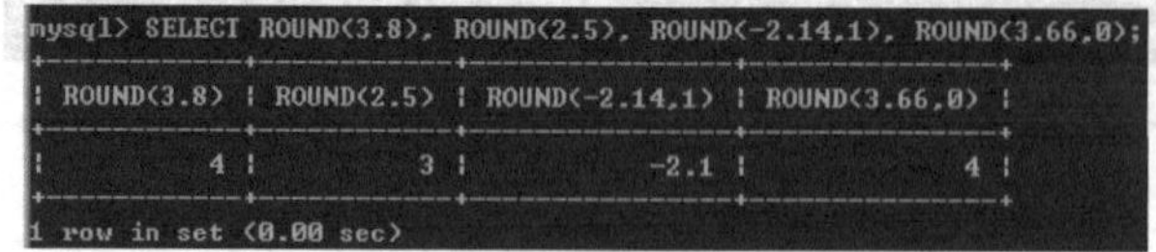

mysql> SELECT ROUND(3.8), ROUND(2.5), ROUND(-2.14,1), ROUND(3.66,0);

ROUND(3.8)	ROUND(2.5)	ROUND(-2.14,1)	ROUND(3.66,0)
4	3	-2.1	4

1 row in set (0.00 sec)

图 11.42 四舍五入运行结果

ROUND(x)返回离 x 最近的整数，也就是对 x 进行四舍五入处理。

ROUND(x,y)返回 x 保留到小数点后 y 位的值，在截取时进行四舍五入处理。

【任务 11.14】 求学生的平均成绩，并四舍五入取小数点后一位。

```
mysql> SELECT s_no , ROUND (AVG(score), 1) FROM score GROUP BY s_no;
```

运行结果如图 11.43 所示。

7. 求符号

```
mysql>SELECT SIGN（8）,SIGN(-6/3), SIGN(3-3);
```

运行结果如图 11.44 所示。

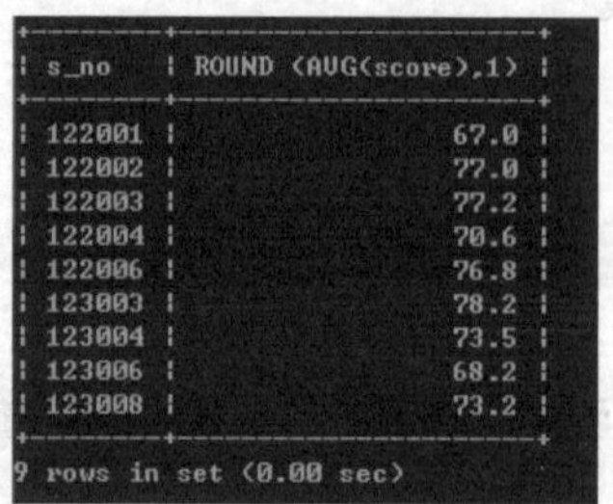

s_no	ROUND (AVG(score),1)
122001	67.0
122002	77.0
122003	77.2
122004	70.6
122006	76.8
123003	78.2
123004	73.5
123006	68.2
123008	73.2

9 rows in set (0.00 sec)

图 11.43 【任务 11.14】运行结果

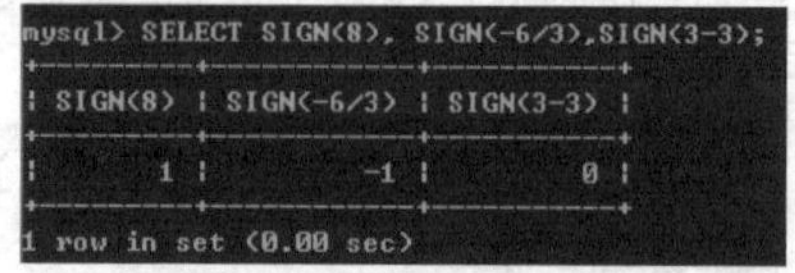

mysql> SELECT SIGN(8), SIGN(-6/3),SIGN(3-3);

SIGN(8)	SIGN(-6/3)	SIGN(3-3)
1	-1	0

1 row in set (0.00 sec)

图 11.44 求符号运行结果

8. 角度与弧度相互转换

RADIANS(x)函数的作用是将角度转换为弧度，DEGREES(x)函数的作用是将弧度转换为角度。这两个函数互为反函数。

```
mysql>SELECT DEGREES(1),RADIANS(180);
```

运行结果如图 11.45 所示。

9. 求正弦、余弦、正切

```
mysql>SELECT SIN(2), COS(2), TAN(RADIANS(60));
```

运行结果如图 11.46 所示。

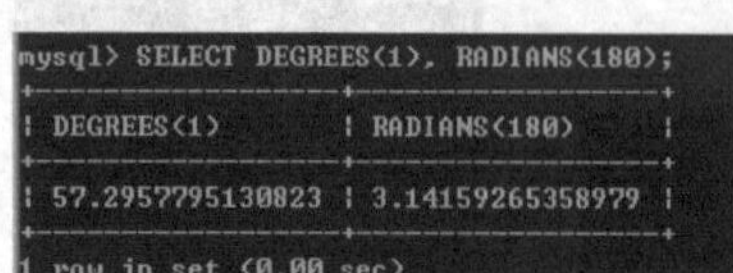

mysql> SELECT DEGREES(1), RADIANS(180);

DEGREES(1)	RADIANS(180)
57.2957795130823	3.14159265358979

1 row in set (0.00 sec)

图 11.45 角度与弧度相互转换运行结果

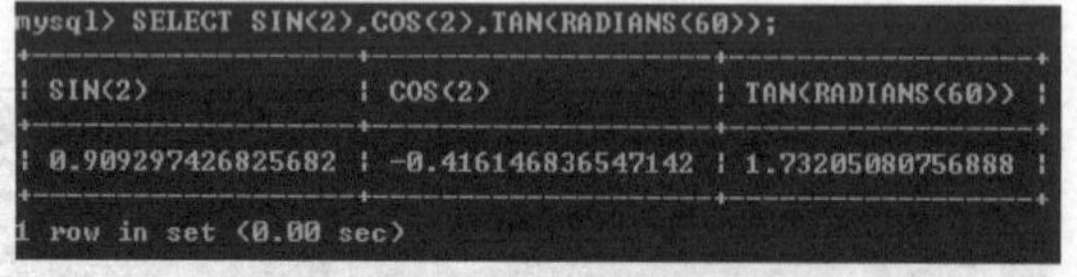

mysql> SELECT SIN(2),COS(2),TAN(RADIANS(60));

SIN(2)	COS(2)	TAN(RADIANS(60))
0.909297426825682	-0.416146836547142	1.73205080756888

1 row in set (0.00 sec)

图 11.46 求正弦、余弦、正切运行结果

10. 求反正弦、反余弦、反正切

```
mysql>SELECT ASIN(1), ACOS(-1), ATAN(DEGREES(45));
```

运行结果如图 11.47 所示。

如果使用的是角度而不是弧度，可以使用 DEGREES()和 RADIANS()函数进行转换。

11. 对数运算

```
mysql>SELECT LOG(2), LOG(-2), LOG10(2), LOG10(-2);
```

运行结果如图 11.48 所示。

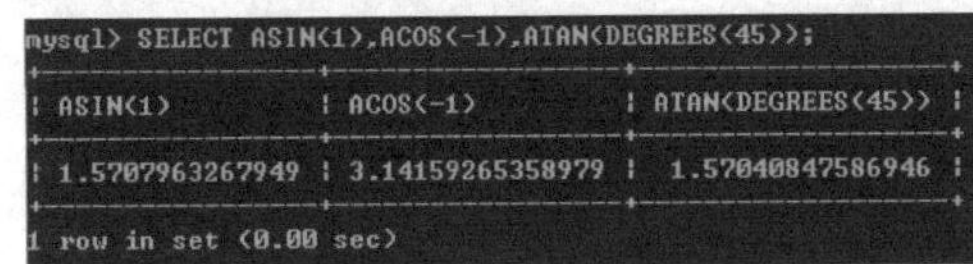

```
mysql> SELECT ASIN(1),ACOS(-1),ATAN(DEGREES(45));
+-----------------+-------------------+-------------------+
| ASIN(1)         | ACOS(-1)          | ATAN(DEGREES(45)) |
+-----------------+-------------------+-------------------+
| 1.5707963267949 | 3.141592653589793 | 1.57040847586946  |
+-----------------+-------------------+-------------------+
1 row in set (0.00 sec)
```

图 11.47　求反正弦、反余弦、反正切运行结果

```
mysql> select LOG(2),LOG(-2),LOG10(2),LOG10(-2);
+-------------------+---------+-------------------+-----------+
| LOG(2)            | LOG(-2) | LOG10(2)          | LOG10(-2) |
+-------------------+---------+-------------------+-----------+
| 0.693147180559945 |    NULL | 0.301029995663981 |      NULL |
+-------------------+---------+-------------------+-----------+
1 row in set (0.00 sec)
```

图 11.48　对数运算运行结果

12. 幂运算

```
mysql>SELECT POW(3, 2), POW(3, -2), EXP(2);
```

运行结果如图 11.49 所示。

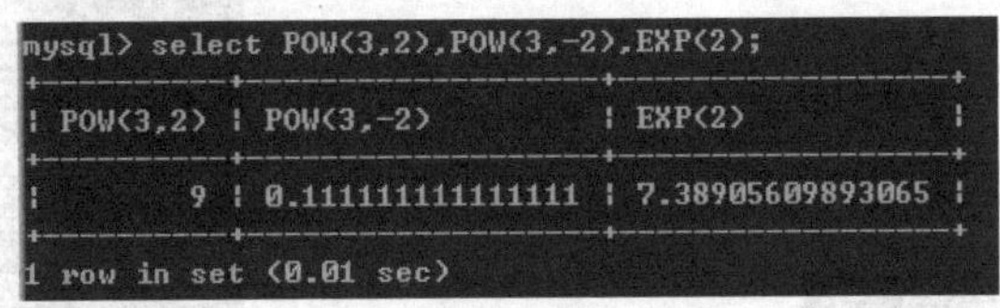

```
mysql> select POW(3,2),POW(3,-2),EXP(2);
+----------+-------------------+------------------+
| POW(3,2) | POW(3,-2)         | EXP(2)           |
+----------+-------------------+------------------+
|        9 | 0.111111111111111 | 7.38905609893065 |
+----------+-------------------+------------------+
1 row in set (0.01 sec)
```

图 11.49　幂运算运行结果

11.2.2　聚合函数

聚合函数也叫作分组计算函数。这些函数常常是与 GROUP BY 子句一起使用的函数，作用是对聚合在组内的行进行计算。

如果在不包含 GROUP BY 子句的语句中使用聚合函数，它等价于聚合所有行。

1. COUNT(expr)函数

COUNT(expr)用于返回由 SELECT 语句检索出来的行的非 NULL 的数目。

COUNT(*)函数返回检索出来的满足条件的行数目，不管列值是否包含 NULL，它均进行统计。例如，统计学生人数。

```
mysql> select COUNT(*) AS '学生人数' from students;
```

运行结果如图 11.50 所示。

【任务 11.15】统计选修了 MySQL 课程的学生人数。

```
mysql> select COUNT(*) AS'选修 MySQL 人数'from score
where c_no=(select c_no from course
where c_name='MySQL');
```

运行结果如图 11.51 所示。

该函数可与 DISTINCT 配合使用，以返回一个无重复值的数目。语法格式如下。

```
COUNT(DISTINCT expr, [expr...])
```

【任务 11.16】查找有几位学生选修了课程。

```
mysql> select COUNT(DISTINCT s_no) from score;
```

运行结果如图 11.52 所示。

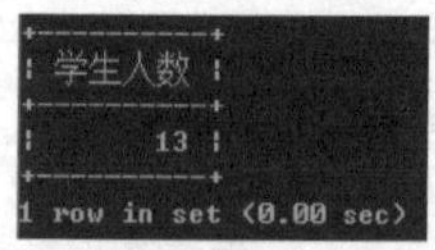

学生人数
13

1 row in set (0.00 sec)

图 11.50　COUNT()函数运算运行结果

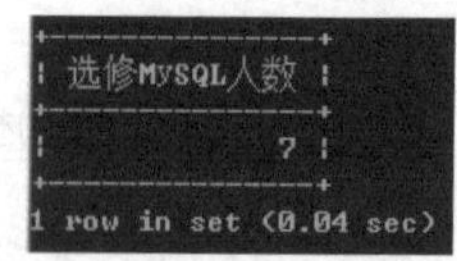

选修MySQL人数
7

1 row in set (0.04 sec)

图 11.51　【任务 11.15】运行结果

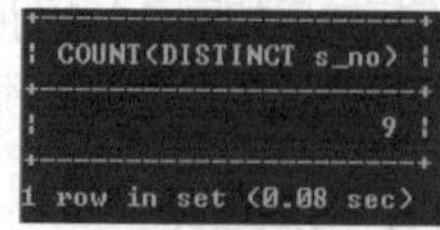

COUNT(DISTINCT s_no)
9

1 row in set (0.08 sec)

图 11.52　【任务 11.16】运行结果

如果忽略 DISTINCT，则代码如下。

```
mysql> select COUNT(s_no) from score;
```

运行结果如图 11.53 所示。

记录数为 42 条，但存在一个学生选修了多门课的情况，即存在重复的学号记录。

2. AVG(expr)函数

AVG(expr)函数用于返回 expr 的平均值。例如，统计各位学生的平均分。

```
mysql> select s_no,AVG(report) from score GROUP BY s_no;
```

运行结果如图 11.54 所示。

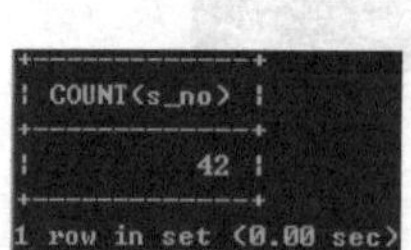

COUNT(s_no)
42

1 row in set (0.00 sec)

图 11.53　忽略 DISTINCT 运行结果

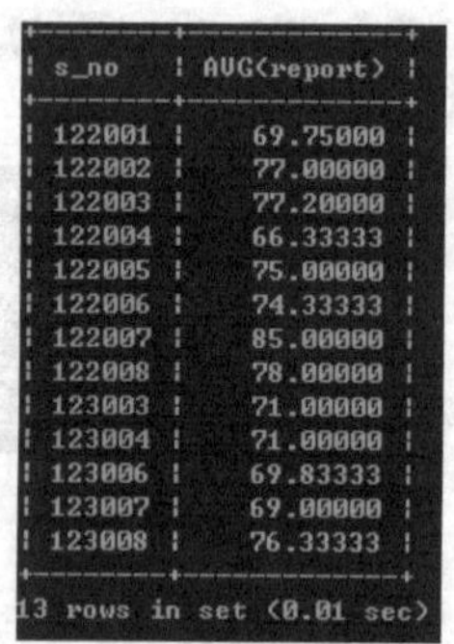

s_no	AVG(report)
122001	69.75000
122002	77.00000
122003	77.20000
122004	66.33333
122005	75.00000
122006	74.33333
122007	85.00000
122008	78.00000
123003	71.00000
123004	71.00000
123006	69.83333
123007	69.00000
123008	76.33333

13 rows in set (0.01 sec)

图 11.54　AVG()函数运算运行结果

【任务 11.17】查询学生课程成绩、课程平均成绩及它们之间的差距。

```
mysql> select s_no,c_no,report ,AVG(report),report -AVG(report) from score GROUP BY c_no;
```

运行结果如图 11.55 所示。

s_no	c_no	report	AVG(report)	report -AVG(report)
122001	A001	87.0	66.33333	20.66667
122001	A002	56.0	72.25000	-16.25000
122001	A003	76.0	78.00000	-2.00000
122006	A004	96.0	84.00000	12.00000
122003	A005	76.0	82.50000	-6.50000
122001	B001	60.0	62.71429	-2.71429
122003	B002	89.0	79.60000	9.40000
122003	B003	67.0	71.00000	-4.00000
122003	B004	87.0	76.00000	11.00000

9 rows in set (0.00 sec)

图 11.55　【任务 11.17】运行结果

3. MIN(expr)、MAX(expr)函数

MIN(expr)、MAX(expr)函数用于返回 expr 的最小或最大值。MIN()和 MAX()函数可以有一个字符串参数，在这种情况下，它们返回最小或最大的字符串值。例如，统计各门课程的最高分和最低分。

```
mysql> select c_no, MIN(report), MAX(report) from   score GROUP BY   c_no;
```

运行结果如图 11.56 所示。

4. SUM(expr)函数

SUM(expr)函数用于返回 expr 的总和。注意：如果返回的集合没有行，它返回 NULL。例如，统

计各位学生的总成绩。

```
mysql> SELECT s_no , SUM(report) FROM score GROUP BY s_no;
```

运行结果如图 11.57 所示。

```
+------+-------------+-------------+
| c_no | MIN(report) | MAX(report) |
+------+-------------+-------------+
| A001 |        45.0 |        87.0 |
| A002 |        56.0 |        87.0 |
| A003 |        67.0 |        98.0 |
| A004 |        67.0 |        96.0 |
| A005 |        76.0 |        89.0 |
| B001 |        35.0 |        92.0 |
| B002 |        71.0 |        89.0 |
| B003 |        56.0 |        78.0 |
| B004 |        65.0 |        87.0 |
+------+-------------+-------------+
9 rows in set (0.02 sec)
```

图 11.56　MIN()函数、MAX()函数运算运行结果

```
+--------+-------------+
| s_no   | SUM(report) |
+--------+-------------+
| 122001 |       279.0 |
| 122002 |       154.0 |
| 122003 |       386.0 |
| 122004 |       398.0 |
| 122005 |        75.0 |
| 122006 |       446.0 |
| 122007 |        85.0 |
| 122008 |        78.0 |
| 123003 |       426.0 |
| 123004 |       426.0 |
| 123006 |       419.0 |
| 123007 |        69.0 |
| 123008 |       458.0 |
+--------+-------------+
13 rows in set (0.00 sec)
```

图 11.57　SUM()函数运算运行结果

11.2.3　日期和时间函数

日期和时间函数主要用于处理表中的日期和时间数据。日期和时间函数包括获取当前日期的函数、获取当前时间的函数、计算日期的函数和计算时间的函数等。

1. 获取当前日期

使用 CURDATE()和 CURRENT_DATE()函数获取当前日期。

```
mysql>SELECT CURDATE(), CURRENT_DATE();
```

运行结果如图 11.58 所示。

2. 获取当前时间

使用 CURTIME()和 CURRENT_TIME()函数获取当前时间。

```
mysql>SELECT CURTIME(), CURRENT_TIME();
```

运行结果如图 11.59 所示。

```
mysql> SELECT CURDATE(),CURRENT_DATE();
+------------+----------------+
| CURDATE()  | CURRENT_DATE() |
+------------+----------------+
| 2020-01-19 | 2020-01-19     |
+------------+----------------+
1 row in set (0.01 sec)
```

图 11.58　获取当前日期运行结果

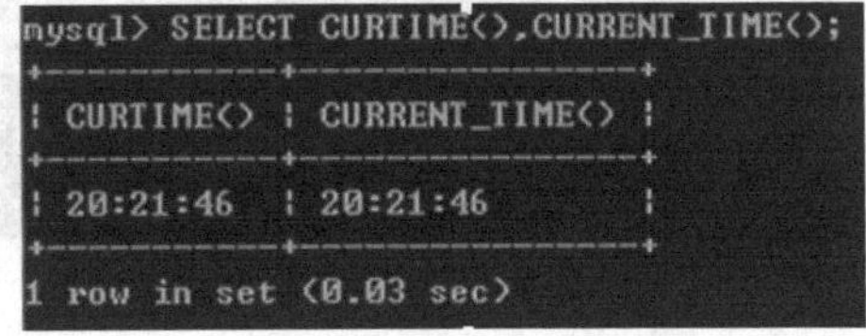

```
mysql> SELECT CURTIME(),CURRENT_TIME();
+-----------+----------------+
| CURTIME() | CURRENT_TIME() |
+-----------+----------------+
| 20:21:46  | 20:21:46       |
+-----------+----------------+
1 row in set (0.03 sec)
```

图 11.59　获取当前时间运行结果

3. 获取当前日期和时间

NOW()、CURRENT_TIMESTAMP()、LOCALTIME()和 SYSDATE()函数都可用来获取当前日期和时间。

```
mysql>SELECT NOW(), CURRENT_TIMESTAMP(), LOCALTIME(), SYSDATE();
```

运行结果如图 11.60 所示。

4. 获取年份、季度、月份和日期

YEAR()函数分析一个日期值并获取其中年的部分；QUARTER(d)函数获取 d 值表示本年第几季

度，值的范围是 1~4；MONTH()函数分析一个日期值并获取其中关于月的部分，值的范围是 1~12；DAY( )函数分析一个日期值并获取其中关于日期的部分，值的范围是 1~31。

```
mysql>SELECT NOW(), YEAR(NOW()), QUARTER(NOW()), MONTH(NOW()), DAY(NOW());
```

```
mysql> SELECT NOW(),CURRENT_TIMESTAMP(),LOCALTIME(),SYSDATE();
+---------------------+---------------------+---------------------+---------------------+
| NOW()               | CURRENT_TIMESTAMP() | LOCALTIME()         | SYSDATE()           |
+---------------------+---------------------+---------------------+---------------------+
| 2020-01-19 23:03:34 | 2020-01-19 23:03:34 | 2020-01-19 23:03:34 | 2020-01-19 23:03:34 |
+---------------------+---------------------+---------------------+---------------------+
1 row in set (0.01 sec)
```

图 11.60　获取当前日期和时间运行结果

运行结果如图 11.61 所示。

【任务 11.18】在 students 表求出 D001 学院的学生年龄。

```
mysql>SELECT s_no,  YEAR(NOW())-YEAR(birthday) AS 年龄 FROM students WHERE D_NO='D001';
```

运行结果如图 11.62 所示。

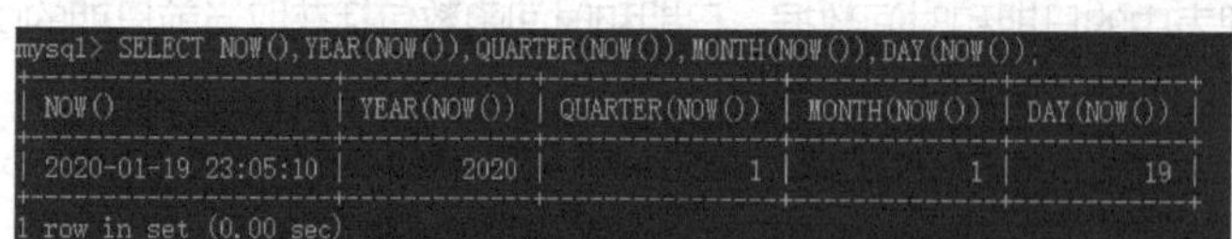

```
mysql> SELECT NOW(),YEAR(NOW()),QUARTER(NOW()),MONTH(NOW()),DAY(NOW());
+---------------------+-------------+----------------+--------------+------------+
| NOW()               | YEAR(NOW()) | QUARTER(NOW()) | MONTH(NOW()) | DAY(NOW()) |
+---------------------+-------------+----------------+--------------+------------+
| 2020-01-19 23:05:10 |        2020 |              1 |            1 |         19 |
+---------------------+-------------+----------------+--------------+------------+
1 row in set (0.00 sec)
```

图 11.61　获取年份、季度、月份和日期运行结果

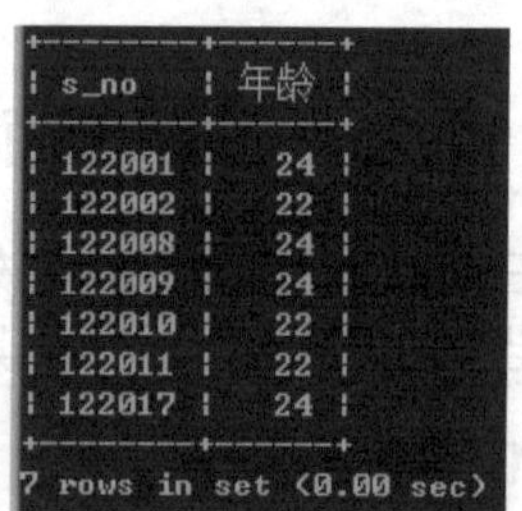

```
+--------+------+
| s_no   | 年龄 |
+--------+------+
| 122001 |   24 |
| 122002 |   22 |
| 122008 |   24 |
| 122009 |   24 |
| 122010 |   22 |
| 122011 |   22 |
| 122017 |   24 |
+--------+------+
7 rows in set (0.00 sec)
```

图 11.62　【任务 11.18】运行结果

5. 获取指定日期在一年、一个星期及一个月中的序数

DAYOFYEAR()、DAYOFWEEK()和 DAYOFMONTH()函数分别获取指定日期在一年、一个星期及一个月中的序数。

```
mysql>SELECT DAYOFYEAR(20101212), DAYOFMONTH('2019-12-12'),DAYOFWEEK(NOW());
```

运行结果如图 11.63 所示。

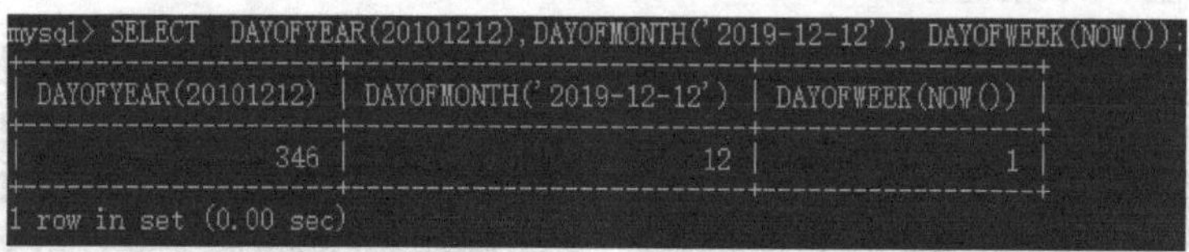

```
mysql> SELECT  DAYOFYEAR(20101212),DAYOFMONTH('2019-12-12'), DAYOFWEEK(NOW());
+---------------------+--------------------------+------------------+
| DAYOFYEAR(20101212) | DAYOFMONTH('2019-12-12') | DAYOFWEEK(NOW()) |
+---------------------+--------------------------+------------------+
|                 346 |                       12 |                1 |
+---------------------+--------------------------+------------------+
1 row in set (0.00 sec)
```

图 11.63　获取指定日期在一年、一个星期及一个月中的序数运行结果

6. 获取星期

（1）DAYNAME(d)函数返回日期 d 是星期几，其显示为英文，如 Monday、Tuesday 等。

（2）DAYOFWEEK(d)函数也返回日期 d 是星期几，1 表示星期日，2 表示星期一，以此类推。

（3）WEEKDAY(d)函数也返回日期 d 是星期几，0 表示星期一，1 表示星期二，以此类推。

其中，参数 d 可以是日期和时间，也可以是日期。

```
mysql>SELECT DAYNAME(NOW()), DAYOFWEEK('2019-12-30'),WEEKDAY('2019-10-1');
```

运行结果如图 11.64 所示。

```
mysql> SELECT  DAYNAME(NOW()),DAYOFWEEK('2019-12-30'), WEEKDAY('2019-10-1');
+----------------+-------------------------+----------------------+
| DAYNAME(NOW()) | DAYOFWEEK('2019-12-30') | WEEKDAY('2019-10-1') |
+----------------+-------------------------+----------------------+
| Sunday         |                       2 |                    1 |
+----------------+-------------------------+----------------------+
1 row in set (0.01 sec)
```

图 11.64　获取星期运行结果

7. 获取星期数

WEEK(d)函数和 WEEKOFYEAR(d)函数都可以计算日期 d 是本年的第几个星期。返回值的范围是 1～53。

```
mysql>SELECT WEEK(NOW()), WEEKOFYEAR('2020-1-1');
```

运行结果如图 11.65 所示。

```
mysql> SELECT WEEK(NOW()),WEEKOFYEAR('2020-1-1');
+-------------+------------------------+
| WEEK(NOW()) | WEEKOFYEAR('2020-1-1') |
+-------------+------------------------+
|           3 |                      1 |
+-------------+------------------------+
1 row in set (0.01 sec)
```

图 11.65　获取星期数运行结果

8. 获取天数

DAYOFYEAR(d)函数计算日期 d 是本年的第几天，DAYOFMONTH(d)函数计算日期 d 是本月的第几天。

```
mysql>SELECT NOW(), DAYOFYEAR(NOW()), DAYOFMONTH(20150101);
```

运行结果如图 11.66 所示。

```
mysql> SELECT NOW(),DAYOFYEAR(NOW()),DAYOFMONTH(20200101);
+---------------------+------------------+----------------------+
| NOW()               | DAYOFYEAR(NOW()) | DAYOFMONTH(20200101) |
+---------------------+------------------+----------------------+
| 2020-01-19 23:13:57 |               19 |                    1 |
+---------------------+------------------+----------------------+
1 row in set (0.00 sec)
```

图 11.66　获取天数运行结果

【任务 11.19】距离 2020 年高考还有多少天。

```
mysql>SELECT  DAYOFYEAR(20200806)- DAYOFYEAR(NOW()) AS'高考倒计时(天)';
```

运行结果如图 11.67 所示。

```
mysql> SELECT DAYOFYEAR(20200706)- DAYOFYEAR(20200101) AS'高考倒计时(天)';
+----------------+
| 高考倒计时(天) |
+----------------+
|            187 |
+----------------+
1 row in set (0.00 sec)
```

图 11.67　【任务 11.19】运行结果

9. 获取指定时间的时、分、秒

```
mysql>SELECT CURTIME(), HOUR(CURTIME()), MINUTE(CURTIME()), SECOND(CURTIME());
```

运行结果如图 11.68 所示。

```
mysql> SELECT CURTIME(),HOUR(CURTIME()),MINUTE(CURTIME()),SECOND(CURTIME());
+-----------+-----------------+-------------------+-------------------+
| CURTIME() | HOUR(CURTIME()) | MINUTE(CURTIME()) | SECOND(CURTIME()) |
+-----------+-----------------+-------------------+-------------------+
| 21:00:16  |              21 |                 0 |                16 |
+-----------+-----------------+-------------------+-------------------+
1 row in set (0.00 sec)
```

图 11.68　获取指定时间的时、分、秒运行结果

10. 对日期和时间进行算术操作

DATE_ADD()函数和 DATE_SUB()函数可以对日期和时间进行算术操作，它们分别用来增加和减少日期值，使用的关键字见表 11.6。

表 11.6　DATE_ADD()函数和 DATE_SUB()函数使用的关键字

关键字	间隔值的格式	关键字	间隔值的格式
DAY	日期	MINUTE	分钟
DAY_HOUR	日期：小时	MINUTE_ SECOND	分钟：秒
DAY_MINUTE	日期：小时：分钟	MONTH	月
DAY_SECOND	日期：小时：分钟：秒	SECOND	秒
HOUR	小时	YEAR	年
HOUR_MINUTE	小时：分钟	YEAR_MONTH	年-月
HOUR_ SECOND	小时：分钟：秒		

DATE_ADD()函数和 DATE_SUB()函数的语法格式如下。

```
DATE_ADD | DATE_SUB(date,INTERVAL INT keyword)
```

date 表示日期和时间，INTERVAL 关键字表示一个时间间隔。

【任务 11.20】再过 20 天是什么日期。

```
mysql>SELECT DATE_ADD(NOW(), INTERVAL 20 DAY);
```

运行结果如图 11.69 所示。

【任务 11.21】30 分钟前是什么时间。

```
mysql>SELECT DATE_SUB('2020-16-1 10:25:35',INTERVAL 30 MINUTE);
```

运行结果如图 11.70 所示。

```
mysql> SELECT DATE_ADD(NOW(), INTERVAL 20 DAY);
+----------------------------------+
| DATE_ADD(NOW(), INTERVAL 20 DAY) |
+----------------------------------+
| 2020-06-29 16:24:47              |
+----------------------------------+
1 row in set (0.01 sec)
```

图 11.69　【任务 11.20】运行结果

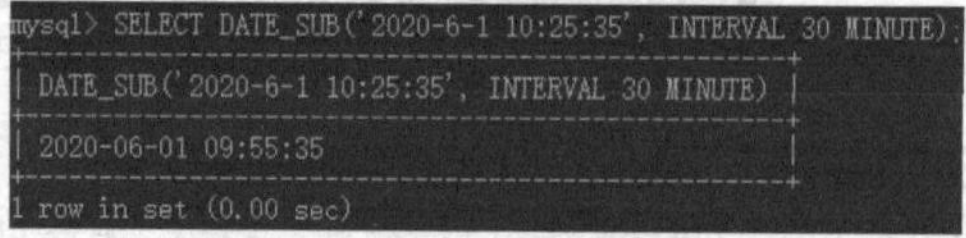

```
mysql> SELECT DATE_SUB('2020-6-1 10:25:35', INTERVAL 30 MINUTE);
+---------------------------------------------------+
| DATE_SUB('2020-6-1 10:25:35', INTERVAL 30 MINUTE) |
+---------------------------------------------------+
| 2020-06-01 09:55:35                               |
+---------------------------------------------------+
1 row in set (0.00 sec)
```

图 11.70　【任务 11.21】运行结果

11. 计算相隔天数

DATEDIFF(d1,d2)函数用于计算两个日期相隔的天数。

【任务 11.22】7 月 18 日放假，离放假还有多少天。

```
mysql>SELECT DATEDIFF('2020-7-18', NOW());
```

运行结果如图 11.71 所示。

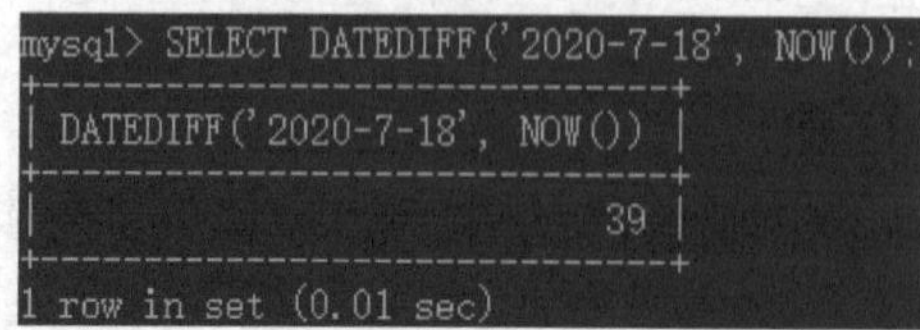

```
mysql> SELECT DATEDIFF('2020-7-18', NOW());
+------------------------------+
| DATEDIFF('2020-7-18', NOW()) |
+------------------------------+
|                           39 |
+------------------------------+
1 row in set (0.01 sec)
```

图 11.71　【任务 11.22】运行结果

12. 日期和时间格式化

DATE_FORMAT()和 TIME_FORMAT()函数可以用来格式化日期和时间。

语法格式如下。

```
DATE_FORMAT/ TIME_FORMAT(date | time,fmt)
```

其中，date 和 time 是需要格式化的日期和时间，fmt 是日期和时间格式化的形式。MySQL 支持的日期/时间格式化代码见表 11.7。

表 11.7 MySQL 支持的日期/时间格式化代码

关键字	间隔值的格式	关键字	间隔值的格式
%a	缩写的星期名（Sun，Mon...）	%p	AM 或 PM
%b	缩写的月份名（Jan，Feb...）	%r	时间，12 小时的格式
%d	月份中的天数	%S	秒（00，01）
%H	小时（01，02...）	%T	时间，24 小时的格式
%I	分钟（00，01...）	%w	一个星期中的天数（0，1）
%j	一年中的天数（001，002...）	%W	长型星期的名字（Sunday，Monday...）
%m	月份，2 位（00,01...）	%Y	年份，4 位
%M	长型月份的名字（January，February...）		

```
mysql>SELECT DATE_FORMAT(NOW(), '%W, %d, %m, %Y , %r, %p');
```

运行结果如图 11.72 所示。

```
mysql> SELECT DATE_FORMAT(NOW(), '%W, %d, %m, %Y , %r, %p');
+-------------------------------------------------+
| DATE_FORMAT(NOW(), '%W, %d, %m, %Y , %r, %p') |
+-------------------------------------------------+
| Tuesday, 09, 06, 2020 , 04:28:25 PM, PM       |
+-------------------------------------------------+
1 row in set (0.01 sec)
```

图 11.72 日期和时间格式化运行结果

11.2.4 控制流判断函数

1. IF()函数

IF()函数建立一个简单的条件测试。

语法格式如下。

```
IF(expr1, expr2, expr3)
```

这个函数有 3 个参数，expr1 是要被判断的表达式，如果表达式 expr1 成立，返回结果 expr2；否则，返回结果 expr3。

【任务 11.23】返回 score 表中学生学号、课程号和成绩。若成绩大于等于 60，则显示为“及格”，否则，显示为“不及格”。

```
mysql>MYSQL>SELECT   s_no, c_no, IF(report>=60,  '是',  '否') AS'是否及格'   FROM score ;
```

运行结果如图 11.73 所示。

2. CASE WHEN()函数

CASE WHEN 语法格式如下（第一种形式）。

```
CASE value WHEN [compare_value] THEN result
[WHEN[compare_value] THEN result ...]
[ELSE result]
```

```
END
```

CASE WHEN 语法格式如下（第二种形式）。

```
CASE WHEN [condition] THEN result
[WHEN [condition]THEN result ...]
[ELSE result]
END
```

在第一种形式中，如果 value=compare_value，则返回 result；在第二种形式中，如果第一个条件为真，则返回 result。如果没有匹配的 result 值，那么返回 ELSE 后的 result 值；如果没有 ELSE 部分，那么 NULL 被返回。

```
mysql> SELECT CASE 1 WHEN 1 THEN"one"WHEN 2 THEN"two"ELSE"more"END;
```

运行结果如图 11.74 所示。

s_no	c_no	是否及格
122001	A002	是
122001	A003	是
122001	A100	是
122001	B001	是
122002	A002	是
122002	A100	是
122003	A005	是
122003	B001	是
122003	B002	是
122003	B003	是
122003	B004	是
122004	A002	是
122004	A003	是
122004	B002	是

图 11.73 【任务 11.23】运行结果

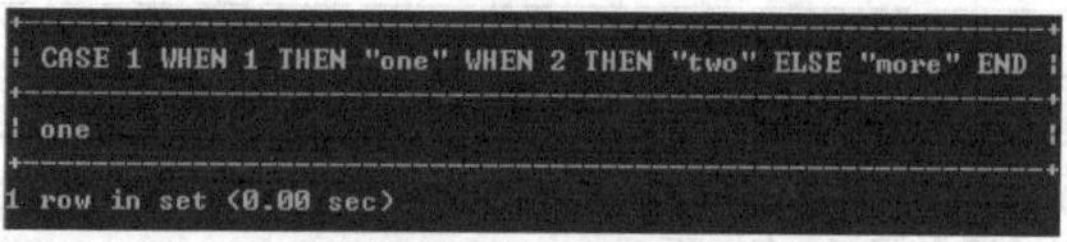

CASE 1 WHEN 1 THEN "one" WHEN 2 THEN "two" ELSE "more" END
one

1 row in set (0.00 sec)

图 11.74 CASE WHEN()函数运行结果

CASE WHEN 语句使用如下。

```
mysql> SELECT s_no, c_no
CASE WHEN score>=60 THEN '及格'
ELSE '不及格'
END as '是否及格'
FROM Score;
```

3. IFNULL()函数

IFNULL()函数的语法格式如下。

```
IFNULL(expr1, expr2)
```

该函数的作用是：判断参数 expr1 是否为 NULL，如果 expr1 不为 NULL，就显示 expr1 的值；否则显示 expr2 的值。IFNULL( )函数的返回值是数字或字符串。

【任务 11.24】从 students 表中查询学号（s_no）和电话（phone）。如果 phone 不为 NULL，则显示电话；否则显示“电话未知”。

```
mysql>SELECT s_no, IFNULL(phone, '电话未知') FROM students;
```

运行结果如图 11.75 所示。

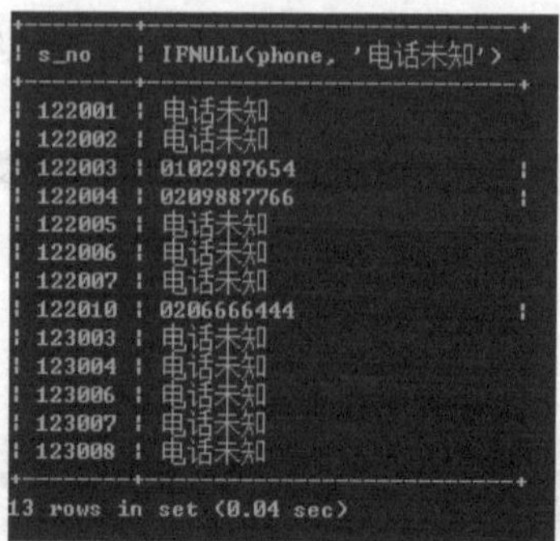

s_no	IFNULL(phone, '电话未知')
122001	电话未知
122002	电话未知
122003	0102987654
122004	0209887766
122005	电话未知
122006	电话未知
122007	电话未知
122010	0206666444
123003	电话未知
123004	电话未知
123006	电话未知
123007	电话未知
123008	电话未知

13 rows in set (0.04 sec)

图 11.75 【任务 11.24】运行结果

11.2.5 字符串函数

1. CONCAT(str1,str2,...)函数

该函数返回来自参数连接的字符串。如果任意参数是 NULL，返回 NULL。此函数可以有 2 个以上参数，数字参数会被变换为等价的字符串形式。

```
mysql> select CONCAT('I', 'LOVE', 'MyQL');
```

运行结果如图 11.76 所示。

```
mysql> select CONCAT('My', NULL, 'QL');
```

运行结果如图 11.77 所示。

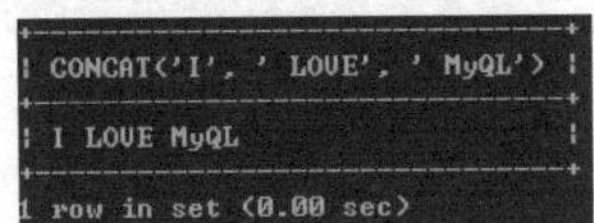

图 11.76 CONCAT()函数运行结果

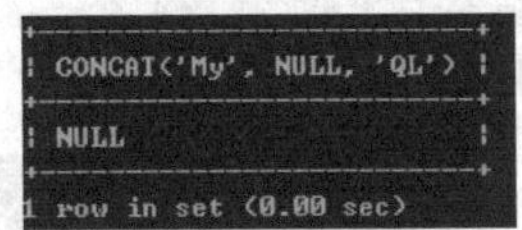

图 11.77 CONCAT()函数返回 NULL 运行结果

2. LEFT(str,len)函数

该函数返回字符串 str 最左边的 len 个字符。

```
mysql> select LEFT('MySQLChina', 5);
```

运行结果如图 11.78 所示。

【任务 11.25】返回 students 表中各位学生的家庭地址字段的前 3 个字符。

```
SELECT s_no, LEFT(ADDRESS, 3) FROM   students;
```

运行结果如图 11.79 所示。

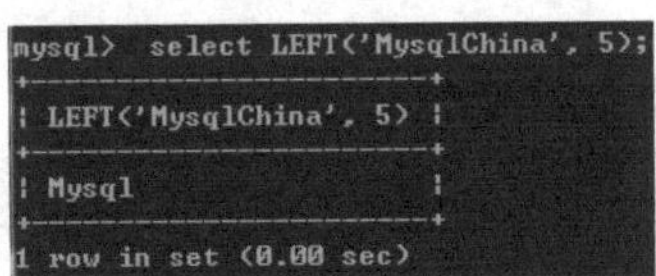

图 11.78 LEFT()函数运行结果

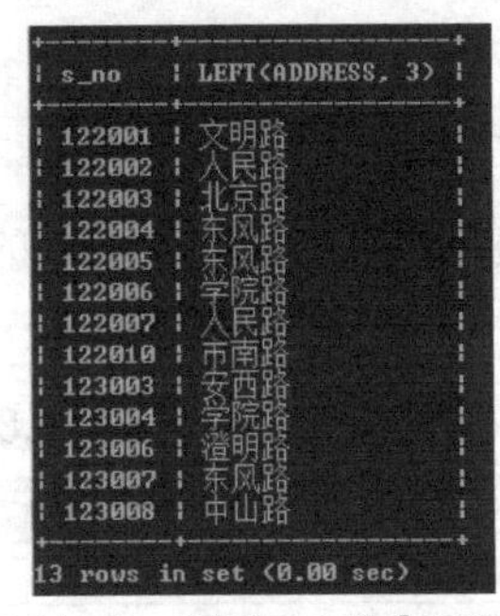

图 11.79 【任务 11.25】运行结果

3. RIGHT(str,len)函数

该函数返回字符串 str 最右边的 len 个字符。

```
mysql> select RIGHT('MySQLChina', 5);
```

运行结果如图 11.80 所示。

4. SUBSTRING(str,pos,len)和 MID(str,pos,len)函数

从字符串 str 返回长度为 len 个字符的子串，从位置 pos 开始。

```
mysql> select SUBSTRING('ABCDEFGHIJK', 2, 6);
```

运行结果如图 11.81 所示。

【任务 11.26】分别返回 students 表中所有学生的姓氏和名字。

```
mysql> SELECT MID( s_name,1,1) AS 姓, SUBSTRING(s_name,2,LENGTH(s_name)-1) AS 名 FROM students;
```

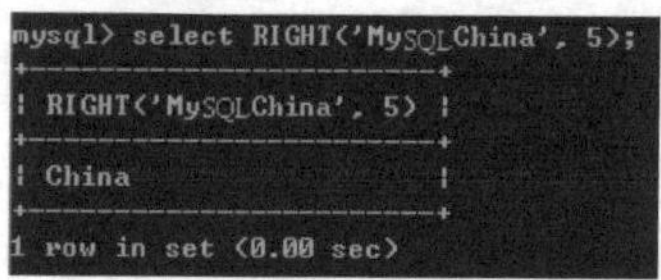

图 11.80　RIGHT()函数运行结果

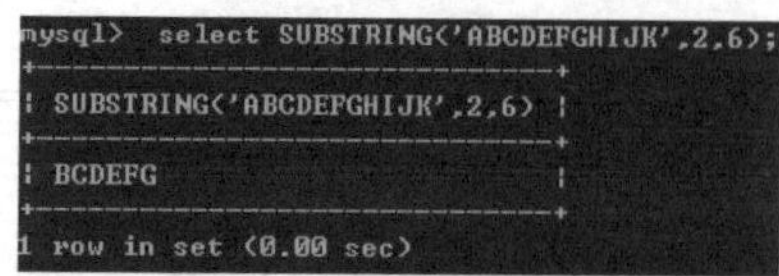

图 11.81　SUBSTRING()函数运行结果

运行结果如图 11.82 所示。

5. REPEAT(str,count)函数

此函数返回由字符串 str 重复 count 次组成的一个字符串。如果 count≤0，返回一个空字符串。如果 str 或 count 是 NULL，返回 NULL。

```
mysql> select REPEAT('MySQL',3);
```

运行结果如图 11.83 所示。

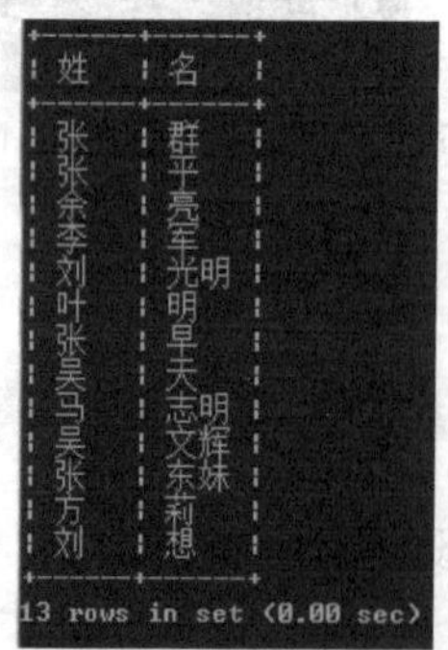

图 11.82　【任务 11.26】运行结果

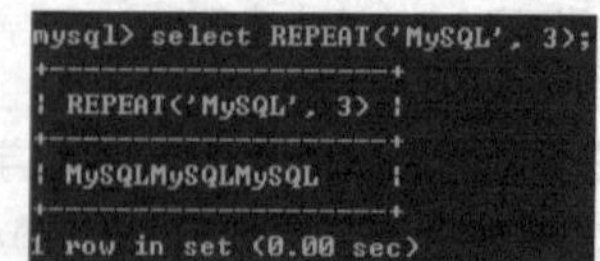

图 11.83　REPEAT()函数运行结果

11.2.6　系统信息函数

系统信息函数用来查询 MySQL 的系统信息，例如，查询数据库的版本，查询数据库的当前用户等，见表 11.8。

表 11.8　MySQL 支持的系统信息函数

函数	功能
DATABASE()	返回当前数据库名
BENCHMARK(n，expr)	将表达式 expr 重复运行 n 次
CHARSET(str)	返回字符串 str 的字符集
CONNECTION_ID()	返回当前客户连接服务器的次数
FOUND_ROWS()	将最后一个 mysql>SELECT 查询（没有以 LIMIT 语句进行限制）返回的记录行数返回
GET_LOCK(str，dur)	获得一个由字符串 str 命名的并且有 dur 秒延时的锁定
IS_FREE_LOCK(str)	检查以 str 命名的锁定是否释放
LAST_INSERT_ID()	返回由系统自动产生的最后一个 AUTOINCREMENT ID 的值
MASTER_POS_WAIT(log，pos，dur)	锁定主服务器 dur 秒直到从服务器与主服务器的日志 log 指定的位置 pos 同步
RELEASE_LOCK(str)	释放由字符串 str 命名的锁定
USER()或 SYSTEM_USER()	返回当前登录用户名
VERSION()	返回 MySQL 服务器的版本

【任务 11.27】返回 MySQL 服务器的版本、当前数据库名和当前用户名信息。

```
mysql> SELECT   VERSION(), DATABASE(), USER();
```

运行结果如图 11.84 所示。

【**任务 11.28**】查看当前用户连接 MySQL 服务器的次数。

```
mysql>SELECT   CONNECTION_ID();
```

运行结果如图 11.85 所示。

```
mysql>  SELECT VERSION(), DATABASE(), USER();
+-----------+------------+----------------+
| VERSION() | DATABASE() | USER()         |
+-----------+------------+----------------+
| 8.0.18    | jxgl       | root@localhost |
+-----------+------------+----------------+
1 row in set (0.01 sec)
```

图 11.84 【任务 11.27】运行结果

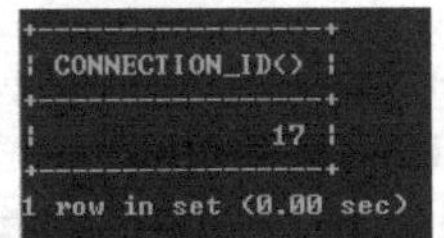

```
+-----------------+
| CONNECTION_ID() |
+-----------------+
|              17 |
+-----------------+
1 row in set (0.00 sec)
```

图 11.85 【任务 11.28】运行结果

11.2.7 加密函数

MySQL 只支持正向加密而不支持反向解密的函数有 MD5()、SHA1()/SHA()、SHA2()等函数。其中，SHA()函数等同于 SHA1()函数，SHA 加密算法比 MD5 更加安全。SHA2()函数的格式为 SHA2(str, hash_length)，hash_length 支持的值有 224、256、384、512 或 0，0 等同于 256。加密函数运行结果如图 11.86 所示。

```
mysql>Select MD5('123456') MD5, SHA1('123456') SHA1, SHA2('123456', 0) SHA2;
```

```
mysql> Select MD5('123456') MD5,SHA1('123456') SHA1,SHA2('123456',0) SHA2;
+----------------------------------+------------------------------------------+------------------------------------------------------------------+
| MD5                              | SHA1                                     | SHA2                                                             |
+----------------------------------+------------------------------------------+------------------------------------------------------------------+
| e10adc3949ba59abbe56e057f20f883e | 7c4a8d09ca3762af61e59520943dc26494f8941b | 8d969eef6ecad3c29a3a629280e686cf0c3f5d5a86aff3ca12020c923adc6c92 |
+----------------------------------+------------------------------------------+------------------------------------------------------------------+
1 row in set (0.00 sec)
```

图 11.86 加密函数运行结果

11.2.8 格式化函数

格式化函数 FORMAT()的语法格式如下。

```
FORMAT(x,y)
```

FORMAT()函数把数值格式化为以逗号分隔的数字序列。FORMAT()函数的第一个参数 x 是被格式化的数据，第二个参数 y 是该数据的小数位数。

```
mysql>SELECT FORMAT(2/3, 2),   FORMAT(123456.78, 0);
```

运行结果如图 11.87 所示。

【**任务 11.29**】计算选修 A002 课程的平均成绩，保留 1 位小数。运行结果如图 11.88 所示。

```
mysql>SELECT FORMAT(AVG(score), 1) from score   WHERE c_no='A002';
```

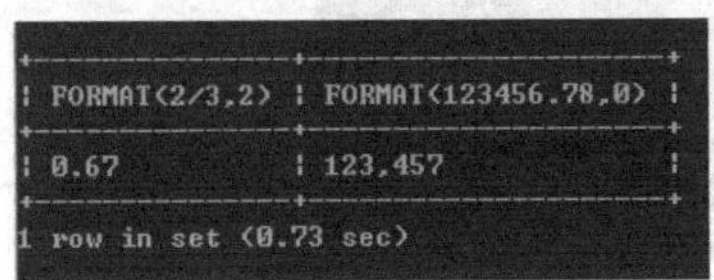

```
+----------------+----------------------+
| FORMAT(2/3,2)  | FORMAT(123456.78,0)  |
+----------------+----------------------+
| 0.67           | 123,457              |
+----------------+----------------------+
1 row in set (0.73 sec)
```

图 11.87 FORMAT()函数运行结果

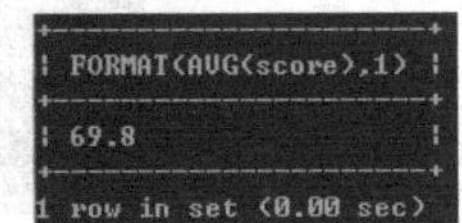

```
+-----------------------+
| FORMAT(AVG(score),1)  |
+-----------------------+
| 69.8                  |
+-----------------------+
1 row in set (0.00 sec)
```

图 11.88 【任务 11.29】运行结果

11.3 使用 JSON 函数

1. json_extract()函数的使用

从 JSON 数据中得到 tel 值，代码如下，运行结果如图 11.89 所示。

```
select json_extract('{"name":"Zhaim", "tel":"13240133388"}', "$.tel");
```

```
+----------------------------------------------------------------+
| json_extract('{"name":"Zhaim","tel":"13240133388"}',"$.tel")  |
+----------------------------------------------------------------+
| "13240133388"                                                  |
+----------------------------------------------------------------+
1 row in set (0.00 sec)
```

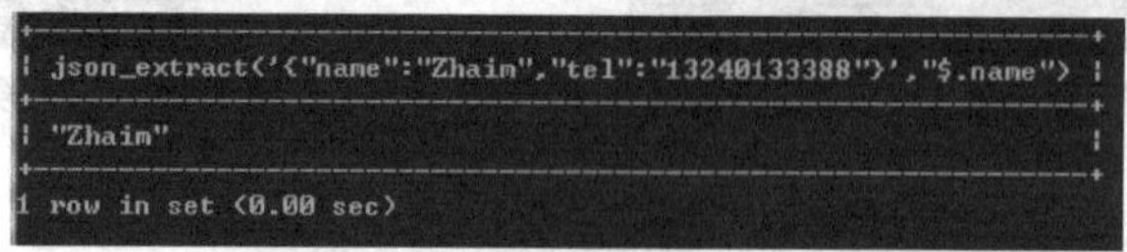

图 11.89　从 JSON 数据中得到 tel 值运行结果

从 JSON 数据中得 name 值，代码如下，运行结果如图 11.90 所示。

```
select json_extract('{"name":"Zhaim", "tel":"13240133388"}', "$.name");
```

```
+-----------------------------------------------------------------+
| json_extract('{"name":"Zhaim","tel":"13240133388"}',"$.name")  |
+-----------------------------------------------------------------+
| "Zhaim"                                                         |
+-----------------------------------------------------------------+
1 row in set (0.00 sec)
```

图 11.90　从 JSON 数据中得 name 值运行结果

JSON_EXTRACT()函数是 JSON 提取函数，$.name 就是一个 JSON path，表示定位文档的 name 字段，JSON path 以“$”开头。

2. 对 tab_json 表使用 json_extract()函数

在 7.4 节中创建了 JSON 数据类型的表 tab_json，作为 JSON 数据类型的 data 字段有三个 key：Tel、name、address，并插入了 JSON 数据类型的数据。现要从 data 字段中提取 name 的值，代码如下，结果如图 11.91 所示。

```
select json_extract(data,'$.name') from tab_json;
```

如果要提取 name 和 address 的值，代码如下，结果如图 11.92 所示。

```
select json_extract(data,'$.name'), json_extract(data, '$.address') from tab_json;
```

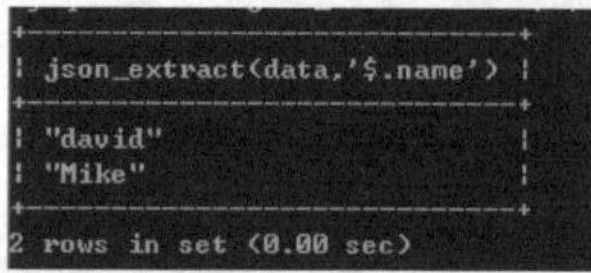

```
+-----------------------------+
| json_extract(data,'$.name') |
+-----------------------------+
| "david"                     |
| "Mike"                      |
+-----------------------------+
2 rows in set (0.00 sec)
```

图 11.91　运行结果 1

```
+-----------------------------+--------------------------------+
| json_extract(data,'$.name') | json_extract(data,'$.address') |
+-----------------------------+--------------------------------+
| "david"                     | "Beijing"                      |
| "Mike"                      | "Guangzhou"                    |
+-----------------------------+--------------------------------+
2 rows in set (0.00 sec)
```

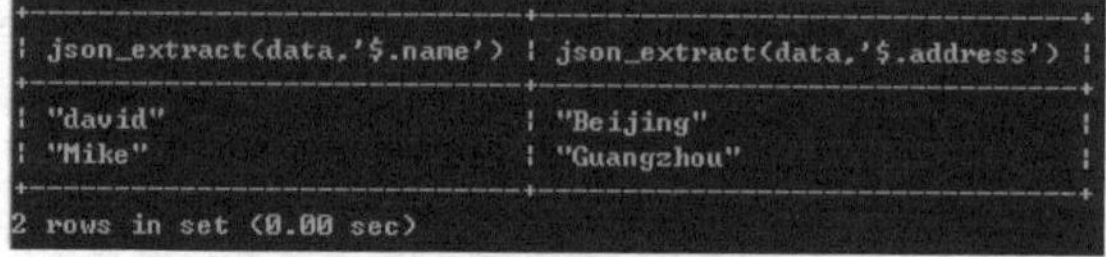

图 11.92　运行结果 2

表中没有的 key 也是可以查询的，不过返回的是 NULL。如查询 tel，由于表中表示电话的 key 是 Tel 而不是 tel，因此返回 NULL。

```
Select json_extract(data, '$.name'), json_extract(data, '$.tel') from tab_json;
```

运行结果如图 11.93 所示。

```
+-----------------------------+----------------------------+
| json_extract(data,'$.name') | json_extract(data,'$.tel') |
+-----------------------------+----------------------------+
| "david"                     | NULL                       |
| "Mike"                      | NULL                       |
+-----------------------------+----------------------------+
2 rows in set (0.00 sec)
```

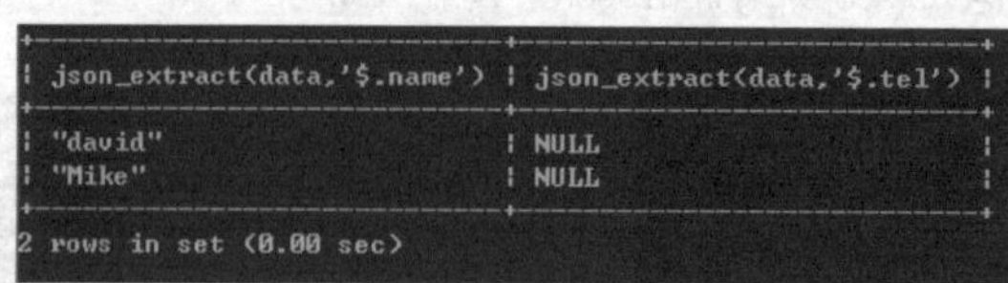

图 11.93　运行结果 3

11.4　使用窗口函数

从 MySQL 8.0 开始，MySQL 支持在查询中使用窗口函数。窗口函数的语法格式如下。

```
window_function_name(expression)
    OVER (
        [partition_defintion]
```

```
        [order_definition]
        [frame_definition]
    )
```

其中，window_function_name 是窗口函数的函数名。然后是 OVER(...)，就算 OVER 里面没有内容，括号也需要保留。

窗口函数的一个概念是当前行，当前行属于某个窗口，窗口由“[partition_definition]”“[order_definition]”“[frame_definition]”确定。

partition_definition 是分区，语法是“PARTITION BY < expression>[{,< expression>...}]”，它会根据单个或者多个表达式的计算结果来分区（列名也是一种表达式，它的结果就是列名本身）。

order_definition 定义了分区内的行的排列顺序，语法是“ORDER BY < expression> [ASC|DESC], [{,< expression>...}]”。

frame_definition 的作用是在分区里面再进一步细分窗口，语法是“frame_unit {< frame_start>|< frame_between>}”。

窗口函数的例子如下。

创建一张 sales 表，代码如下所示。

```
mysql>CREATE TABLE sales(
    sales_employee VARCHAR(50) NOT NULL,
    fiscal_year INT NOT NULL,
    sale DECIMAL(14, 2) NOT NULL,
    PRIMARY KEY(sales_employee, fiscal_year)
);
```

向表插入数据，代码如下所示。

```
mysql>INSERT INTO sales(sales_employee, fiscal_year, sale)
VALUES('Bob', 2016, 100),
        ('Bob', 2017, 150),
        ('Bob', 2018, 200),
        ('Alice', 2016, 150),
        ('Alice', 2017, 100),
        ('Alice', 2018, 200),
         ('John', 2016, 200),
        ('John', 2017, 150),
        ('John', 2018, 250);
```

查询数据，代码如下所示。

```
mysql>SELECT  fiscal_year,  sales_employee, sale,
    SUM(sale) OVER (PARTITION BY fiscal_year) total_sales
FROM sales;
```

运行结果如图 11.94 所示。

```
+-------------+----------------+--------+-------------+
| fiscal_year | sales_employee | sale   | total_sales |
+-------------+----------------+--------+-------------+
|        2016 | Alice          | 150.00 |      450.00 |
|        2016 | Bob            | 100.00 |      450.00 |
|        2016 | John           | 200.00 |      450.00 |
|        2017 | Alice          | 100.00 |      400.00 |
|        2017 | Bob            | 150.00 |      400.00 |
|        2017 | John           | 150.00 |      400.00 |
|        2018 | Alice          | 200.00 |      650.00 |
|        2018 | Bob            | 200.00 |      650.00 |
|        2018 | John           | 250.00 |      650.00 |
+-------------+----------------+--------+-------------+
9 rows in set (0.00 sec)
```

图 11.94　窗口函数运行结果

这里，SUM()函数充当窗口函数，得到根据 fiscal_year 计算出的 sale 的总和 total_sales 列，但是它又不像作为聚合函数使用时一样，这里的结果保留了每一行的信息。其他聚合函数（SUM()、AVG()、MAX()、MIN()、COUNT()等函数）也可以作为窗口函数。

【任务 11.30】在 JXGL 系统中，查询学号为 122001 的学生的总分数、最高分数和平均分数。

```
mysql>SELECT s_no,  c_no,  report,
SUM(report) OVER w AS score_sum,
MAX(report) OVER w AS score_max,
AVG(report) OVER w AS score_avg
FROM score
WHERE s_no=122001
WINDOW w AS (PARTITION BY s_no ORDER BY c_no);
```

运行结果如图 11.95 所示。

s_no	c_no	report	score_sum	score_max	score_avg
122001	A001	87.0	87.0	87.0	87.00000
122001	A002	56.0	143.0	87.0	71.50000
122001	A003	76.0	219.0	87.0	73.00000
122001	B001	60.0	279.0	87.0	69.75000

4 rows in set (0.00 sec)

图 11.95 【任务 11.30】运行结果

MySQL 支持的窗口函数可以分为如下几类。

序号函数：ROW_NUMBER()、RANK()、DENSE_RANK()。

分布函数：PERCENT_RANK()、CUME_DIST()。

前后函数：LAG(expr,n)、LEAD(expr,n)。

头尾函数：FIRST_VALUE(expr)、LAST_VALUE(expr)。

其他函数：NTH_VALUE(expr, n)、NTILE(n)。

【项目实践】

在 YSGL 数据库中进行如下操作。

（1）查询年龄大于 18 并且不是信息学院与外语学院的员工姓名和性别。

（2）统计每位员工的实际收入。

（3）查询年龄在 40 岁以上的员工信息。

（4）查询在 1978 年出生的员工信息。

（5）查询基本工资在 3000 以上的副教授的姓名、部门。

（6）查询统计信息学院最高基本工资、最低基本工资和基本工资总和。

（7）统计员工的平均扣税额，并保留 1 位小数。

（8）查找学校绩效津贴在 3000～4000 的员工信息。

【习题】

编程与应用题

1. 在 MySQL 中执行下列表达式：30>28、17>=16、30<28、17<=16、17=17、16<>17、7<=>NULL、NULL<=>NULL。

2. 在 MySQL 中编写程序判断字符串“mybook”是否为空，是否以字母 m 开头，是否以字母 k 结尾。

3. 在 MySQL 中编写程序将 12 左移 2 位，将 9 右移 3 位。

思维导图

MySQL 运算符和函数

任务 12 创建和使用视图

12

【任务背景】

出于安全的原因，有时要隐藏一些重要的数据信息。例如，社会保险基金表包含着客户的很多重要信息，要求只显示姓名、地址等基本信息，而不显示社会保险号和工资等重要信息。这时，可以创建一个视图，在原有的表（或者视图）的基础上重新定义一张虚拟表，选取基本的或对用户有用的信息，屏蔽掉那些对用户没有用或者用户没有权限了解的信息，以保证数据的安全。

再如，我们在使用查询时，很多时候要使用聚合函数，可能还要关联好几张表，查询语句会显得比较复杂，而且经常要使用这样的查询。遇到这种情况，数据库设计人员可以预先通过视图创建好查询。一方面，这种方式屏蔽了复杂的数据关系；另一方面，用户只需要从建好的视图进行查询，就可以轻松得到想要的信息，使操作简单化。

【任务要求】

本任务将从认识视图着手，学习视图的创建、查看、使用、修改和删除方法，并学会通过视图对数据进行查询和计算、通过视图对基本表进行数据更新的操作。

【任务分解】

12.1 认识视图

从用户角度来看，视图可从一个特定的角度来查看数据库中的数据。从数据库系统内部来看，视图是由 SELECT 语句查询定义的虚拟表。从数据库系统外部来看，视图就如同一张表，可对表进行的一般操作，也可以应用于视图，例如查询、插入、修改和删除操作等。

视图是一张虚拟表，定义视图所引用的表称为基本表。视图的作用类似于筛选，定义视图的筛选可以来自当前或其他数据库的一张或多张表，或者其他视图。

视图一经定义便存储在数据库中，与其相对应的数据并没有像表那样又在数据库中再存储一份，通过视图看到的数据只是存放在基本表中的数据。

当对通过视图看到的数据进行修改时，相应的基本表的数据也会发生变化。同时，若基本表的数据发生变化，则这种变化也可以自动地反映到视图中。

12.2 视图的特性

（1）简单性。视图不仅可以简化用户对数据的理解，也可以简化他们的操作。那些经常被使用的查询可以被定义为视图，从而使得用户不必在以后的每次操作中指定全部的条件。

（2）安全性。用户通过视图只能查询和修改他们所能见到的数据，但不能操作数据库特定行和特定列。通过视图，用户可以被限制在数据的不同子集上，使用权限可被限制在另一视图的一个子集上，或是一些视图和基本表合并后的子集上。

（3）逻辑数据独立性。视图可帮助用户屏蔽真实表结构变化带来的影响。

12.3 创建视图

创建视图的语法格式如下。

```
CREATE [OR REPLACE]
VIEW view_name [(column_list)]
AS select_statement
```

说明

（1）CREATE VIEW 语句能创建新的视图，如果给定了 OR REPLACE 子句，该语句还能替换已有的视图。

（2）view_name 为视图名。视图属于数据库，在默认情况下，将在当前数据库中创建视图。如果要在其他给定数据库中创建视图，应将名称指定为 db_name.view_name。

（3）select_statement 用来创建视图的 SELECT 语句，它给出了视图的定义。该语句可从基本表（一张或两张以上的表）或其他视图进行选择。

（4）默认情况下，由 SELECT 语句检索的列名将用作视图列名。如果想为视图列定义另外的名称，可使用可选的 column_list 子句列出由逗号隔开的列名称即可。但要注意，column_list 中的名称数目必须等于 SELECT 语句检索的列数。

（5）视图是虚表，只存储对表的定义，不存储数据。

注意 视图定义服从下述限制。

（1）要求具有针对视图的 CREATE VIEW 权限，以及针对由 SELECT 语句选择的每一列上的某些权限。对于在 SELECT 语句中其他地方使用的列，必须具有 SELECT 权限。如果还有 OR REPLACE 子句，必须在视图上具有 DROP 权限。

（2）在视图定义中命名的表必须已存在，视图必须具有唯一的列名，不得有重复，就像基本表那样。

（3）视图不能与表同名。

（4）在视图的 FROM 子句中不能使用子查询。

（5）在视图的 SELECT 语句中不能引用系统或用户变量。

（6）在视图的 SELECT 语句中不能引用预处理语句参数。

（7）在视图定义中允许使用 ORDER BY，但是如果从特定视图进行了选择，而该视图使用了具有自己 ORDER BY 的语句，它将被忽略。

（8）在定义中引用的表或视图必须存在。创建视图后，能够舍弃定义引用的表或视图。要想检查视图定义是否存在这类问题，可使用 CHECK TABLE 语句。

（9）在定义中不能引用 TEMPORARY 表，不能创建 TEMPORARY 视图。

（10）不能将触发器与视图关联在一起。

12.3.1 来自一张基本表

【任务 12.1】在 JXGL 数据库中创建视图 VIEW_COURSE。

```
mysql>CREATE OR REPLACE VIEW VIEW_COURSE
    AS SELECT   C_NO, C_NAME FROM COURSE;
```

【**任务 12.2**】在 TEST 数据库中创建基于 JXGL 数据库中的 students 表的视图 VIEW_STU。

```
mysql>USE TEST;
mysql>CREATE OR REPLACE VIEW VIEW_STU
      AS SELECT  * FROM JXGL.students;
```

12.3.2 来自多张基本表

【**任务 12.3**】创建视图 VIEW_CJ，包括学号、课程名和成绩字段。

```
mysql>USE JXGL;
mysql>CREATE VIEW VIEW_CJ(学号, 课程名, 成绩)
     AS SELECT students.S_NO, C_NAME, report
     FROM students, course, score
     WHERE students.S_NO=score.S_NO
     AND score.C_NO=course.C_NO;
```

12.3.3 来自视图

可以基于视图创建新的视图。

【**任务 12.4**】创建视图 VIEW_CJ_TJ，统计每位学生的总成绩、平均成绩。

```
mysql> CREATE VIEW VIEW_CJ_TJ
AS SELECT 学号, 课程名, SUM(成绩), AVG(成绩)
FROM VIEW_CJ
GROUP BY 学号;
```

可以通过 SELECT 语句查看视图 VIEW_CJ_TJ，运行结果如图 12.1 所示。

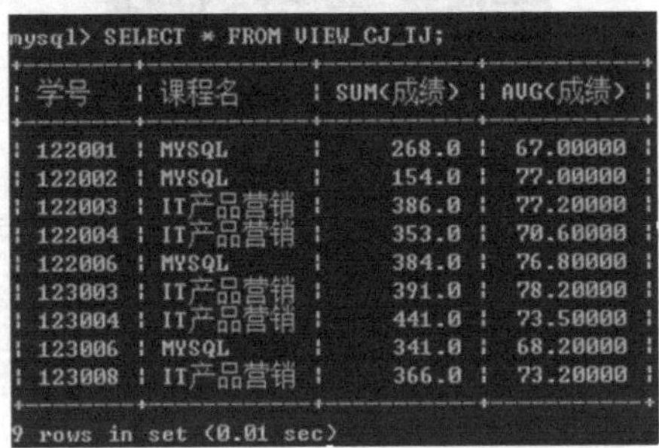
mysql> SELECT * FROM VIEW_CJ_TJ;

学号	课程名	SUM(成绩)	AVG(成绩)
122001	MYSQL	268.0	67.00000
122002	MYSQL	154.0	77.00000
122003	IT产品营销	386.0	77.20000
122004	IT产品营销	353.0	70.60000
122006	MYSQL	384.0	76.80000
123003	IT产品营销	391.0	78.20000
123004	IT产品营销	441.0	73.50000
123006	MYSQL	341.0	68.20000
123008	IT产品营销	366.0	73.20000

9 rows in set (0.01 sec)

图 12.1 【任务 12.4】运行结果

分析与讨论

（1）定义视图时基本表可以是当前数据库的表，也可以是来自另外一个数据库的基本表。例如，【任务 12.2】的视图 VIEW_STU 是在 TEST 数据库创建的，但其基本表来自 JXGL 数据库，此时，基本表前面要加上数据库名，如 JXGL.students。

（2）定义视图时可在视图后面指明视图的列名称，名称之间用逗号分隔，但列数要与 SELECT 语句检索的列数相等。例如，VIEW_CJ 有明确的字段名称（学号、课程名、成绩）；如果不指明，SELECT 语句检索的列名将用作视图列名，例如，VIEW_course 的列名默认为 SELECT 语句检索的列名。

（3）【任务 12.3】的视图 VIEW_CJ 来自 students、course 和 score 3 张表，如同多表查询，可用 WHERE 进行连接。

（4）【任务 12.4】的视图 VIEW_CJ_TJ 来自已建好的视图 VIEW_CJ，向最终用户隐藏复杂的表连接，简化了用户的 SQL 程序设计。

（5）当使用视图查询时，若其关联的基本表中添加了新字段，则该视图将不包含新字段。例如，视图 VIEW_STU 中的列关联了 students 表中的所有列，若 students 表新增了“native place”字段，那

么在 VIEW_STU 视图中将查询不到“native place”字段的数据。

（6）如果与视图相关联的表或视图被删除，则该视图将不能再使用。

12.4 查看视图

查看视图是指查看数据库中已存在的视图的定义。查看视图必须要有 SHOW VIEW 的权限，MySQL 数据库下的 user 表中保存着这个信息。查看视图的方法包括使用 DESCRIBE 语句、SHOW TABLE STATUS 语句和 SHOW CREATE VIEW 语句等。

12.4.1 查看已创建的视图

视图是一张虚拟表，所以视图的查询如同基本表的查询。用 SHOW TABLES 命令进行查看，可看到已创建的视图，如图 12.2 所示。

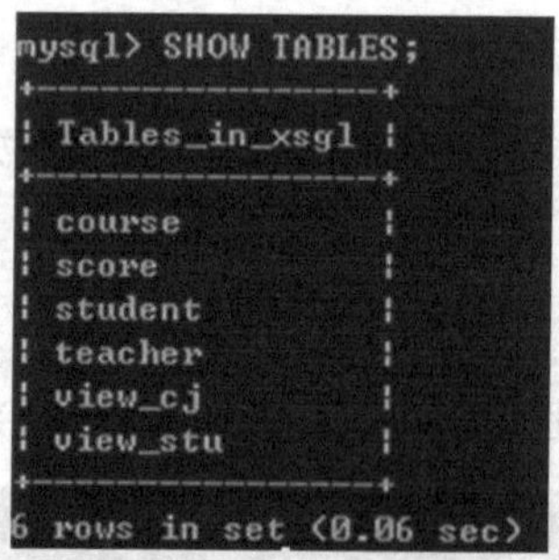

mysql> SHOW TABLES;

Tables_in_xsgl
course
score
student
teacher
view_cj
view_stu

6 rows in set (0.06 sec)

图 12.2 查看已创建的视图

12.4.2 查看视图的结构

【任务 12.5】使用 DESC 命令查看创建的视图的结构。

```
mysql>DESC VIEW_STU;
```

运行结果如图 12.3 所示。

```
mysql>desc view_cj;
```

运行结果如图 12.4 所示。

mysql> DESC VIEW_STU;

Field	Type	Null	Key	Default	Extra
s_no	char(6)	NO		NULL	
s_name	char(6)	YES		NULL	
sex	char(2)	YES		NULL	
birthday	datetime	YES		NULL	
department	char(6)	YES		NULL	
address	varchar(20)	YES		NULL	
phone	varchar(10)	YES		NULL	
photo	blob	YES		NULL	
aaa	int(11)	NO		NULL	

9 rows in set (0.01 sec)

图 12.3 【任务 12.5】运行结果 1

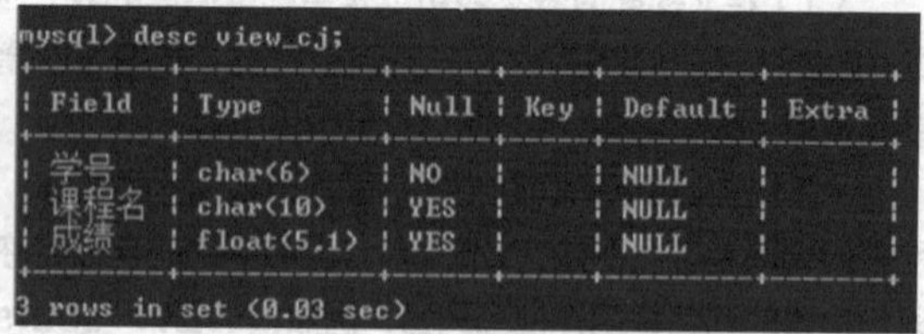

mysql> desc view_cj;

Field	Type	Null	Key	Default	Extra
学号	char(6)	NO		NULL	
课程名	char(10)	YES		NULL	
成绩	float(5,1)	YES		NULL	

3 rows in set (0.03 sec)

图 12.4 【任务 12.5】运行结果 2

12.4.3 查看视图的定义

在 MySQL 中，SHOW CREATE VIEW 语句可以查看视图的详细定义。语法格式如下。

```
SHOW  CREATE  VIEW  视图名;
```

【任务 12.6】查看视图 VIEW_CJ 的定义。

```
mysql>SHOW  CREATE  VIEW  VIEW_CJ;
```

图 12.5 是在 WAMP 下的运行结果，从第二列的“Create View”可以看到定义的 SQL 语句。

View	Create View	character_set_client	collation_connection
view_cj	CREATE ALGORITHM=UNDEFINED DEFINER=`root`@`localho...	utf8	utf8_general_ci

图 12.5　WAMP 下运行结果

12.5　使用视图

12.5.1　使用视图进行查询

【任务 12.7】通过视图 VIEW_CJ 查询选修了“MYSQL”课程且成绩及格的学生信息。

```
mysql> SELECT 学号, 课程名, 成绩
FROM VIEW_CJ
WHERE 课程名='MYSQL'
AND 成绩>=60
```

运行结果如图 12.6 所示。

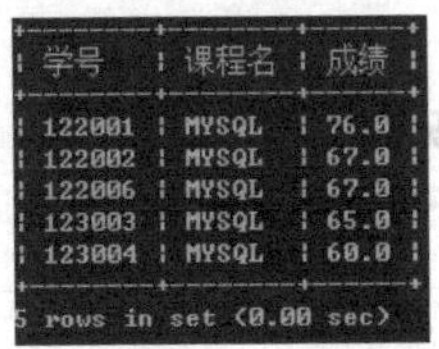
+--------+--------+------+
| 学号 | 课程名 | 成绩 |
+--------+--------+------+
122001	MYSQL	76.0
122002	MYSQL	67.0
122006	MYSQL	67.0
123003	MYSQL	65.0
123004	MYSQL	60.0
+--------+--------+------+
5 rows in set (0.00 sec)

图 12.6　【任务 12.7】运行结果

12.5.2　使用视图进行计算

【任务 12.8】创建视图 VIEW_AVG，统计各门课程的平均成绩，并按课程名降序排列。

```
mysql>CREATE OR REPLACE VIEW VIEW_AVG
AS SELECT 课程名,  AVG(成绩) AS 平均成绩
FROM VIEW_CJ GROUP BY 课程名 DESC;
```

12.5.3　使用视图操作基本表数据

使用视图操作基本表数据是指在视图中进行插入（INSERT）、更新（UPDATE）和删除（DELETE）等操作而更新基本表数据。因为视图是一张虚拟表，其中没有数据，所以更新视图时都是转换到基本表中更新的。更新视图时只能更新权限范围内的数据，超出了范围，就不能更新。

【任务 12.9】通过更新视图 VIEW_STU 向基本表插入数据、更新数据和删除数据。

```
mysql>INSERT  INTO  view_stu(s_no,s_name,sex,birthday,department, 专业名 ,address,phone,photo)  VALUES ('122010','吴天','男','1990-3-8','D001','市南路 1234 号','0206666444',NULL);
mysql>UPDATE view_stu SET birthday='1990-02-05' WHERE view_stu.s_no='122001';
mysql>DELETE FROM view_stu WHERE birthday<'1990-1-1';
```

使用下列语句，可以看到基本表 students 中的数据也相应地进行了更新。

```
mysql>SELECT * FROM students;
```

【任务 12.10】视图 VIEW_CJ 来自 students、course 和 score 等 3 张表，包括 s_no、c_name 和 score 等 3 个字段，通过 VIEW_CJ 修改基本表 score 中的学号为 122001 的 MYSQL 课程的成绩为 76。

```
mysql>UPDATE VIEW_CJ
SET 成绩=76
WHERE 学号='122001'AND 课程名='MYSQL';
```

通过查看 score 表，可以看到相应成绩已做了更改。

```
mysql>SELECT * FROM score;
```

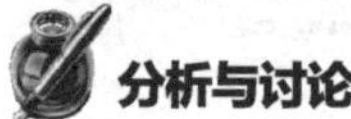

分析与讨论

（1）若一个视图依赖于一张基本表，则可以直接通过更新视图来更新基本表的数据。VIEW_STU 的定义基于表 students，因此，通过视图 VIEW_STU 可以向 STUDENTS 表插入、更新和删除数据。

（2）若一个视图依赖于多张基本表，则一次更新只能修改一张基本表的数据，不能同时修改多张基本表的数据。

（3）如果视图包含下述结构中的任何一种，那么它就是不可更新的。

① 聚合函数。

② 通过表达式并使用列计算出其他列。

③ DISTINCT 关键字。

④ GROUP BY 子句、ORDER BY 子句、HAVING 子句。

⑤ UNION 运算符。

⑥ 位于选择列表中的子查询。

⑦ FROM 子句中包含多个表。

⑧ SELECT 语句中引用了不可更新视图。

⑨ WHERE 子句中的子查询，引用 FROM 子句中的表。

12.6 修改视图

修改视图的语法格式如下。

```
ALTER
VIEW view_name [ (column_list) ]
AS select_statement
```

【任务 12.11】修改视图 VIEW_STU，用 AS 定义字段名，并增加“人数”字段，统计各系男、女生人数。

```
mysql>ALTER VIEW JXGL.VIEW_STU
AS SELECT D_no AS 系， SEX AS 性别， COUNT(*) AS 人数
FROM JXGL.students
GROUP BY D_no, SEX;
```

通过使用下面的 DESC 语句，可以查看到 VIEW_STU 视图结构已发生改变。

```
mysql>DESC VIEW_STU;
```

运行结果如图 12.7 所示。

```
| Field | Type       | Null | Key | Default | Extra |
| 系    | char(6)    | YES  |     | NULL    |       |
| 性别  | char(2)    | YES  |     | 男      |       |
| 人数  | bigint(21) | NO   |     | 0       |       |
3 rows in set (0.01 sec)
```

图 12.7 【任务 12.11】运行结果

12.7 删除视图

删除视图的语法格式如下。

```
DROP VIEW [ IF EXISTS ]
view_name [ ,view_name ] ...
```

其中，view_name 是视图名，若声明了 IF EXISTS 而视图不存在的话，也不会出现错误信息。

【任务 12.12】删除视图 VIEW_STU。

```
mysql>DROP VIEW VIEW_STU;
```

分析与讨论

（1）用 DROP VIEW 语句可以同时删除一个或多个视图，视图之间用逗号隔开。

（2）删除某个视图后，基于该视图的操作将不可执行。

【项目实践】

在 JXGL 数据库中进行如下操作。

（1）创建视图 VIEW_BK，通过视图筛选出补考学生名单。

（2）创建 3 个视图 VIEW_STU、VIEW_COURSE 和 VIEW_SCORE，分别基于 students、course、score 表，并通过视图查看、修改、插入数据，供相关部门使用。

（3）创建视图，计算每门课的平均成绩 VIEW_AVG。

（4）创建视图 VIEW_MYSQL，查询选修了“MYSQL”课程的学生的学号和院系名称。

（5）将视图 VIEW_MYSQL 修改为查询已选修了课的学生名单的视图。

（6）删除以上创建的视图。

【习题】

一、单项选择题

1. 不可对视图执行的操作有________。

A. SELECT　　B. INSERT
C. DELETE　　D. CREATE INDEX

2. 下列说法正确的是________。

A. 视图是观察数据的一种方法，只能基于基本表建立
B. 视图是虚拟表，观察到的数据是实际基本表中的数据
C. 索引查找法一定比表扫描法查询速度快
D. 索引的创建只和数据的存储有关系

3. SQL 中，删除一个视图的命令是________。

A. DELETE　　B. DROP
C. CLEAR　　D. REMOVE

二、填空题

1. 在 MySQL 中，可以使用________语句创建视图。

2. 在 MySQL 中，可以使用________语句删除视图。

3. 视图是一张虚拟表，它是从________中导出的表。在数据库中，只存放视图的________，不存放视图的________。

三、编程与应用题

在 bookdb 数据库中创建视图 contentinfo_view，要求该视图包含 contentinfo 表中访客姓名为“探险者”的用户的留言时间、留言内容，以及留言的次数。

四、简答题

1. 请解释视图与表的区别。
2. 请简述视图的意义和优点。

高级篇

项目六　创建和使用程序

任务 13 建立和使用存储过程

13

【任务背景】

银行经常需要计算用户的利息，但不同类别的用户的利率是不一样的。这就可以将计算利率的 SQL 代码写成一个程序存放起来，用指定的用户类别作参数、这样的程序叫作存储过程或者存储函数。使用时只要调用这个存储过程或者存储函数，根据指定的用户类别，就可以将不同类别用户的利息计算出来。

再如，在编制学生管理系统时，当某个学生某门课程的成绩修改后，根据成绩 report 是否及格更新 credit 表，将符合条件的学生某门课的学分累加到该学生的总学分里。这是一组重复使用的 SQL 语句，可以将其写成存储过程或存储函数存储在 MySQL 服务器中，需要时再调用，就可以多次执行重复的操作。

【任务要求】

本任务将从认识存储过程着手，学习创建、执行、调用、修改和删除存储过程的方法。重点掌握创建基本的存储过程、创建带变量的存储过程和创建带有流程控制语句的存储过程。

微课视频

创建和使用程序

拓展阅读

创建和使用程序

【任务分解】

13.1 认识存储过程

MySQL 从 5.1 版本开始支持存储过程和存储函数。在 MySQL 中，可以定义一段完成特定功能的 SQL 语句集，经编译后存储在数据库中，用户通过指定存储过程的名字并给出参数（如果该存储过程带有参数）来执行它，这样的语句集被称为存储过程。存储过程是数据库对象之一，它提供了一种高效和安全的访问数据库的方法，经常被用来访问数据和管理要修改的数据。当希望在不同的应用程序或平台上执行相同的函数或者封装特定功能时，存储过程也是非常有用的。数据库中的存储过程可以看作是对编程中面向对象方法的模拟。它允许控制数据的访问方式。

使用存储过程的优点有如下几个方面。

（1）存储过程和存储函数都是在 MySQL 服务器中存储和执行的，可以减少客户端和服务器端的数据传输，可以利用服务器的计算能力，执行速度快。

（2）存储过程执行一次后，其执行规划就驻留在高速缓冲存储器中，在以后的操作中，只需从高速缓冲存储器中调用已编译好的二进制代码即可，提高了系统性能。

（3）存储过程在被创建后，可以在程序中多次被调用而不必重新编写，避免开发人员重复地编写相同的 SQL 语句。而且，开发人员可以随时对存储过程进行修改，对应用程序源代码无影响。

（4）存储过程可以用流程控制语句编写，有很强的灵活性，可以完成复杂的判断和较复杂的运算。

（5）存储过程有助于确保数据库的安全性和完整性。系统管理员通过对某一存储过程的权限进行限制，能够实现对相应的数据的访问权限的限制，避免非授权用户对数据的访问。没有权限的普通用户不能直接访问数据库，但可以通过存储过程在控制之下间接地存取数据库数据。系统管理员以此屏蔽数据库中表的细节，保证表中数据的安全性，还可以使相关的动作一起发生，从而维护数据库的完整性。

13.2 创建基本的存储过程

13.2.1 关于 DELIMITER 命令

在 MySQL 命令行的客户端中，服务器处理语句默认是以分号（;）为结束标志的，如果有一行命令以分号（;）结束，那么按 Enter 键后，MySQL 将会执行该命令。但是在存储过程中，可能要输入较多的语句，且语句中包含有分号。如果还以分号作为结束标志，那么执行完第一个带有分号的语句后，就会认为程序结束，不能再往下执行其他语句，必须将 MySQL 语句的结束标志修改为其他符号。这时，可以使用 DELIMITER 命令来改变默认结束标志。

DELIMITER 命令的语法格式如下。

```
DELIMITER $$
```

说明 $$是用户定义的结束符，通常这个符号可以是一些特殊的符号，如两个“#”或两个“¥”等。当使用 DELIMITER 命令时，应该避免使用反斜杠（\）字符，因为那是 MySQL 的转义字符。

输入如下命令就是告诉 MySQL 解释器，只有碰到“//”时才执行命令。

```
mysql>delimiter //
```

例如，要查看 students 表的信息。

```
mysql>Select * from student//
```

要想将命令结束符重新设定为分号，运行下面的命令即可。

```
DELIMITER ;
```

13.2.2 创建基本存储过程

创建存储过程可以使用 CREATE PROCEDURE 语句。要在 MySQL 8.0 中创建存储过程，必须具有 CREATE ROUTINE 权限。

CREATE PROCEDURE 的语法格式如下。

```
CREATE PROCEDURE sp_name ([proc_parameter[, ...]])
[characteristic ...] routine_body
```

说明

（1）sp_name 是存储过程的名称。在特定数据库中创建存储过程时，要在名称前面加上数据库的名称，格式为 db_name.sp_name。

（2）proc_parameter 是存储过程的参数，在使用参数时要标明参数名和参数的类型，当有多个参数的时候中间用逗号隔开。MySQL 存储过程支持 3 种类型的参数：输入参数、输出参数和输入/输出参数，关键字分别是 IN、OUT 和 INOUT。存储过程也可以不加参数，但是名称后面的括号是不可省略的。

（3）characteristic 是存储过程的某些特征设定。

（4）routine_body 是存储过程体，包含了在过程调用的时候必须执行的语句，这个部分总是以 BEGIN 开始、以 END 结束。当存储过程体中只有一个 SQL 语句时可以省略 BEGIN-END 标志。

【任务 13.1】创建存储过程，用指定的学号作为参数删除某一学生的记录。

```
mysql>DELIMITER $$
CREATE PROCEDURE   DELETE_student(IN XH CHAR（6）)
BEGIN
DELETE FROM student WHERE S_NO=XH;
END $$
DELIMITER ;
```

【任务 13.2】创建存储过程，用指定的课程号作为参数统计该课程的平均成绩。

```
mysql>DELIMITER $$
CREATE   PROCEDURE   AVG_SCORE(IN   KCH   CHAR(6))
BEGIN
SELECT   c_no,   AVG(report)   FROM   SCORE   WHERE   c_no= KCH ;
END $$
DELIMITER ;
```

【任务 13.3】创建带多个输入参数的存储过程，用指定的学号和课程号作为参数查询学生成绩。

```
mysql>DELIMITER $$
CREATE   PROCEDURE   select_score(IN XH CHAR(6), KCH   CHAR(6))
BEGIN
    SELECT *   FROM   score
       WHERE s_no=XH and   c_no=KCH ;
END $$
DELIMITER ;
```

【任务 13.4】创建带输出参数的存储过程，求学生人数。

```
mysql>DELIMITER $$
CREATE PROCEDURE simpleproc(OUT XS INT)
BEGIN
    SELECT COUNT(*) INTO XS FROM students;
END$$
DELIMITER ;
```

拓展：创建带输入/输出参数的存储过程，用指定性别作为参数求学生人数。

【任务 13.5】创建不带参数的存储过程，统计已开设的专业基础课总学分。

```
mysql>DELIMITER $$
CREATE PROCEDURE   SUM_CREDIT()
BEGIN
    SELECT   SUM(credit)   AS'专业基础课总学分'
         FROM   course
              WHERE   type='专业基础课';
END $$
DELIMITER ;
```

【任务 13.6】以指定的系别号作为参数，查找某学院的老师姓名、所在院系名称。

```
mysql>DELIMITER $$
CREATE PROCEDURE IS_teacher(IN XB CHAR(8))
BEGIN
   SELECT T_NAME, D_NAME   FROM departments, teachers
      WHERE teachers.D_NO=departments.D_NO
      AND departments.D_NO=XB;
END$$
DELIMITER ;
```

分析与讨论

（1）存储过程是已保存的SQL语句集合，CREATE PROCEDURE是创建存储过程的关键字。

（2）在创建存储过程和存储函数前，要注意字符集的统一，否则在调用存储过程中会出现字符集混杂的错误信息。例如，调用SUM_CREDIT( )存储过程时出现的错误信息如图13.1所示。

```
mysql> CALL SUM_CREDIT();
ERROR 1267 (HY000): Illegal mix of collations (gb2312_chinese_ci,IMPLICIT) and (
latin1_swedish_ci,COERCIBLE) for operation '='
```

图13.1 字符集混杂的错误信息

解决办法是先删除已创建的存储过程SUM_CREDIT( )，然后输入如下命令统一字符集，再重新创建存储过程。

```
set names 'GB2312';
```

它相当于下面的3句指令。

```
SET character_set_client = GB2312;
SET character_set_results = GB2312;
SET character_set_connection = GB2312;
```

（3）对于存储过程体中的SQL语句，一般的SELECT语句都适用。如果查询的数据来自多张表，可以使用全连接、JOIN连接或子查询等方式。例如，【任务13.6】的存储过程可以写成如下形式。

```
mysql>DELIMITER $$
CREATE PROCEDURE IS_teacher(IN XB CHAR(8))
BEGIN
    SELECT T_NAME, D_NAME   FROM teachers
        WHERE D_NO=(SELECT D_NO
            FROM departments
                WHERE departments.D_NO=XB);
END$$
DELIMITER ;
```

（4）当调用存储过程时，MySQL会根据提供的参数的值，执行存储过程体中的SQL语句。

（5）如果存储过程体只有一行，BEGIN-END标志可以省略。例如，【任务13.1】创建的存储过程DELETE_STUDENT可以写成如下形式。

```
mysql>CREATE PROCEDURE   DELETE_STUDENT(IN XH CHAR（6）);
mysql>DELETE FROM student WHERE S_NO=XH;
```

（6）对于输出变量，在调用时加上一个@符号。

13.2.3 查看存储过程

要想查看数据库中有哪些存储过程，可以使用SHOW PROCEDURE STATUS命令，如图13.2所示。

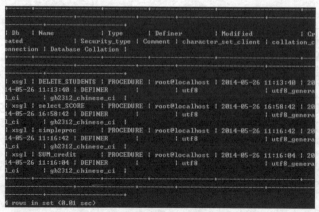

```
+------+-----------------+-----------+----------------+---------------------+--
-------------------+---------------+---------+----------------------+----------
--------+--------------------+
| Db   | Name            | Type      | Definer        | Modified            | Cr
eated               | Security_type | Comment | character_set_client | collation_c
onnection | Database Collation |
+------+-----------------+-----------+----------------+---------------------+--
-------------------+---------------+---------+----------------------+----------
--------+--------------------+
| xsgl | DELETE_STUDENTS | PROCEDURE | root@localhost | 2014-05-26 11:13:40 | 20
14-05-26 11:13:40 | DEFINER       |         | utf8                 | utf8_genera
l_ci     | gb2312_chinese_ci  |
| xsgl | select_SCORE    | PROCEDURE | root@localhost | 2014-05-26 16:58:42 | 20
14-05-26 16:58:42 | DEFINER       |         | utf8                 | utf8_genera
l_ci     | gb2312_chinese_ci  |
| xsgl | simpleproc      | PROCEDURE | root@localhost | 2014-05-26 11:16:42 | 20
14-05-26 11:16:42 | DEFINER       |         | utf8                 | utf8_genera
l_ci     | gb2312_chinese_ci  |
| xsgl | SUM_credit      | PROCEDURE | root@localhost | 2014-05-26 11:16:04 | 20
14-05-26 11:16:04 | DEFINER       |         | utf8                 | utf8_genera
l_ci     | gb2312_chinese_ci  |
+------+-----------------+-----------+----------------+---------------------+--
-------------------+---------------+---------+----------------------+----------
--------+--------------------+
4 rows in set (0.01 sec)
```

图13.2 查看存储过程

13.3 执行存储过程

在创建存储过程之后，可以在程序、触发器或者存储过程中调用已经创建好的存储过程，调用时都会使用到 CALL 语句。

语法格式如下。

```
CALL sp_name([parameter[, ...]])
```

说明 **sp_name 为存储过程的名称，如果要调用某个特定数据库的存储过程，则需要在前面加上该数据库的名称。parameter 为调用该存储过程时使用的参数，这条语句中的参数个数必须总是等于存储过程的参数个数。**

【任务 13.7】执行存储过程，删除学号为 122001 的学生记录。

```
mysql>Call DELETE_STUDENT('122001');
```

可以通过 SELECT * FROM students 查看一下学号为 122001 的学生记录是否已被删除。

调用【任务 13.2】存储过程。

```
mysql>Call AVG_SCORE('A002')
```

运行结果如图 13.3 所示。

调用【任务 13.3】存储过程。

```
mysql>Call SELECT_SCORE('122001', 'A001');
```

运行结果如图 13.4 所示。

调用【任务 13.5】存储过程。

```
mysql>Call SUM_CREDIT ()
```

运行结果如图 13.5 所示。

调用【任务 13.4】的存储过程。

```
mysql>Call simpleproc (@xs)
select @xs;
```

结果如图 13.6 所示。

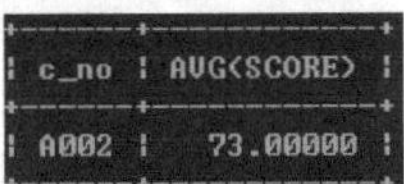

```
+------+-------------+
| c_no | AVG(SCORE)  |
+------+-------------+
| A002 |    73.00000 |
+------+-------------+
```

图 13.3 调用【任务 13.2】存储过程运行结果

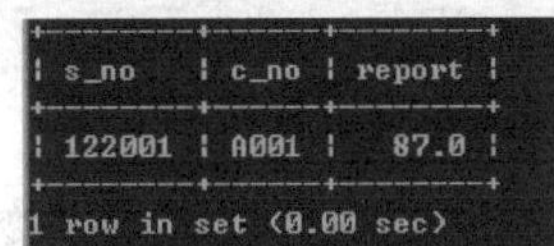

```
+--------+------+--------+
| s_no   | c_no | report |
+--------+------+--------+
| 122001 | A001 |   87.0 |
+--------+------+--------+
1 row in set (0.00 sec)
```

图 13.4 调用【任务 13.3】存储过程运行结果

```
+----------------+
| 专业基础课总学分 |
+----------------+
|              8 |
+----------------+
```

图 13.5 调用【任务 13.5】存储过程运行结果

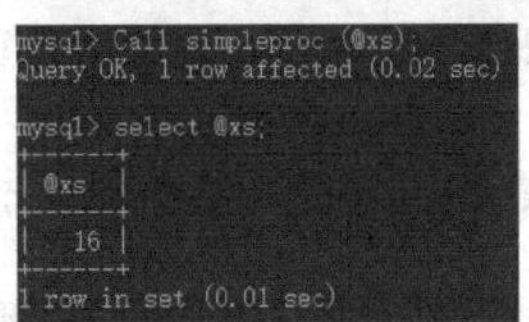

```
mysql> Call simpleproc (@xs);
Query OK, 1 row affected (0.02 sec)

mysql> select @xs;
+------+
| @xs  |
+------+
|   16 |
+------+
1 row in set (0.01 sec)
```

图 13.6 调用【任务 13.4】存储过程运行结果

13.4 创建带变量的存储过程

13.4.1 局部变量声明与赋值

1. 用 DECLARE 语句声明局部变量

存储过程可以定义和使用变量，用于存储临时结果。用户可以使用 DECLARE 关键字来定义变量，然后可以为变量赋值。这些变量的作用范围只适用于 BEGIN...END 语句段中，所以是局部变量。在声明局部变量的同时也可以为其赋一个初始值。

DECLARE 语法格式如下。

```
DECLARE var_name[, ...] type [DEFAULT value]
```

说明 **（1）var_name 为变量名；type 为变量类型。**

（2）DEFAULT 子句给变量指定一个默认值，如果不指定，默认为 NULL。

【任务 13.8】声明一个整型变量和两个字符变量。

```
DECLARE num INT(4);
DECLARE str1,str2 VARCHAR(6);
```

2. 用 SET 语句给变量赋值

要给局部变量赋值可以使用 SET 语句，SET 语句也是 SQL 本身的一部分。

语法格式如下。

```
SET   var_name = expr [,var_name = expr] ...
```

【任务 13.9】在存储过程中给局部变量赋值。

```
SET num=100,str1='lenovo',str2='联想';
```

3. 用 SELECT 语句给变量赋值

使用 SELECT...INTO 语句可以把选定的列值直接存储到变量中。但要注意 SELECT 返回的结果只能有一行。

语法格式如下。

```
SELECT col_name[, ...] INTO var_name[, ...]   table_expr
```

说明 **（1）col_name 是列名，var_name 是要赋值的变量名。**

（2）table_expr 是 SELECT 语句中的 FROM 子句及后面的部分。

【任务 13.10】在存储过程中将学号为“122001”的学生的“MYSQL”成绩的值赋给变量 CJ。

```
DECLARE CJ INT(4);
SELECT report INTO CJ
FROM course JOIN score USING(c_no)
WHERE   c_name='MYSQL'AND s_no='122001';
```

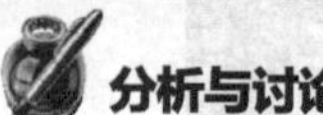

分析与讨论

（1）与声明用户变量时不同，这里的变量名前面没有@符号。

（2）局部变量只能在 BEGIN...END 语句块中声明，而且必须在存储过程的开头就声明。

（3）局部变量声明之后，可以在声明它的 BEGIN...END 语句块中使用该变量，其他语句块中不可以使用。

（4）声明变量和给变量赋值的语句无法单独执行，只能在存储过程或存储函数中使用。

13.4.2 创建使用局部变量的存储过程

【任务 13.11】创建一个存储过程，根据指定的参数（学号）查看某位学生的不及格科目数，如果不及格科目数超过 2 门（含 2 门），则输出“启动成绩预警”并输出该生的成绩单，否则输出“成绩在可控范围”。

```
mysql>DELIMITER $$
CREATE PROCEDURE DO_QUERY(IN XH CHAR(6),   OUT STR CHAR(8))
BEGIN
     DECLARE   KM TINYINT;
     SELECT   COUNT(*)   INTO KM   FROM score WHERE s_no= XH   AND report<60 ;
     IF KM>=2 THEN
     SET STR='启动成绩预警';
```

```
        SELECT * FROM SCORE WHERE s_no= XH;
        ELSEIF KM<2 THEN
        SET STR='成绩在可控范围' ;
        END IF;
    END$$
    DELIMITER ;
```

调用存储过程。

```
CALL DO_QUERY('122001', @str);
```

运行结果如图 13.7 所示。

```
SELECT @str;
mysql>CALL DO_QUERY('123003', @str);
```

运行结果如图 13.8 所示。

```
mysql>SELECT @str;
```

运行结果如图 13.9 所示。

@str
成绩在可控范围

1 row in set (0.00 sec)

图 13.7 【任务 13.11】运行结果 1

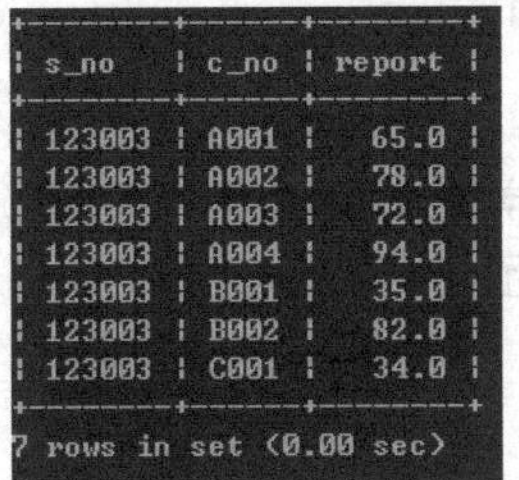

s_no	c_no	report
123003	A001	65.0
123003	A002	78.0
123003	A003	72.0
123003	A004	94.0
123003	B001	35.0
123003	B002	82.0
123003	C001	34.0

7 rows in set (0.00 sec)

图 13.8 【任务 13.11】运行结果 2

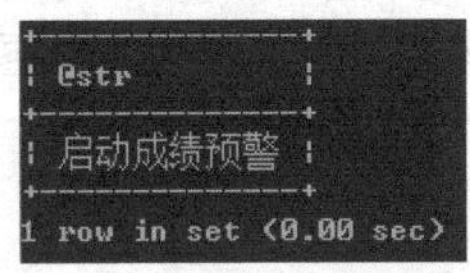

@str
启动成绩预警

1 row in set (0.00 sec)

图 13.9 【任务 13.11】运行结果 3

分析与讨论

（1）该存储过程用 DECLARE 语句声明了局部变量 KM。

（2）根据指定参数（学号），统计该学生的不及格科目数，并使用 SELECT INTO 语句为变量 KM 赋值，然后根据 KM 的值进行判断。

（3）当调用存储过程、指定参数为 123003 时，马上输出该学生的成绩单，从成绩单中可以看出该学生有 2 门课不及格。

13.5 创建带有流程控制语句的存储过程

13.5.1 使用 IF…THEN…ELSE 语句

IF…THEN…ELSE 语句可根据不同的条件执行不同的操作。

语法格式如下。

```
IF search_condition THEN statement_list
[ELSEIF search_condition THEN statement_list ] ...
[ELSE    statement_list]
END IF
```

说明 **search_condition 是判断的条件，statement_list 中包含一个或多个 SQL 语句。当 search_condition 的条件为真时，就执行相应的 SQL 语句。**

【任务 13.12】创建一个存储过程，有两个输入参数：XH 和 KCH。如果成绩大于或等于 60 分，就将该课程的学分累加计入该学生的总学分；否则，总学分不变。

```
mysql>DELIMITER $$
CREATE PROCEDURE DO_UPDATE(IN XH CHAR(6),IN KCH CHAR(16))
```

```
BEGIN
    DECLARE  XF TINYINT;
    DECLARE  CJ FLOAT;
    SELECT credit INTO XF FROM course WHERE c_no=KCH;
    SELECT report INTO CJ FROM score WHERE s_no=XH AND c_no=KCH;
    IF CJ<60 THEN
        UPDATE credit SET credit= credit+0 WHERE s_no=XH ;
    ELSE
        UPDATE credit SET credit= credit+XF WHERE s_no=XH ;
    END IF;
END$$
DELIMITER ;
```

向 score 表中输入一行数据。

```
mysql>INSERT INTO score VALUES('122004','A001',80);
```

接下来，调用存储过程并查询调用结果。

```
mysql>call DO_UPDATE('122004','A001');
```

查看 credit 表的学分情况。

```
mysql>select * from credit;
```

可以看到在 credit 表中，由于该学生该课程成绩大于 60 分，因此已将该门课的学分累加到该学生的总学分里，运行结果如图 13.10 所示。

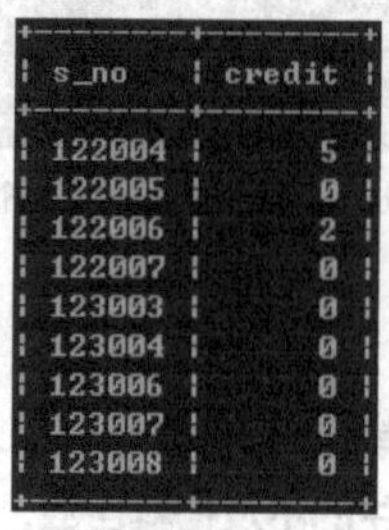

s_no	credit
122004	5
122005	0
122006	2
122007	0
123003	0
123004	0
123006	0
123007	0
123008	0

图 13.10 【任务 13.12】运行结果

再向 score 表中输入一行数据。

```
mysql>INSERT INTO score VALUES('122004', 'A003',50);
```

接下来,调用存储过程并查询调用结果。

```
mysql>call DO_UPDATE('122004', 'A003')
```

查看 credit 表的学分情况。

```
mysql>select * from credit;
```

当调用存储过程时，credit 表已更新，但由于成绩小于 60 分，学号为“122004”的学生的总学分不变。

分析与讨论

（1）本存储过程声明了两个变量：XF 和 CJ，并通过 SELECT INTO 语句分别将指定参数 KCH 对应的课程学分赋值给 XF，将指定参数 c_no 和 s_no 所对应的该生该课程的成绩赋值给 CJ。

（2）使用 IF...THEN...ELSE 语句执行不同的操作。如果 IF 语句中条件表达式的值为 TRUE，则执行 THEN 后面的语句或语句块；如果 IF 语句中条件表达式的值为 FALSE，则跳过 IF 后语句或语句块，执行 ELSE 后的语句或语句块。本例中，根据成绩 CJ 是否高于 60 分来更新 credit 表，将符合条件的学生某门课的学分累加到该学生的总学分里。

13.5.2 使用 CASE 语句

一个 CASE 语句经常可以充当一个 IF...THEN...ELSE 语句。

语法格式如下（第一种）。

```
CASE case_value
    WHEN when_value THEN statement_list
    [WHEN when_value THEN statement_list] ...
     [ELSE statement_list]
END CASE
```

语法格式如下（第二种）。

```
CASE
    WHEN search_condition THEN statement_list
     [WHEN search_condition THEN statement_list] ...
     [ELSE statement_list]
END CASE
```

【任务 13.13】用 CASE 的第二种语法格式创建【任务 13.12】要求创建的存储过程。

```
mysql>DELIMITER $$
CREATE PROCEDURE DO_UPDATE(IN XH CHAR(6),  IN KCH CHAR(16))
BEGIN
    DECLARE  XF TINYINT;
    DECLARE  CJ FLOAT;
    SELECT credit INTO XF FROM course WHERE c_no=KCH;
    SELECT report INTO CJ FROM score WHERE s_no=XH AND c_no=KCH;
    CASE
        WHEN CJ<60  THEN  UPDATE credit SET credit= credit+0 WHERE s_no=XH ;
    ELSE
        UPDATE credit SET credit = credit+XF  WHERE s_no=XH ;
    END CASE;
END$$
DELIMITER ;
```

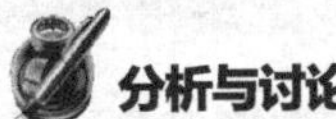

（1）第一种语法格式中 case_value 是要被判断的值或表达式，接下来是一系列的 WHEN...THEN 语句块，每一个语句块的 when_value 参数指定要与 case_value 比较的值。如果为真，就执行 statement_list 中的 SQL 语句；如果每一个语句块都不匹配 case_value，就会执行 ELSE 块指定的语句。CASE 语句最后以 END CASE 结束。

（2）第二种语法格式中 CASE 关键字后面没有参数，在 WHEN...THEN 语句块中，search_condition 指定了一个比较表达式，表达式为真时执行 THEN 后面的语句。与第一种语法格式相比，第二种格式能够实现更为复杂的条件判断，使用起来更方便。

13.6 在存储过程调用其他存储过程

可以在存储过程中调用其他存储过程。

【任务 13.14】创建一个存储过程 DO_INSERT()，向 score 表中插入一行记录。创建另一个存储过程 DO_query，调用已经建好的存储过程 DO_INSERT()，并查询输出 score 表的记录。

先创建存储过程 DO_INSERT()。

```
mysql>CREATE PROCEDURE DO_INSERT()
INSERT INTO score VALUES('122001','A003' , 85);
```

创建第二个存储过程 DO_query()，调用 DO_INSERT()。

```
DELIMITER $$
CREATE PROCEDURE DO__query()
BEGIN
CALL DO_INSERT();
SELECT  *  FROM  SCORE;
END$$
```

```
DELIMITER ;
```

调用存储过程 DO_query()如下。

```
mysql>CALL DO_query
```

运行结果如图 13.11 所示。

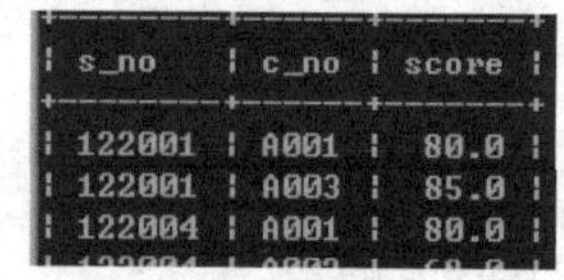

s_no	c_no	score
122001	A001	80.0
122001	A003	85.0
122004	A001	80.0

图 13.11 【任务 13.14】运行结果

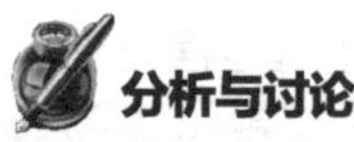

分析与讨论

在调用存储过程 DO_query( )时，先执行第一个存储过程 DO_INSERT( )，插入一行记录，再执行后面的语句，输出 score 表中的查询结果。

13.7 修改存储过程

有两种方法可以修改存储过程，一种方法是使用 ALTER PROCEDURE 语句进行修改；另一种方法是先删除再重新定义存储过程。

1. 使用 ALTER PROCEDURE 语句修改存储过程的某些特征

使用 ALTER PROCEDURE 语句修改存储过程的语法格式如下。

```
ALTER PROCEDURE   sp_name [characteristic ...]
```

其中，characteristic 的语法格式如下。

```
{ CONTAINS SQL | NO SQL | READS SQL DATA | MODIFIES SQL DATA }
| SQL SECURITY { DEFINER | INVOKER }
| COMMENT'string'
```

CONTAINS SQL 表示子程序包含 SQL 语句，但不包含读或写数据的语句；NO SQL 表示子程序中不包含 SQL 语句；READS SQL DATA 表示子程序中包含读数据的语句；MODIFIES SQL DATA 表示子程序中包含写数据的语句。SQL SECURITY { DEFINER | INVOKER }指明谁有权限来执行。DEFINER 表示只有定义者自己才能够执行，INVOKER 表示调用者可以执行。COMMENT 'string' 是注释信息。

说明 **characteristic 是存储过程创建时的特征。只要更改了存储过程参数，存储过程的特征就随之变化。**

【任务 13.15】修改存储过程 num_from_employee( )的定义。将读写权限改为 MODIFIES SQL DATA，并指明调用者可以执行。

```
ALTER PROCEDURE num_from_employee
MODIFIES SQL DATA
SQL SECURITY INVOKER ;
```

2. 先删除再重新定义存储过程的方法

【任务 13.16】使用先删除再重新定义的办法创建【任务 13.5】中的存储过程 SUM_CREDIT()，修改为统计已开设的专业课总学分。

```
mysql>DELIMITER $$
DROP PROCEDURE IF EXISTS SUM_CREDIT();
CREATE PROCEDURE   SUM_CREDIT()
BEGIN
SELECT   SUM(credit)   AS'专业课总学分'   FROM   course   WHERE   type='专业课';
```

```
END $$
DELIMITER ;
```

13.8 查看存储过程的定义

可以用 SHOW 命令查看创建的存储过程的语句块。

```
mysql>show create PROCEDURE simpleproc;
```

13.9 删除存储过程

可以使用 DROP PROCEDURE 语句删除已经存在的存储过程。

语法格式如下。

```
DROP PROCEDURE  [IF EXISTS] sp_name
```

说 明　sp_name 是要删除的存储过程的名称。IF EXISTS 子句是 MySQL 的扩展，如果程序或函数不存在，它可防止发生错误。

【任务 13.17】 删除存储过程 DO_UPDATE( )。

```
mySQL>DROP PROCEDURE IF EXISTS DO_UPDATE;
```

分析与讨论

（1）不再需要的存储过程可以使用 DROP PROCEDURE 语句将其删除。

（2）如果一个存储过程调用某个已删除的存储过程，将显示一个错误消息。在此之前，必须确认该存储过程没有任何依赖关系，否则会导致其他与之关联的存储过程无法运行。

（3）如果使用定义了相同名称和参数的新的存储过程来替换已被删除的存储过程，那么引用与之关联的存储过程仍能成功执行。例如，如果存储过程 proce1()引用存储过程 proce2()，将存储过程 proce2()删除后，又重新创建一个同名的存储过程 proce2()，那么 proce1()将引用这一新的存储过程，仍能成功执行。

【项目实践】

在 YSGL 数据库中进行如下操作。

（1）创建不带参数的存储过程 count_procedure( )，统计工作 10 年以上的员工人数。

（2）创建带一个输入参数的存储过程 salary_procedure( )，根据员工 E_ID 查询该员工的实际收入。

（3）创建一个存储过程 zhicheng _procedure( )，用参数指定的职称的值查询具有该职称的所有老师。

（4）创建一个存储过程 salary_avg_procedure( )，用参数指定的部门名称查询属于该部门的老师的平均基本工资。

（5）基于 Employees 表创建存储过程 EMPLOYEES_info_procedure( )。该存储过程的输入参数是 type，输出参数是 info。当 type 的值是 1 时，计算 employees 表中所有男性员工的人数，然后通过参数 info 输出；当 type 的值是 2 时，计算 employees 表中所有女性员工的人数，然后通过 info 输出；当 type 为 1 和 2 以外的任何值时，将字符串“Error Input!”赋值给 info。

（6）删除存储过程 salary_procedure( )。

（7）创建一个带输入参数的存储过程，根据指定的学号判断该学生是否为女生，若为女生则加一个学分，若为男生则不加。

【习题】

一、编程与应用题

在数据库 bookdb 中创建一个存储过程 count_procedure( )，用参数给定的留言人的姓名统计该留言人留言的记录数。

二、简答题

1. 请解释什么是存储过程。
2. 请列举使用存储过程的益处。
3. 请简述存储过程的优点。

任务 14 建立和使用存储函数

14

【任务背景】

存储函数与存储过程的功能类似，任务背景也相似。存储过程实现的功能要复杂一些，而存储函数实现的功能针对性比较强。存储函数与存储过程有什么区别和联系呢？该怎样创建和使用存储函数呢？

【任务要求】

本任务将从认识存储函数着手，学习创建、调用、查看、修改和删除存储函数的方法。重点掌握创建基本的存储函数、创建带变量的存储函数、在存储函数中调用其他存储过程或存储函数的方法。

【任务分解】

14.1 认识存储函数

存储函数和存储过程类似，是在数据库中定义一些 SQL 语句的集合。一旦它被存储，客户端不需要再重新发布单独的语句，直接调用这些存储函数即可，可以避免开发人员重复地编写相同的 SQL 语句。而且，存储函数和存储过程一样，是在 MySQL 服务器中存储和执行的，可以减少客户端和服务器端的数据传输。

14.2 创建存储函数

MySQL 中创建存储函数的语法格式如下。

```
CREATE FUNCTION sp_name ([func_parameter[, ...]])
RETURNS type
[characteristic ...] routine_body
```

说明

（1）存储函数的语法格式和存储过程的相差不大。

（2）sp_name 是存储函数的名称。存储函数不能拥有与存储过程相同的名字。

（3）func_parameter 是存储函数的参数，参数只有名称和类型，不能指定 IN、OUT 和 INOUT。

（4）routine_body 是存储函数的主体，也称为存储函数体，所有在存储过程中使用的 SQL 语句在存储函数中也适用，包括流程控制语句、游标等。

（5）存储过程声明时不需要声明返回类型，而存储函数声明时需要声明返回类型。RETURNS type 子句用于声明函数返回值的数据类型，且函数体中必须包含一个有效的 RETURN 语句。

14.2.1 创建基本的存储函数

【任务 14.1】创建一个存储函数，它返回 course 表中已开设的专业基础课门数。

```
mysql>DELIMITER $$
CREATE FUNCTION NUM_OF_COURSE()
RETURNS INTEGER
BEGIN
    RETURN (SELECT COUNT(*) FROM course WHERE type='专业基础课');
END$$
DELIMITER ;
```

分析与讨论

（1）CREATE FUNCTION 是创建存储函数的关键字。

（2）创建存储函数和创建存储过程一样，要注意字符集的统一，否则会出现错误（参照任务 13）。

（3）RETURNS 返回的数据类型要与函数返回值的数据类型一致。本任务中函数返回值的数据（COUNT(*)）是整数，所以返回数据类型的语句为 RETURNS INTEGER。

（4）当 RETURN 子句中包含 SELECT 语句时，SELECT 语句的返回结果只能是一行且只能有一列值。

14.2.2 创建带变量的存储函数

存储函数与存储过程一样，也可以定义和使用变量，它们可以用来存储临时结果。声明局部变量和赋值方法请参照任务 13 相关部分。

【任务 14.2】创建一个存储函数，根据指定的参数 KCH 来删除在 score 表中存在但 course 表中不存在的成绩记录。

```
mysql>DELIMITER $$
CREATE FUNCTION DELETE_KCH(KCH CHAR（6）)
    RETURNS CHAR（5）
BEGIN
    DECLARE KCM CHAR（6）;
    SELECT c_name INTO KCM FROM course WHERE c_no=KCH;
    IF KCM IS NULL THEN
        DELETE FROM score WHERE c_no=KCH;
        RETURN'YES';
    ELSE
        RETURN'NO';
    END IF;
END$$
DELIMITER ;
```

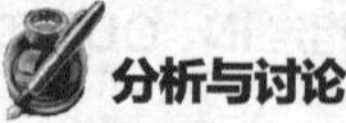

分析与讨论

（1）本存储函数声明了局部变量 KCM，并使用 SELECT INTO 语句将指定参数 KCH 所对应的 c_name 赋值给 KCM 变量。

（2）本存储函数还使用 IF...THEN...ELSE 语句块，对条件进行判断，执行不同的操作。如果 KCM 值为 NULL，也就是说，在 course 表中不存在该课程的话，执行 THEN 后面的删除 score 表中相应记录的操作，并返回结果“YES”；否则执行 ELSE 后面的操作，返回结果“NO”。

14.3 调用存储函数

14.3.1 使用 SELECT 关键字调用存储函数

MySQL 中存储函数的使用方法与 MySQL 内部函数的使用方法是一样的。换言之，用户自己定义的存储函数与 MySQL 内部函数是同样性质的。区别在于，存储函数是用户自己定义的，而内部函数是 MySQL 的开发人员定义的。调用存储函数的方法也类似，都是使用 SELECT 关键字。

语法格式如下。

```
SELECT sp_name ([func_parameter[, ...]])
```

【任务 14.3】调用存储函数 DELETE_KCH( )。

```
mysql>SELECT DELETE_KCH('A001');
```

运行结果如图 14.1 所示。

【任务 14.4】调用存储函数 NUM_OF_COURSE()。

```
mysql>SELECT NUM_OF_COURSE();
```

运行结果如图 14.2 所示。

```
mysql> SELECT DELETE_KCH('A001');
+--------------------+
| DELETE_KCH('A001') |
+--------------------+
| NO                 |
+--------------------+
1 row in set (0.00 sec)
```

图 14.1 【任务 14.3】运行结果

```
mysql> SELECT NUM_OF_COURSE();
+-----------------+
| NUM_OF_COURSE() |
+-----------------+
|               3 |
+-----------------+
1 row in set (0.00 sec)
```

图 14.2 【任务 14.4】运行结果

14.3.2 调用另外一个存储函数或者存储过程

【任务 14.5】创建一个存储函数，通过调用存储函数 NUM_OF_COURSE()获得专业基础课开设的门数。如果专业基础课开设门数超过 3 门，则返回专业基础课的总学时；否则返回专业基础课的平均总学时。

```
mysql>DELIMITER $$
CREATE FUNCTION IS_KCXS()
    RETURNS FLOAT(5, 0)
BEGIN
    DECLARE KCMS INT;
    SELECT NUM_OF_COURSE() INTO KCMS;
    IF KCMS >=3   THEN
        RETURN(SELECT SUM(hours) FROM course WHERE type='专业基础课');
    ELSE
        RETURN (SELECT AVG(hours) FROM course   WHERE type='专业基础课');
    END IF;
END$$
DELIMITER ;
```

调用存储函数 IS_KCXS()。

```
mysql>SELECT IS_KCXS();
```

运行结果如图 14.3 所示。

```
mysql> SELECT IS_KCXS();
+-----------+
| IS_KCXS() |
+-----------+
|       180 |
+-----------+
1 row in set (0.00 sec)
```

图 14.3 【任务 14.5】运行结果

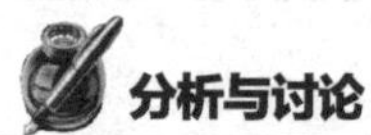

分析与讨论

一个存储函数可以调用另一个已创建的存储函数或者存储过程。

14.4 查看存储函数

用户可以通过 SHOW STATUS 语句来查看函数的状态。

```
mysql>SHOW FUNCTION STATUS;
```

也可以通过 SHOW CREATE 语句来查看函数的定义。

```
mysql>SHOW CREATE FUNCTION SP_NAME;
```

SP_NAME 参数表示存储函数的名称。

【任务 14.6】查看创建存储函数 NUM_OF_COURSE()的定义。

```
mysql>SHOW CREATE FUNCTION  NUM_OF_COURSE;
```

可以查看到存储函数名称、创建存储函数的语句块、字符集和校对原则，WAMP 下的运行结果如图 14.4 所示。

Function	sql_mode	Create Function	character_set_client	collation_connection	Database Collation
NUM_OF_COURSE	STRICT_TRANS_TABLES,NO_AUTO_CREATE_USER,NO_ENGINE_...	CREATE DEFINER=`root`@`localhost` FUNCTION `NUM_OF...	utf8	utf8_general_ci	utf8_general_ci

图 14.4 WAMP 下的运行结果

14.5 修改存储函数

通过 ALTER FUNCTION 语句来修改存储函数，一种方法是用 ALTER FUNCTION 语句进行修改，另一种方法是删除再重新定义存储函数。语法格式与修改存储过程的相同。详情请参照任务 13 中的修改存储过程相关内容。

14.6 删除存储函数

删除存储函数指删除数据库中已经存在的存储函数，可以通过 DROP FUNCTION 语句来删除。语法格式如下。

```
DROP  FUNCTION [IF EXISTS] sp_name;
```

说明 **sp_name 是要删除的存储函数的名称。IF EXISTS 子句是 MySQL 的扩展，如果程序或函数不存在，它可防止发生错误。**

【任务 14.7】删除存储函数 NUM_OF_COURSE()。

```
mysql>DROP  FUNCTION  IF EXISTS NUM_OF_COURSE;
```

运行结果如图 14.5 所示。

```
mysql> DROP  FUNCTION  IF EXISTS NUM_OF_COURSE;
Query OK, 0 rows affected (0.14 sec)
```

图 14.5 【任务 14.7】运行结果

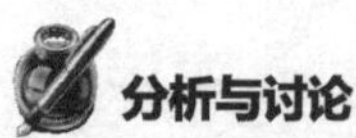

分析与讨论

删除存储函数和删除存储过程一样，在删除之前要确认该存储函数没有任何依赖关系，否则会导致与之关联的存储函数无法运行。本例中，由于存储函数 NUM_OF_COURSE()被另一个存储函数 IS_KCXS()

调用，因此调用 IS_KCXS()时将出现图 14.6 所示的错误信息。

```
mysql> SELECT IS_KCXS();
ERROR 1305 (42000): FUNCTION xsgl.NUM_OF_COURSE does not exist
mysql>
```

图 14.6　删除关联存储函数错误信息

若要存储函数 IS_KCXS() 能正常运行，必须重新创建相同名称和相同参数的存储函数 NUM_OF_COURSE()。

【项目实践】

在 YSGL 数据库中进行如下操作。

（1）创建存储函数 income_function( )，根据指定的 E_ID 参数统计每个员工的实际收入。

（2）创建存储函数 student_info_function( )，实现任务 13 中【项目实践】（5）的功能，该函数只有一个参数 type。通过 RETURN 语句返回查询结果。

（3）创建存储函数 count_function( )，统计工作 10 年以上的员工人数。

（4）创建存储函数 DELETE_function( )，根据指定的参数 E_ID 来删除 Salary 表中存在，但 Employees 表中不存在的工资记录。

（5）删除存储函数 income_function( )。

【习题】

一、编程与应用题

在数据库 bookdb 中创建一个存储函数 count_function( )，用参数给定的留言人的姓名统计该留言人留言的记录数。

二、简答题

请简述存储过程与存储函数的区别。

任务 15 创建和使用触发器

15

【任务背景】

当学生表中增加了一个学生的信息时，学生的总数同时改变。当录入（更新）某位学生某门课的成绩时，如果成绩合格，应该将这门课的学分加到他的总学分里。当删除学生表中某个学生的信息时，同时将成绩表中与该学生有关的数据全部删除。编写程序，监控教师职称变化。教师职称升为教授时，工资加 1000 元；教师职称升为副教授时，工资加 500 元。更新员工记录（如员工编号更改）时，也要同时更新销售表相应的记录。

类似这样的情况，当插入、更新或删除某个数据时，要触发一个动作，更新另一张表（或同一张表）中相应的数据。这个功能可以通过触发器（Trigger）来实现。

【任务要求】

本任务将从认识触发器着手，学习触发器的创建、查看和删除的基本方法，掌握触发器激发它表数据更新、激发自表数据更新，以及调用存储过程进行数据操作的实际应用。

【任务分解】

15.1 认识触发器

触发器是一种特殊的存储过程，只要满足一定的条件，对数据进行 INSERT、UPDATE 和 DELETE 操作时，数据库系统就会自动执行触发器中定义的程序语句，以维护数据完整性或完成其他特殊的任务。

语法格式如下。

```
CREATE TRIGGER  trigger_name  trigger_time  trigger_event
ON  tbl_name  FOR EACH ROW  trigger_stmt
```

说明

（1）触发器是与表有关的数据库对象，当表上出现特定事件时，激活该对象。

（2）触发器与命名为 tbl_name 的表相关。tbl_name 必须引用永久性表。不能将触发器与 TEMPORARY 表或视图关联起来。

（3）trigger_time 是触发器的动作时间。它可以是 BEFORE 或 AFTER，即触发器是在激活它的语句之前或之后触发。

（4）trigger_event 指明了激活触发器的语句的类型。trigger_event 可以是下述值之一。

① INSERT：将新行插入表时激活触发器，例如，通过 INSERT、LOAD DATA 和 REPLACE 语句插入。

② UPDATE：更改某一行时激活触发器，例如，通过 UPDATE 语句更改。

③ DELETE：从表中删除某一行时激活触发器，例如，通过 DELETE 和 REPLACE 语句删除。

特别要注意的是，当前的版本不支持在同一张表同时存在两个有相同激活触发器的类型。例如，students 表中有一个删除某一行时激活触发器，就不能在这张表再创建一个 DELETE 类型来激活触发器。

（5）FOR EACH ROW 这个声明用来指定受触发事件影响的每一行都要激活触发器的动作。

（6）trigger_stmt 是当触发器激活时执行的语句。如果打算执行多个语句，可使用 BEGIN ... END 复合语句结构。这样，就能使用存储子程序中允许的相同语句。

（7）使用触发器时，触发器执行的顺序是 BEFORE 触发器、表操作（INSERT、UPDATE 和 DELETE）、AFTER 触发器。

15.2 创建触发器

15.2.1 激发它表数据更新

【任务 15.1】创建一个触发器，当更改 course 表中某门课的课程编号时，同时将 score 表中相应课程编号全部更新。

```
mysql>DELIMITER $$
  CREATE TRIGGER CNO_UPDATE AFTER UPDATE
  ON course FOR EACH ROW
BEGIN
       UPDATE   score SET   c_no=NEW.c_no   WHERE c_no=OLD.c_no;
END$$
DELIMITER ;
```

现在验证一下触发器的功能，代码如下。

```
mysql>UPDATE course SET c_no='A100' WHERE c_no='A001';
```

使用 SELECT 语句查看 score 表中的情况，发现所有原 A001 课程编号的记录已更新为 A100，运行结果如图 15.1 所示。

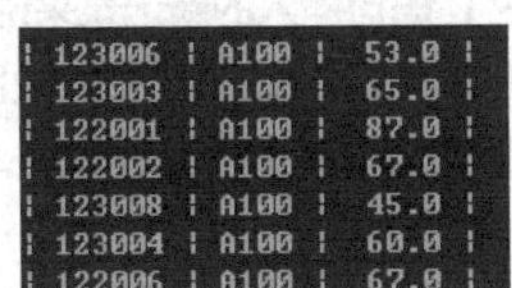

123006	A100	53.0
123003	A100	65.0
122001	A100	87.0
122002	A100	67.0
123008	A100	45.0
123004	A100	60.0
122006	A100	67.0

图 15.1 【任务 15.1】运行结果

分析与讨论

（1）在本任务中，UPDATE COURSE 是触发事件，AFTER 是触发器的动作时间，激发触发器 UPDATE score 表相应记录。

（2）在 MySQL 触发器中的 SQL 语句可以关联表中的任意列，但不能直接使用列的名称标识，因为直接使用会使系统混淆。NEW.column_name 用来引用新行的一列，OLD.column_name 用来引用更新或删除它之前的已有行的一列。对于 INSERT 语句，只有 NEW 是合法的；对于 DELETE 语句，只有 OLD 才是合法的；而 UPDATE 语句中 NEW 或 OLD 可以同时使用。

（3）在本任务中，NEW 和 OLD 同时使用。当在 course 表更新 c_no 时，原来的 c_no 变为 OLD.c_no，score 表 OLD.c_no 的记录则更新为 NEW.c_no。

【任务 15.2】创建一个触发器，当向 score 表中插入数据时，如果成绩大于或等于 60 分，则利用触发器将 credit 表中该学生的总学分加上该门课程的学分；否则总学分不变。

```
mysql>DELIMITER $$
CREATE   TRIGGER   CREDIT_ADD   AFTER   INSERT
     ON score FOR EACH ROW
BEGIN
     DECLARE XF INT（1）;
     SELECT credit INTO XF FROM course WHERE c_no=NEW.c_no;
     IF NEW.REPORT>=60 THEN
          UPDATE credit SET CREDIT=CREDIT +XF WHERE s_no=NEW.s_no;
          END IF;
END$$
DELIMITER ;
```

现在验证一下触发器的功能。

```
INSERT INTO SCORE VALUES ('123004','A002',60);
```

使用 SELECT 语句查看 credit 表中的情况，运行结果如图 15.2 所示。

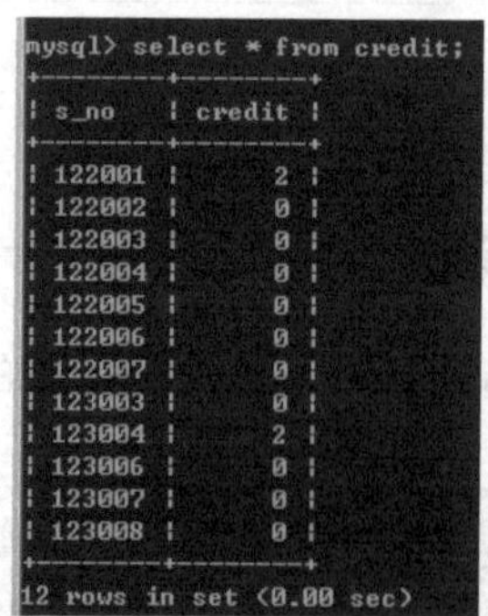
```
mysql> select * from credit;
+--------+--------+
| s_no   | credit |
+--------+--------+
| 122001 |      2 |
| 122002 |      0 |
| 122003 |      0 |
| 122004 |      0 |
| 122005 |      0 |
| 122006 |      0 |
| 122007 |      0 |
| 123003 |      0 |
| 123004 |      2 |
| 123006 |      0 |
| 123007 |      0 |
| 123008 |      0 |
+--------+--------+
12 rows in set (0.00 sec)
```

图 15.2 【任务 15.2】运行结果

可以看到，已将 A002 课程的学分累加给了 123004 学生。

分析与讨论

（1）credit 表中 CREDIT 字段初始值默认为 0（不能设置为 NULL），以便在刚开始录入成绩时有初始值可以累加。

（2）本任务中，对于刚通过 INSERT 语句插入的新记录来说，在触发器中引用的 s_no、c_no 和 SCORE 要分别用 NEW.s_no、NEW.c_no 和 NEW.SCORE 来表示。

【任务 15.3】创建一个触发器，当删除 students 表中某个学生的记录时，删除 score 表中相应的成绩记录。

```
mysql>DELIMITER $$
CREATE   TRIGGER   SCO_DELETE   AFTER   DELETE
 ON students FOR EACH ROW
BEGIN
     DELETE FROM score WHERE s_no=OLD.s_no;
END$$
DELIMITER ;
```

现在验证一下触发器的功能。

```
DELETE FROM students WHERE s_no='122001';
```

使用 SELECT 语句查看 score 表中的情况，可以看到已没有 122001 学生的成绩记录。

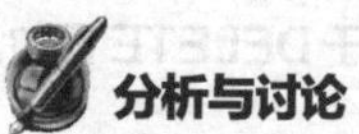

分析与讨论

本任务中，在 students 执行 DELETE 操作之后，在触发器中引用 score 表的 s_no 字段时要用 OLD.s_no 表示。

15.2.2 激发自表数据更新

【任务 15.4】创建一个触发器，修改 course 表中相应课程的学时之后，每增加 18 学时，将该门课的学分增加 1 学分。

```
mysql>DELIMITER $$
CREATE  TRIGGER  CREDIT_UPDATE BEFORE  UPDATE
    ON course FOR EACH ROW
BEGIN
    IF new.hours-old.hours=18  THEN
    SET  new.credit=old.credit+1;
    END IF;
END$$
DELIMITER ;
```

更新 course 表，将 A002 课程学时增加 18。

```
UPDATE  JXGL.course SET hours = 82 WHERE course.c_no ='A002';
```

现在查看 course 表的 credit 的更新情况。

```
SELECT * FROM  course;
```

运行结果如图 15.3 所示。

c_no	c_name	hours	credit	type
A001	MYSQL	64	3	专业课
A002	计算机文化基础	82	4	选修课
A003	操作系统	72	3	专业基础课
A004	数据结构	54	3	专业基础课
A005	PHOTOSHOP	54	2	专业基础课
B001	思想政治课	60	2	必修课
B002	IT产品营销	48	2	选修课
B003	公文写作	45	2	选修课
B004	网页设计	32	1	选修课
B006	大学英语	128	6	必修课
C001	会计电算化	64	3	必修课

11 rows in set (0.00 sec)

图 15.3 【任务 15.4】运行结果

可以看出，A002 课程的学分已从 3 学分更新为 4 学分。

分析与讨论

（1）对自表触发时，触发器的动作时间只能用 BEFORE 而不能用 AFTER。

（2）当激活触发器的语句的类型是 UPDATE 时，在触发器里不能再用 UPDATE SET，应直接用 SET,避免出现 UPDATE SET 重复的错误。

（3）本例中，如果更新某门课的学时，则该学时是新的，应该用 new.hours；相对应的该门课的学分也要更新，应该用 new.credit。

15.2.3 触发器调用存储过程

【任务 15.5】备份 students 表并命名为“学生表”,当 students 表数据更新时，通过触发器调用存储过程，保证学生表数据的同步更新。

定义存储过程。

```
mysql>DELIMITER $$
CREATE PROCEDURE CHANGES()
BEGIN
    TRUNCATE  TABLE  学生表 ;
    REPLACE  INTO  学生表  SELECT * FROM students;
END$$
DELIMITER ;
```

分析与讨论

（1）本存储过程先用 TRUNCATE 语句清空学生表数据，再用 REPLACE INTO 语句向学生表插入新数据，以避免向学生表同步数据时出现主键冲突错误。

（2）为保证在更新、插入和删除 students 表数据时同步 students 数据，保证两表数据的一致性，特意创建了 3 个触发器。

① 创建 UPDATE 触发器。

```
mysql>CREATE TRIGGER STU_CHANGE1 AFTER UPDATE
    ON students FOR EACH ROW
    CALL CHANGES();
```

② 创建 DELETE 触发器。

```
mysql>CREATE TRIGGER STU_CHANGE2 AFTER DELETE
    ON students FOR EACH ROW
    CALL CHANGES();
```

③ 创建 INSERT 触发器。

```
mysql>CREATE TRIGGER STU_CHANGE3 AFTER INSERT
    ON students FOR EACH ROW
    CALL CHANGES();
```

15.3 查看触发器

MySQL 可以执行 SHOW TRIGGERS 语句来查看触发器的基本信息。语法格式如下。

```
mysql>SHOW   TRIGGERS ;
```

在 WAMP 下运行结果如图 15.4 所示。

Trigger	Event	Table	Statement	Timing	Created	sql_mode	Definer

CREDIT_UPDATE	UPDATE	course	BEGIN
			IF new.hours-old.hours=18, THEN
			SET new.cr...
				BEFORE	NULL		root@localhost

CREDIT_ADD	INSERT	score	BEGIN DECLARE XF INT(1); SELECT CREDIT INTO XF F...	AFTER	NULL		root@localhost
STU_CHANGE3	INSERT	students	CALL CHANGES()	AFTER	NULL		root@localhost
STU_CHANGE1	UPDATE	students	CALL CHANGES()	AFTER	NULL		root@localhost
SCO_DELETE	DELETE	students	BEGIN DELETE FROM SCORE WHERE s_no=OLD.s_no; END	AFTER	NULL		root@localhost

图 15.4 在 WAMP 下运行结果

在 MySQL 中，所有触发器的定义都存储在 information_schema 数据库下的 triggers 表中。查询 triggers 表，可以查看数据库中所有触发器的详细信息。查询语句如下。

```
mysql>SELECT  *  FROM   information_schema.triggers ;
```

15.4 删除触发器

删除触发器指删除数据库中已经存在的触发器。MySQL 使用 DROP TRIGGER 语句来删除触发器。语法格式如下。

```
DROP TRIGGER [schema_name.]trigger_name
```

【任务 15.6】 删除触发器 STU_CHANGE3。

```
mysql> DROP TRIGGER STU_CHANGE3;
```

【项目实践】

（1）在 YSGL 数据库中创建触发器，当向 Employees 表中增加一个员工信息时，员工的总数同时改变。

（2）在 YSGL 数据库中创建触发器，当更改 Departments 表中的部门编号时，同时将 Employees 表的部门编号也全部更新。

（3）在 Salary 表上建立一个 BEFORE 类型的触发器，监控对员工工资的更新，当更新后的工资比更新前低时，取消操作，并给出提示信息；否则允许工资的更新。

【习题】

一、填空题

1. 在实际使用中，MySQL 所支持的触发器有_______、_______和_______3 种。

2. 假设之前创建的 score 表没有设置外键级联策略，设置触发器，实现在 students 表中修改课程 s_no 时，可自动修改 score 表中的课程 s_no。

Create trigger trigger_update_______update on_______for each row_______;

二、编程与应用题

在数据库 bookdb 的 contentinfo 表中创建一个触发器 delete_trigger，用于每次删除 contentinfo 表中一行数据时将用户变量 str 的值设置为“旧信息已删除！”。

三、简答题

什么是触发器？触发器有哪几种？触发器有什么优点？

任务 16
创建和使用事件

16

【任务背景】

MySQL 5.1.6 中引入了一项新特性——EVENT，顾名思义 EVENT 就是事件、定时任务机制，即在指定的时间单元内执行特定的任务。引入 EVENT 以后，一些对数据的定时性操作不再依赖外部程序，直接使用数据库本身提供的功能即可。例如，定时使数据库中的数据在某个间隔后刷新、定时关闭账户、定时打开或关闭数据库指示器等。这些特定任务可以由事件调度器来完成。

【任务要求】

本任务将从认识事件开始，学习创建、查看、修改和删除事件的基本方法。重点掌握创建某个时刻发生的事件、创建在指定区间周期性发生的事件，以及在事件中调用存储过程或存储函数的实际应用。

【任务分解】

16.1 认识事件

自 5.1.6 版本起，MySQL 增加了一个非常有特色的功能——事件调度器（Event Scheduler），可以用来定时执行某些特定任务（如删除记录、对数据进行汇总等），以取代原先只能由操作系统的计划任务来执行的工作。更值得一提的是，MySQL 的事件调度器可以精确到每秒钟执行一次，而操作系统的计划任务（如 Linux 操作系统下的 cron 或 Windows 操作系统下的任务计划）只能精确到每分钟执行一次。对于一些对数据实时性要求比较高的应用（如股票、比分等），MySQL 的事件调度器是非常适合的。

事件调度器有时也可称为临时触发器(Temporal Trigger)，因为事件调度器是基于特定时间周期触发来执行某些任务，而触发器是基于某张表所产生的事件触发的，两者的区别就在这里。

MySQL 事件调度器负责调用事件，这个模块是 MySQL 数据库服务器的一部分，它不断地监视一个事件是否需要调用。要创建事件，必须打开调度器。可以使用系统变量 EVENT_SCHEDULER 来打开事件调度器，TRUE（或 1、ON）为打开，FALSE（或 0、OFF）为关闭。

要开启 EVENT_SCHEDULER，可执行下面的语句。

```
SET @@GLOBAL.EVENT_SCHEDULER = TRUE;
```

也可以在 MySQL 的配置文件 my.ini 中加上下面代码，然后重启 MySQL 服务器。

```
event_scheduler = 1
```

要查看当前是否已开启事件调度器，可执行如下 SQL 语句。

```
SHOW VARIABLES LIKE 'event_scheduler';
```

运行结果如图 16.1 所示。

也可以执行如下语句。

```
SELECT @@event_scheduler;
```

运行结果如图 16.2 所示。

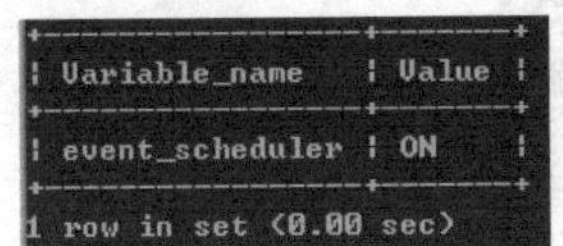
```
+-----------------+-------+
| Variable_name   | Value |
+-----------------+-------+
| event_scheduler | ON    |
+-----------------+-------+
1 row in set (0.00 sec)
```
图 16.1　查看事件调度器开启状况 1

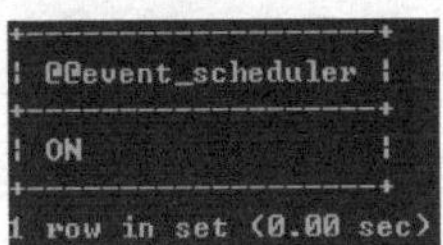
```
+-------------------+
| @@event_scheduler |
+-------------------+
| ON                |
+-------------------+
1 row in set (0.00 sec)
```
图 16.2　查看事件调度器开启状况 2

16.2　创建事件

创建事件可以使用 CREATE EVENT 语句。

语法格式如下。

```
CREATE EVENT [IF NOT EXISTS] event_name
        ON SCHEDULE schedule
          [ON COMPLETION [NOT] PRESERVE]
          [ENABLE | DISABLE | DISABLE ON SLAVE]
          [COMMENT'comment']
          DO sql_statement;
```

其中，schedule 具体内容如下。

```
    AT timestamp [+ INTERVAL interval]
| EVERY interval
      [STARTS timestamp [+ INTERVAL interval]]
      [ENDS timestamp [+ INTERVAL interval]]
interval:
count   {    YEAR | QUARTER | MONTH | DAY | HOUR | MINUTE |
             WEEK | SECOND | YEAR_MONTH | DAY_HOUR | DAY_MINUTE |
             DAY_SECOND | HOUR_MINUTE | HOUR_SECOND | MINUTE_SECOND}
```

说 明

（1）event_name 表示事件名。

（2）schedule 是时间调度，表示事件何时发生或者每隔多久发生一次。

① AT 子句表示事件在某个时刻发生。timestamp 表示一个具体的时间点，后面还可以加上一个时间间隔，表示在这个时间间隔后事件发生。interval 表示这个时间间隔，由一个数值和单位构成。count 是间隔时间的数值。

② EVERY 子句表示在指定时间区间内事件每隔多长时间发生一次。STARTS 子句指定开始时间，ENDS 子句指定结束时间。

（3）DO sql_statement 是事件启动时执行的 SQL 代码。如果包含多条语句，可以使用 BEGIN...END 复合结构。

16.2.1　创建某个时刻发生的事件

【任务 16.1】创建现在立刻执行的事件，创建表 test。

```
mysql>USE JXGL;
CREATE EVENT DIRECT
ON SCHEDULE   AT NOW()
DO
CREATE TABLE test(timeline TIMESTAMP);
```

查看是否创建了表 test。

```
SHOW TABLES;
```

运行结果如图 16.3 所示。

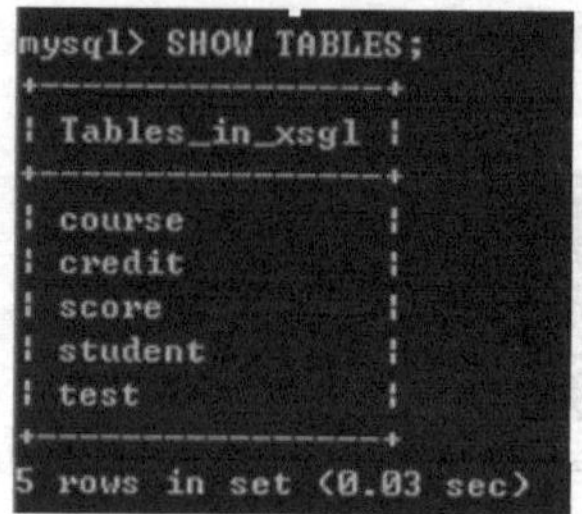

图 16.3 【任务 16.1】运行结果

查看 test 表。

```
mysql>SELECT * FROM test;
```

【任务 16.2】创建现在立刻执行的事件。5 秒后创建表 test1。

```
mysql>USE JXGL;
CREATE EVENT DIRECT
ON SCHEDULE   AT CURRENT_TIMESTAMP + INTERVAL 5 SECOND
DO
CREATE TABLE test1(timeline TIMESTAMP);
```

16.2.2 创建在指定区间周期性发生的事件

【任务 16.3】每秒插入一条记录到数据表。

```
mysql>CREATE EVENT test_insert
ON SCHEDULE EVERY 1 SECOND
DO
INSERT INTO test VALUES (CURRENT_TIMESTAMP);
```

等待 5 秒后，再执行查询。

```
MySQL> SELECT * FROM test;
```

运行结果如图 16.4 所示。

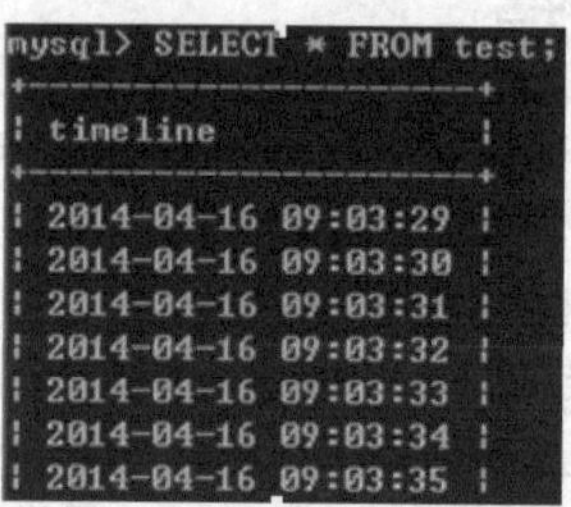

图 16.4 【任务 16.3】运行结果

【任务 16.4】每天定时清空 test 表。

```
mysql>CREATE EVENT e_test
ON SCHEDULE EVERY 1 DAY
DO
DELETE FROM test;
```

【任务 16.5】创建一个事件，从下一个星期开始，每个星期都清空 test 表,并且在 2019 年的 12 月 31 日 12 时结束。

```
mysql>DELIMITER $$
CREATE EVENT STARTMONTH
      ON SCHEDULE   EVERY 1 WEEK
            STARTS CURDATE()+INTERVAL 1 WEEK
      ENDS '2019-12-31 12:00:00'
      DO
      BEGIN
```

```
            TRUNCATE TABLE test;
        END$$
DELIMITER ;
```

16.2.3 在事件中调用存储过程或存储函数

【任务 16.6】假设 COUNT_STU( )函数是用来统计学生考勤情况的存储过程，创建一个事件，每星期查看一次学生的考勤情况，供有关部门参考。

```
mysql>DELIMITER $$
CREATE EVENT STARTWEEK
        ON SCHEDULE    EVERY 1 WEEK
        DO
        BEGIN
            Call COUNT_STU ;
        END$$
DELIMITER ;
```

16.3 查看事件

简要列出所有的事件。语法格式如下。

```
SHOW EVENTS [FROM schema_name]
[LIKE 'pattern' | WHERE expr]
```

【任务 16.7】查看 JXGL 数据库的事件。

```
mysql>Use JXGL;
mysql>SHOW EVENTS;
```

【任务 16.8】格式化显示所有事件。

```
mysql>SHOW EVENTS    \G
```

运行结果如图 16.5 所示。

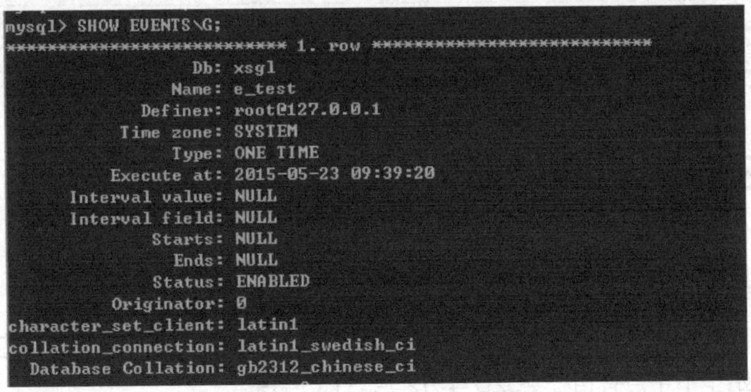

```
mysql> SHOW EVENTS\G;
*************************** 1. row ***************************
                  Db: xsgl
                Name: e_test
             Definer: root@127.0.0.1
           Time zone: SYSTEM
                Type: ONE TIME
          Execute at: 2015-05-23 09:39:20
      Interval value: NULL
      Interval field: NULL
              Starts: NULL
                Ends: NULL
              Status: ENABLED
          Originator: 0
character_set_client: latin1
collation_connection: latin1_swedish_ci
  Database Collation: gb2312_chinese_ci
```

图 16.5 【任务 16.8】运行结果

查看事件的创建信息。语法格式如下。

```
mysql>SHOW CREATE EVENT EVENT_NAME
```

【任务 16.9】查看 STARTMONTH 的创建信息。

```
mysql>SHOW CREATE EVENT STARTMONTH;
```

16.4 修改事件

在 MySQL 中可以通过 ALTER EVENT 语句来修改事件的定义和相关属性，例如，临时关闭事件或再次让它活动、修改事件的名称并加上注释等。

```
ALTER EVENT event_name
        [ON SCHEDULE schedule]
        [RENAME TO new_event_name]
        [ON COMPLETION [NOT] PRESERVE]
        [COMMENT 'comment']
        [ENABLE | DISABLE]
        [DO sql_statement]
```

【任务 16.10】临时关闭 e_test 事件。

```
mysql>ALTER EVENT e_test DISABLE;
```

【任务 16.11】开启 e_test 事件。

```
mysql>ALTER EVENT e_test ENABLE;
```

【任务 16.12】将每天清空 test 表改为 5 天清空一次。

```
mysql>ALTER EVENT test
      ON SCHEDULE EVERY 5 DAY;
```

【任务 16.13】重命名事件并加上注释。

```
mysql>ELTER EVENT STARTMONTH_INERT
      RENAME TO STARTWEEK_INERT COMMENT '表数据操作';
```

16.5 删除事件

在 MySQL 中用 DROP EVENT 语句删除事件。

语法格式如下。

```
DROP EVENT [IF EXISTS][database name.] event name
```

【任务 16.14】删除事件 e_test。

```
mysql>DROP EVENT e_test;
```

【项目实践】

（1）创建一个事件，在 2020 年 5 月 23 日 9 点 30 分 20 秒整清空 test 表。

（2）创建一个事件，从下个月开始，每月执行一次，并于 2020 年 7 月 1 日结束。

【习题】

一、编程与应用题

在数据库 bookdb 中创建一个事件，要求每个星期删除一次姓名为“探险者”的用户所发的全部留言信息，该事件开始于下个月并且在 2020 年 12 月 31 日结束。

二、简答题

1. 请解释什么是事件。
2. 请简述事件的作用。
3. 请简述事件与触发器的区别。

拓展阅读

配置持久化

思维导图

创建和使用事件

项目七　数据库安全与性能优化

任务 17 用户与权限

17

【任务背景】

MySQL 用户包括 root 用户和普通用户。这两种用户的权限是不一样的。root 用户是管理员，拥有所有的权限，包括创建用户、删除用户和修改普通用户的密码等管理权限；普通用户只拥有创建该用户时赋予它的权限。

某校的教学管理系统，对用户权限的要求如下：教务处管理员有对课程、学生表和成绩表的所有权限（INSERT、UPDATE、DELETE 等）；任课教师可以录入成绩，但不能修改学生表、课程表数据；学生只能查看（SELECT）相关表数据，而不能更新、删除。那么，该怎样建立这些用户并设置相应的权限呢？

数据库的安全性是指，只允许合法用户进行其权限范围内的数据库相关操作，保护数据库以防止任何不合法的使用所造成的数据泄露、更改或破坏。

数据库安全性措施主要涉及以下两个方面的问题。

（1）用户认证问题。

（2）访问权限问题。

MySQL 8.0 新加了很多功能。其中在用户管理中增加了角色的管理；默认的密码加密方式也做了调整，由之前的 SHA1 改为了 SHA2；同时，增加了 MySQL 5.7 的禁用用户和用户过期的功能设置，提高了数据库的安全性。

【任务要求】

本任务将学习用 CREATE USER 语句来创建用户，用 ALTER 语句设置用户密码，用 GRANT 语句授予权限，以及使用 REVOKE 语句收回权限，通过修改 MySQL 授权表来创建用户、设置密码和授予权限，学习掌握权限转移、权限限制以及密码管理策略、角色管理等方面的知识和技能。

微课视频

数据库安全与性能优化

拓展阅读

用户和权限

【任务分解】

17.1 创建用户账户

以 root 用户身份登录到服务器上后，可以添加新账户。

17.1.1 用 CREATE USER 创建用户

用 CREATE USER 分别创建能在本地主机、任意主机连接数据库的用户，并设置密码。

语法格式如下。

```
CREATE USER user [IDENTIFIED BY [PASSWORD]'password']
            [,   user [IDENTIFIED BY [PASSWORD]'password']] ...
```

其中，user 的格式为'user_name'@ 'host name'。

host name 指定了连接 MySQL 的用户主机。如果一个用户名和主机名中包含特殊符号如“_”，或通配符如“%”，则需要加单引号。“%”表示一组主机，localhost 表示本地主机。

IDENTIFIED BY：指定用户密码。

PASSWORD()：对密码进行加密。

可以使用 CREATE USER 语句同时创建多个数据库用户，用户名之间用逗号分隔。

【任务 17.1】创建用户 KING，从本地主机连接 MySQL 服务器。

```
mysql>CREATE USER'KING'@'localhost' ;
```

【任务 17.2】创建两个用户，用户名为 palo，分别从任意主机和本地主机连接 MySQL 服务器，指定用户密码为“123456”。

```
mysql>CREATE USER'palo'@'%'   IDENTIFIED BY'123456',
'palo'@'localhost'   IDENTIFIED BY'123456';
```

创建的用户信息将保存在 USER 表中。如下命令可以查看创建的用户情况。

```
MySQL>SELECT USER, HOST, AUTHENTICATION_STRING FROM USER;
```

运行结果如图 17.1 所示。

```
mysql> SELECT USER, HOST, AUTHENTICATION_STRING FROM USER;
+------------------+-----------+------------------------------------------------------------------------+
| USER             | HOST      | AUTHENTICATION_STRING                                                  |
+------------------+-----------+------------------------------------------------------------------------+
| palo             | %         | *6BB4837EB74329105EE4568DDA7DC67ED2CA2AD9                              |
| KING             | localhost |                                                                        |
| mysql.infoschema | localhost | $A$005$THISISACOMBINATIONOFINVALIDSALTANDPASSWORDTHATMUSTNEVERBRBEUSED |
| mysql.session    | localhost | $A$005$THISISACOMBINATIONOFINVALIDSALTANDPASSWORDTHATMUSTNEVERBRBEUSED |
| mysql.sys        | localhost | $A$005$THISISACOMBINATIONOFINVALIDSALTANDPASSWORDTHATMUSTNEVERBRBEUSED |
| palo             | localhost | *6BB4837EB74329105EE4568DDA7DC67ED2CA2AD9                              |
| root             | localhost |                                                                        |
+------------------+-----------+------------------------------------------------------------------------+
7 rows in set (0.00 sec)
```

图 17.1 【任务 17.2】运行结果

分析与讨论

（1）要使用 CREATE USER，必须拥有 MySQL 数据库的全局 CREATE USER 权限或 INSERT 权限。CREATE USER 会在系统本身的 MySQL 数据库的 USER 表中添加一个新记录，如图 17.1 所示。

（2）要使用 USE MYSQL 进入 MySQL，才能使用 CREATE USER 命令创建用户，下同。

（3）上面创建的用户'KING'@ 'localhost'在创建时没有指定用户密码。MySQL 允许无密码登录，但为了数据库的安全，最好设置密码。

（4）两个账户有相同的用户名和密码，但主机不同，MySQL 将其视为不同的用户，例如，'palo'@'localhost'和'palo'@'%'。值得注意的是，当'palo'@'localhost'只用于从本机连接时，'palo'@'%'

可用于从其他任意主机连接 MySQL 服务器。

（5）用户名和密码区别大小写。

（6）可以同时创建多个数据库用户，用户名之间用逗号分隔。

17.1.2 修改用户密码

只有 root 用户才可以设置或修改当前用户或其他特定用户的密码。

【任务 17.3】查看 MySQL 8.0 中用户表默认的身份验证插件。

```
mysql> select user, host, plugin from mysql.user;
```

运行结果如图 17.2 所示。

```
mysql>  select user,host,plugin from mysql.user;
+------------------+-----------+-----------------------+
| user             | host      | plugin                |
+------------------+-----------+-----------------------+
| root             | %         | caching_sha2_password |
| wolfpeng         | %         | caching_sha2_password |
| mysql.infoschema | localhost | caching_sha2_password |
| mysql.session    | localhost | caching_sha2_password |
| mysql.sys        | localhost | caching_sha2_password |
+------------------+-----------+-----------------------+
5 rows in set (0.00 sec)
```

图 17.2 【任务 17.3】运行结果

【任务 17.4】修改 king 的密码为 queen。

```
mysql>ALTER USER king@localhost IDENTIFIED WITH mysql_native_password BY 'queen';
mysql> flush privileges;
```

【任务 17.5】修改密码时效为永不过期。

```
mysql> ALTER USER 'root'@'%' IDENTIFIED BY '123456' PASSWORD EXPIRE NEVER;
```

分析与讨论

（1）MySQL 8.0 之前的版本可以使用 SET PASSWORD=PASSWORD('root') 修改密码，但在 MySQL 8.0 后该命令无效，必须用 ALTER 语句。

（2）MySQL 8.0 以后，用户表默认的加密规则是 caching_sha2_password，使用 SHA2 加密。而 MySQL 8.0 之前的版本中加密规则是 mysql_native_password。【任务 17.4】使用加密规则 mysql_native_password 是为解决低版本客户端登录异常问题。

（3）MySQL 8.0 支持密码过期策略，需要周期性修改密码。

（4）MySQL 8.0 增加了历史密码校验机制，防止近几次的密码相同（次数可以配置）。

（5）修改密码时需要验证旧密码，防止被篡改。

（6）MySQL 8.0 支持双密码机制，即新密码与修改前的旧密码可以同时使用，且可以选择采用主密码还是第二个密码。

（7）MySQL 8.0 增加了密码强度约束，避免使用弱密码。

17.1.3 重命名用户名

重命名用户名的语法格式如下。

```
RENAME USER old_user TO new_user,
[,   old_user TO new_user] ...
```

其中，old_user 为已经存在的 SQL 用户，new_user 为新的 SQL 用户。

【任务 17.6】修改 king 用户名为 ken。

```
mysql>RENAME USER king@localhost to ken@localhost;
```

分析与讨论

（1）RENAME USER 语句用于对原有 MySQL 账户进行重命名。要使用 RENAME USER，必须拥有全局 CREATE USER 权限或 MySQL 数据库 UPDATE 权限。

（2）如果旧账户不存在或者新账户已存在，则会出现错误。

17.2 授予用户权限

新的 SQL 用户不允许访问属于其他 SQL 用户的表，也不能立即创建自己的表，它必须被授权。

在 DOS 终端运行如下命令，用刚才创建的 king 用户登录 MySQL 服务器。

```
cd C:\Program Files\MySQL\MySQL Server 8.0\bin
MySQL–uking–p123456
```

尝试使用 USE XSCJ 语句进入 XSCJ 数据库，将出现图 17.3 所示的错误。因为 king 用户尚未被授权，所以不能进入 XSCJ 数据库。

```
C:\wamp\bin\mysql\mysql5.1.36\bin>mysql -uking -p
Enter password:
Welcome to the MySQL monitor.  Commands end with ; or \g.
Your MySQL connection id is 21
Server version: 5.1.41-community MySQL Community Server (GPL)

Type 'help;' or '\h' for help. Type '\c' to clear the current input statement.

mysql> use xsgl;
ERROR 1044 (42000): Access denied for user ''@'localhost' to database 'xsgl'
mysql> _
```

图 17.3　用户未授权错误提示

MySQL 的用户及其权限信息存储在 MySQL 自带的 MySQL 数据库中，具体是在 MySQL 数据库的 user、db、host、tables_priv、columns_priv 和 procs_priv 这几个表中，这些表统称为 MySQL 的授权表。user 表记录允许连接到服务器的账号信息（全局级权限），db 表存储了用户对某个数据库的操作权限，host 表存储了某个主机对数据库的操作权限，tables_priv 表用来对表设置操作权限，columns_priv 表用来对表的某一列设置权限。procs_priv 表可以对存储过程和存储函数设置操作权限。通过权限验证进行权限分配时，按照 user、db、tables_priv 和 columns_priv 的顺序进行分配。即先检查全局权限表 user，如果 user 中对应的权限为 Y，则该用户对所有数据库的权限为 Y，将不再检查 db、tables_priv、columns_priv；如果为 N，则从 db 表中检查该用户对应的具体数据库，并得到 db 中的 Y 的权限；如果 db 中为 N，则检查 tables_priv 中该数据库对应的具体表，取得表中的权限 Y，以此类推。

下面分别介绍用 GRANT 授权和直接修改授权表进行授权的方法。只有 root 用户才能进行授权操作。

17.2.1 关于 MySQL 的权限

MySQL 的权限可以分为多个层级。

（1）全局层级：使用 ON *.*语法赋予权限。

（2）数据库层级：使用 ON db_name.*语法赋予权限。

（3）表层级：使用 ON db_name.tbl_name 语法赋予权限。

（4）列层级：语法格式采用 SELECT(col1, col2…)、INSERT(col1, col2…)和 UPDATE(col1, col2…)。

17.2.2 用 GRANT 授权

新创建的用户还没有任何权限，不能访问数据库，不能做任何事情。针对不同用户对数据库的实际操作要求，分别授予用户对特定表的特定字段、特定表、数据库的特定权限。

语法格式如下。

```
GRANT   priv_type [(column_list)] [,   priv_type [(column_list)]] ...
    ON [object_type] {tbl_name | * | . | db_name.*}
    TO user [IDENTIFIED BY [PASSWORD]'password']
      [,   user [IDENTIFIED BY [PASSWORD]'password']] ...
[WITH with_option [with_option] ...]
```

其中，priv_type 为权限。

object_type 为对象类型，可以是特定表、所有表、特定库或所有数据库。

user 是用户名。

在授权时若带有 WITH with_option 语句，可以将该用户的权限转移给其他用户。

db_name.* 表示特定数据库的所有表，*.*表示所有数据库。

1. 授予对字段或表的权限

字段或表的权限与说明见表 17.1。

表 17.1　字段或表的权限与说明

权限	说明
SELECT	给予用户使用 SELECT 语句访问特定表的权限
INSERT	给予用户使用 INSERT 语句向一个特定表中添加行的权限
DELETE	给予用户使用 DELETE 语句从一个特定表中删除行的权限
UPDATE	给予用户使用 UPDATE 语句修改特定表中值的权限
REFERENCES	给予用户创建一个外键来参照特定表的权限
CREATE	给予用户使用特定的名字创建一个表的权限
ALTER	给予用户使用 ALTER TABLE 语句修改表的权限
INDEX	给予用户在表上定义索引的权限
DROP	给予用户删除表的权限
ALL 或 ALL PRIVILEGES	给予用户对表所有的权限

【任务 17.7】 授予用户 king 对 students 表的 S_NO 列和 S_NAME 列的 UPDATE 权限。

```
mysql>GRANT   UPDATE(S_NO, S_NAME)
    ON   students
    TO   king@localhost;
```

【任务 17.8】 授予用户 peter、king 查看、更新 JXGL 库 STUDENTS 表的权限。

```
mysql>GRANT SELECT, UPDATE
    ON JXGL.students
    TO peter@localhost,
    king@localhost;
```

【任务 17.9】 授予用户 peter 在 students 表上定义索引的权限。

```
mysql>GRANT INDEX
    ON JXGL.STUDENTS
    TO peter@localhost;
```

分析与讨论

（1）从 MySQL 8.0 开始已经不支持授权的同时创建用户，需要先创建用户再进行授权。

（2）对于列权限，权限的值只能取 SELECT、INSERT 和 UPDATE。权限的后面需要加上列名，

可以同时授予多个列权限，列名之间用逗号分隔。

（3）可以同时授予多个用户多个权限，权限之间用逗号分隔，用户名之间用逗号分隔。

（4）上述用 GRANT 语句进行授权，将会在授权表 db 表中增加相应记录。

2. 授予对库的权限

数据库的权限与说明见表 17.2。

表 17.2　数据库的权限与说明

权限	说明
SELECT	给予用户使用 SELECT 语句访问所有表的权限
INSERT	给予用户使用 INSERT 语句向所有表中添加行的权限
DELETE	给予用户使用 DELETE 语句从所有表中删除行的权限
UPDATE	给予用户使用 UPDATE 语句修改所有表中值的权限
REFERENCES	给予用户创建一个外键来参照所有的表的权限
CREATE	给予用户使用特定的名字创建一个表的权限
ALTER	给予用户使用 ALTER TABLE 语句修改表的权限
INDEX	给予用户在所有表上定义索引的权限
DROP	给予用户删除所有表和视图的权限
CREATE TEMPORARY TABLES	给予用户在特定数据库中创建临时表的权限
CREATE VIEW	给予用户在特定数据库中创建新的视图的权限
SHOW VIEW	给予用户查看特定数据库中已有视图的视图定义的权限
CREATE ROUTINE	给予用户为特定的数据库创建存储过程和存储函数等权限
ALTER ROUTINE	给予用户更新和删除数据库中已有的存储过程和存储函数等权限
EXECUTE ROUTINE	给予用户调用特定数据库的存储过程和存储函数的权限
LOCK TABLES	给予用户锁定特定数据库的已有表的权限
ALL 或 ALL PRIVILEGES	表示所有权限

【任务 17.10】授予用户 king 对 JXGL 数据库中所有表 SELECT、INSERT、UPDATE、DELETE、CREATE、DROP 的权限。

```
mysql>GRANT SELECT, INSERT, UPDATE, DELETE, CREATE, DROP
    ON   JXGL.*   TO   king@localhost;
```

【任务 17.11】授予用户 david 对 JXGL 数据库中所有表所有的权限。

```
mysql>GRANT ALL ON   JXGL.*   TO   david@localhost;
```

【任务 17.12】授予用户 stone 为 JXGL 数据库创建存储过程和存储函数权限。

```
mysql>GRANT CREATE ROUTINE ON   JXGL.*   TO   stone@localhost;
```

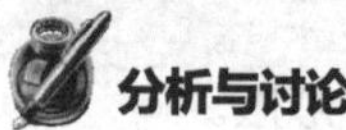

分析与讨论

（1）在 GRANT 语法格式中，授予用户权限时 ON 子句中使用“*.*”，表示所有数据库的所有表。

（2）若授予用户所有的权限（ALL），该用户为超级用户账户，具有完全的权限，可以做任何事情。

3. 授予对所有库的权限

【任务 17.13】授予用户 stone 操作所有数据库的权限。

```
mysql>GRANT CREATE USER ON *.*   TO   stone@localhost;
```

17.3　用 REVOKE 收回权限

根据实际情况需要，可以使用 REVOKE 语句收回用户的部分或所有权限。

语法格式如下（第一种）。

```
REVOKE priv_type [(column_list)] [,  priv_type [(column_list)]] ...
    ON  {tbl_name | * | *.* | db_name.*}
    FROM user [,  user] ...
```

语法格式如下（第二种）。

```
REVOKE ALL PRIVILEGES,  GRANT OPTION FROM user [,  user] ...
```

其中，第一种格式用来收回某些特定的权限，第二种格式用来收回某用户的所有权限。

【任务 17.14】收回用户 king 在 JXGL 库的 SELECT 权限。

```
mysql>REVOKE select on JXGL.*  FROM king@localhost;
```

【任务 17.15】收回用户 king 在 JXGL 库的所有权限。

```
mysql>REVOKE all on JXGL.*  FROM  king@localhost;
```

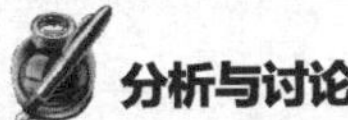

分析与讨论

用户 king 原有权限有 SELECT、INSERT、UPDATE、DELETE、CREATE、DROP，执行第一次收回时收回 SELECT 权限，执行第二次收回时收回所有的权限。

17.4 权限转移

GRANT 语句的最后可以使用 WITH 子句。如果指定为 WITH GRANT OPTION，则表示子句中指定的所有用户都有把自己所拥有的权限授予其他用户的权力，而不管其他用户是否已经拥有该权限。

【任务 17.16】授予用户 king SELECT、INSERT、UPDATE、DELETE、CREATE、DROP 权限，同时允许将其本身权限转移给别人。

```
mysql>GRANT SELECT, INSERT, UPDATE, DELETE, CREATE, DROP
    ON  JXGL.*  TO  king@localhost
     WITH GRANT OPTION;
```

17.5 权限限制

WITH 子句也可以对一个用户的权限进行限制，语句如下。

（1）MAX_QUERIES_PER_HOUR count 表示每小时可以查询数据库的最大次数。

（2）MAX_CONNECTIONS_PER_HOUR count 表示每小时可以连接数据库的最大次数。

（3）MAX_UPDATES_PER_HOUR count 表示每小时可以修改数据库的最大次数。

其中，count 表示次数。

【任务 17.17】授予用户 Jim 每小时只能处理一条 SELECT 语句的权限。

```
mysql>GRANT SELECT
    ON  XS
    TO  Jim@localhost
WITH  MAX_QUERIES_PER_HOUR 1;
```

【任务 17.18】授予用户 king 每小时可以发出查询 20 次、每小时可以发出更新 10 次、每小时可以连接数据库 5 次的权限。

```
mysql>GRANT ALL ON *.* TO'king'@'localhost'
    IDENTIFIED BY'frank'
    WITH MAX_QUERIES_PER_HOUR 20
         MAX_UPDATES_PER_HOUR 10
         MAX_CONNECTIONS_PER_HOUR 5;
```

17.6 密码管理策略

17.6.1 过期时间管理

要全局建立自动密码到期策略，请使用 default_password_lifetime 系统变量。其默认值为 0，表示禁用自动密码到期。

如果 default_password_lifetime 的值为正整数 *N*，则表示允许的密码生存期为 *N* 天，以便密码必须每 *N* 天更改。该变量可以加在配置文件中。

（1）要建立全局策略，密码的使用期限大约为 6 个月，可在服务器 my.cnf 文件中使用以下命令启动服务器。

```
[mysqld]default_password_lifetime=180
```

（2）要建立全局策略，以便密码永不过期，请将 default_password_lifetime 设置为 0。

```
[mysqld]default_password_lifetime=0
```

这个参数是可以动态设置并保存的，示例代码如下。

```
SET PERSIST default_password_lifetime = 180;
SET PERSIST default_password_lifetime = 0;
```

（3）创建和修改带有密码过期的用户，账户特定的到期时间设置示例如下。

①要求每 60 天更换密码的代码如下。

```
CREATE USER 'jack'@'localhost' PASSWORD EXPIRE INTERVAL 60 DAY;
ALTER USER 'jack'@'localhost' PASSWORD EXPIRE INTERVAL 60 DAY;
```

②禁用密码到期的代码如下。

```
CREATE USER 'jack '@'localhost' PASSWORD EXPIRE NEVER;
ALTER USER 'jack '@'localhost' PASSWORD EXPIRE NEVER;
```

③遵循全局到期策略的代码如下。

```
CREATE USER 'wangwei'@'localhost' PASSWORD EXPIRE DEFAULT;
ALTER USER 'wangwei'@'localhost' PASSWORD EXPIRE DEFAULT;
```

17.6.2 MySQL 用户密码重用策略设置

MySQL 允许限制重复使用以前的密码，可以根据密码更改次数、已用时间或两者来建立重用限制。账户的密码历史由过去分配的密码组成。

MySQL 可以限制从此历史记录中选择新密码。

（1）如果根据密码更改次数限制账户，则无法从指定数量的最新密码中选择新密码。例如，如果密码更改的最小数量设置为 3，则新密码不能与任何最近的 3 个密码相同。

（2）如果账户因时间的限制而被限制，则无法从历史记录中的新密码中选择新密码，该新密码时间限制不会超过指定的天数。例如，如果密码重用间隔设置为 60 天，则新密码不得与最近 60 天内选择的密码相同。

注意：空密码不记录在密码历史记录中，并随时可以重复使用。

17.7 角色管理

MySQL 角色是指定的权限集合。像用户账户一样，角色可以拥有授予和撤销的权限。

可以授予用户账户角色，授予该账户与每个角色相关的权限。用户被授予角色权限，则该用户拥有该角色的权限。

MySQL 提供的角色管理功能总结如下。

（1）CREATE ROLE 与 DROP ROLE 为角色创建和删除。

（2）GRANT 与 REVOKE 为用户的角色分配和撤销权限。

（3）SHOW GRANTS 表示显示用户的角色权限和角色分配。

（4）SET DEFAULT ROLE 表示指定哪些账户角色默认处于活动状态。

（5）SET ROLE 表示更改当前会话中的活动角色。

（6）CURRENT_ROLE()表示显示当前会话中的活动角色。

17.7.1 创建角色并授予用户角色权限

【任务 17.19】应用程序使用名为 app_db 的数据库，假设需要 1 个开发人员账户、2 个需要只读访问权限的用户，以及 1 个需要读取/写入权限的用户，应使用角色功能分配权限。

首先，使用 CREATE USER 创建用户。

```
CREATE USER 'dev1'@'localhost' IDENTIFIED BY '123456';
CREATE USER 'read_user1'@'localhost' IDENTIFIED BY '123456';
CREATE USER 'read_user2'@'localhost' IDENTIFIED BY '123456';
CREATE USER 'rw_user1'@'localhost' IDENTIFIED BY '123456';
```

然后，使用 CREATE ROLE 创建角色并用 GRANT 分配权限给角色。

```
CREATE ROLE 'app_developer', 'app_read',  'app_write';
GRANT ALL ON app_db.* TO 'app_developer';
GRANT SELECT ON app_db.* TO 'app_read';
GRANT INSERT,  UPDATE,  DELETE app_db.* TO 'app_write';
```

最后，为每个用户分配其所需的权限，使用 GRANT 语句列举每个用户的个人权限。

```
GRANT 'app_developer' TO 'dev1'@'localhost';
GRANT 'app_read' TO 'read_user1'@'localhost',  'read_user2'@'localhost';
GRANT 'app_read',  'app_write' TO 'rw_user1'@'localhost';
```

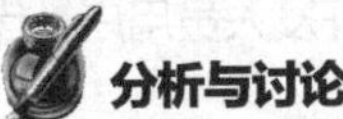

分析与讨论

（1）角色名称与用户账户名称非常相似，由格式中的用户部分和主机部分组成。主机部分如果省略，则默认为%。用户和主机部分可以不加引号，除非它们包含特殊字符。与账户名称不同，角色名称的用户部分不能为空。

（2）使用 GRANT 为角色分配权限，方法与为用户分配权限相似，但也有不同。有一个“ON”来区分角色和用户的授权，有 ON 的为用户授权，而没有 ON 的用来分配角色。

（3）由于语法不同，因此不能在同一语句中同时分配用户权限和角色。即允许为用户分配权限和角色，但必须使用单独的 GRANT 语句，每种语句的语法都要与授权的内容相匹配。

17.7.2 检查角色权限

要验证分配给用户的权限，可使用 SHOW GRANTS，如下所示。

```
mysql> SHOW GRANTS FOR 'dev1'@'localhost';
```

但是，它会显示每个授予的角色，而不会将其显示为角色所代表的权限。如果要显示角色权限，需要添加一个 USING。

```
mysql> SHOW GRANTS FOR 'dev1'@'localhost' USING 'app_developer';
```

同样验证其他类型的用户。

```
mysql> SHOW GRANTS FOR 'read_user1'@'localhost' USING 'app_read';
```

17.7.3 撤销角色或角色权限

正如可以授权某个用户角色一样，也可以从账户中撤销这些角色。

```
REVOKE role FROM user;
```

REVOKE 可以修改角色权限。这不仅影响角色本身权限，还影响任何被授予该角色的用户权限。假设想临时让所有用户只读，可使用 REVOKE 从该 app_write 角色中撤销修改权限。

```
REVOKE INSERT, UPDATE, DELETE ON app_db.* FROM 'app_write';
```

SHOW GRANTS 语句可以与角色一起使用，查询查看 app_write 角色权限：

```
mysql> SHOW GRANTS FOR 'app_write';
```

从角色中撤销权限会影响到该角色中每个用户的权限，因此 rw_user1 现在已经没有表修改权限（INSERT、UPDATE、和 DELETE 权限已经没有了）。

```
mysql> SHOW GRANTS FOR 'rw_user1'@'localhost' USING 'app_read', 'app_write';
```

实际上，rw_user1 读/写用户已成为只读用户，被授予 app_write 角色的任何其他用户也会这样，说明通过修改角色就可以个人账户的权限。

要恢复角色的修改权限，只需重新授权给该角色即可。

```
GRANT INSERT, UPDATE, DELETE ON app_db.* TO 'app_write';
```

现在 rw_user1 再次具有修改权限，就像授权该 app_write 角色的其他任何账户一样。

17.7.4 删除角色

要删除角色，我们可以使用 DROP ROLE，如下所示。

```
DROP ROLE 'app_read', 'app_write';
```

删除角色会从授权它的每个账户中撤销该角色。

17.7.5 角色和用户在实际中的应用

假设应用开发项目在 MySQL 中的角色出现之前就开始了，那么与该项目相关联的所有用户都是直接被授予权限，而不是被授予角色权限。其中一个账户是最初被授予权限的开发人员用户，代码如下所示。

```
CREATE USER 'old_app_dev'@'localhost' IDENTIFIED BY 'old_app_devpass';GRANT ALL ON old_app.* TO 'old_app_dev'@'localhost';
```

如果此开发人员离开项目，则有必要将权限分配给其他用户；或者项目参与人增多，则可能需要多个用户。以下是解决该问题的一些方法。

（1）不使用角色：更改账户密码，使原始开发人员不能使用它，并让新的开发人员使用该账户。

```
ALTER USER 'old_app_dev'@'localhost' IDENTIFIED BY 'new_password';
```

（2）使用角色：锁定账户以防止任何人使用它来连接服务器。

```
ALTER USER 'old_app_dev'@'localhost' ACCOUNT LOCK;
```

然后将该账户视为角色。对于每个新开发项目的开发人员，创建一个新账户并授予其原始开发人员账户。

```
CREATE USER 'new_app_dev1'@'localhost' IDENTIFIED BY 'new_password';GRANT 'old_app_dev'@'localhost' TO 'new_app_dev1'@'localhost';
```

其效果是将原始开发人员账户权限分配给新账户。

【项目实践】

在 YSGL 数据库中进行如下操作。

（1）用 CREATE USER 语句创建一个 DAVID 用户，从本地主机登录 MySQL 服务器。

（2）用 CREATE USER 语句同时创建两个用户 ZHUANG 和 WANG，从任意主机登录 MySQL 服务器，并指定密码分别为“333”和“222”。

（3）用 ALTER 语句对用户 DAVID 设置密码为“123”。

（4）用 GRANT 创建用户 FANG，并指定密码为“123456”。

（5）用 GRANT 授予用户 ZHUANG 访问数据库的所有权限，授予用户 WANG 对 Employees 表查看、更新的权限。

（6）授予 WANG 每小时只能处理 10 条 SELECT 语句的权限。

（7）授予 DAVID 每小时可以发出查询 10 次、每小时可以连接数据库 6 次、每小时可以发出更新 5 次的权限。

（8）用 REVOKE 语句收回用户 WANG 的权限。

（9）利用角色功能，授予 DAVID 对 YSGL 数据库的读写权限。

【习题】

一、填空题

1. 在 MySQL 中，可以使用________语句来为指定的数据库添加用户。
2. 在 MySQL 中，可以使用________语句来实现权限的撤销。

二、单项选择题

1. MySQL 中存储用户全局权限的表是________。
   A. tables_priv　　B. procs_priv
   C. columns_priv　　D. user
2. 删除用户的语句是________。
   A. drop user　　B. delete user
   C. drop root　　D. truncate user
3. 给名字是 zhangsan 的用户分配对数据库 studb 中的 stuinfo 表的查询和插入数据权限的语句是________。
   A. grant select,insert on studb.stuinfo for 'zhangsan'@'localhost'
   B. grant select,insert on studb.stuinfo to 'zhangsan'@'localhost'
   C. grant 'zhangsan'@'localhost' to select,insert for studb.stuinfo
   D. grant 'zhangsan'@'localhost' to studb.stuinfo on select,insert
4. 创建用户的语句是________。
   A. join user　　B. create user
   C. create root　　D. MySQL user
5. 修改自己的 MySQL 服务器密码的语句是________。
   A. MySQL　　B. grant
   C. set password　　D. change password

三、编程与应用题

用 CREATE USER 语句创建一个用户 zhang，登录 MySQL 服务器的密码为“123456”，同时授予该用户在数据库 bookdb 的表 contentinfo 上拥有 SELECT 和 UPDATE 权限。

思维导图
用户与权限

四、简答题

1. 在 MySQL 中可以授予的权限有哪几组?
2. 在 MySQL 的权限授予语句中，可用于指定权限级别的值有哪几类格式?

任务 18

数据库备份与恢复

18

【任务背景】

多种原因可能导致数据库系统的数据被破坏。例如，数据库系统在运行过程中出现故障，计算机系统出现操作失误或系统故障，计算机病毒或者物理介质故障等。银行数据库系统、股票交易系统等重要数据库存储着客户账户的重要信息，绝对不允许出现故障和数据破坏。为了保证数据的安全，需要定期对数据进行备份。如果数据库中的数据出现了错误，可以使用备份进行数据还原，将损失降至最低。

【任务要求】

本任务将学习使用 SELECT INTO OUTFILE、LOAD DATA INFILE、SOURCE 语句备份与恢复表数据，使用 MySQL 的管理工具 mysqldump 和 mysqlimport 备份与恢复数据，以及用日志备份与恢复数据的方法。

拓展阅读

数据库的备份和恢复

【任务分解】

18.1 用 SELECT INTO OUTFILE 备份表数据

数据库备份与恢复的方法之一是使用 SELECT INTO OUTFILE 语句把表数据导出到一个文件中，并用 LOAD DATA INFILE 语句恢复数据。

【任务 18.1】 备份 students 表。

```
mysql>SELECT * FROM students   INTO OUTFILE'students.TXT';
```

系统将 students 表的数据备份在 students.TXT 中，默认保存在 DATA 目录下（C:\ProgramData\MySQL\MySQL Server 5.5\data\JXGL）。

（1）如果要备份在指定的目录，则要在文件名前加上具体的路径。例如，备份在“D:/BACKUP”目录下。

```
mysql>SELECT * FROM students   INTO OUTFILE'd:/BACKUP/students.TXT';
```

（2）导出的数据格式可以自己规定，例如 TXT、XLS、DOC、XML 等，通常是 TXT 文件。如果导出的是纯数据，不存在建表信息，也可以直接导入到另外一个同数据库的不同表中，当然表结构要相同。这种备份方法比较灵活机动。如下所示。

将 course 表数据进行备份，文件存放在“D:/BACKUP”目录下，文件类型为.xls。

```
mysql>SELECT * FROM course INTO OUTFILE'D:/BACKUP/course.xls';
```

将 teachers 表数据进行备份，文件存放在“D:/BACKUP”目录下，文件类型为.xml。

```
mysql>SELECT * FROM teachers INTO OUTFILE'D:/BACKUP/teachers.xml';
```

18.2 用 LOAD DATA INFILE 恢复表数据

【任务 18.2】恢复 students 表数据。

尝试用 DELETE 删除 students 表的某些数据或全部数据。

```
mysql>DELETE FROM students;
```

用下面的语句恢复。

```
mysql>LOAD DATA INFILE'D:/BACKUP/students.TXT' INTO TABLE students ;
```

可用 SELECT * FROM students 查看恢复情况。

【任务 18.3】用备份好的 course.xls 文件恢复 course 表数据。

```
mysql>LOAD DATA INFILE'D:/BACKUP/course.xls' INTO TABLE course ;
```

分析与讨论

（1）如果表结构被破坏，那么不能用 LOAD DATA INFILE 恢复数据，要先恢复表结构。

（2）如果只是删除了部分数据，例如，删除了某位学生的记录，大部分记录仍在。如要恢复数据，为避免主键冲突，要用 REPLACE INTO TABLE 直接将数据进行替换来恢复数据。

```
mysql>LOAD DATA INFILE'D:/BACKUP/students.TXT' REPLACE INTO TABLE students;
```

18.3 用 mysqldump 备份与恢复

MySQL 提供了很多免费的客户端程序和实用工具，在 MySQL 目录下的 bin 子目录中存储着这些客户端程序。不同的 MySQL 客户端程序可以连接服务器以访问数据库或执行不同的管理任务。下面简单介绍一下 mysqldump 程序和 mysqlimport 程序。

mysqldump 默认导出的.sql 文件中不仅包含了表数据，还包含导出数据库中所有数据表的结构信息。另外，使用 mysqldump 程序导出的 SQL 文件如果不带绝对路径，默认是保存在 bin 目录下的。

语法格式如下。

```
mysqldump-hhostname -uusername -ppassword [options] db_name [Table] > filename
```

说明 **（1）-h 后面是主机名，如是本地主机登录，该项可忽略。**

（2）使用 mysqldump 要指定用户名和密码。其中，-u 后面是用户名，-p 后面是密码，选项后都不能有空格。

（3）[options]是选项。选项很多，下面只列出几个常用的选项。

①--databases db1[db2,db3 ...]，表示备份库。

②--all-databases，表示备份所有库。

③--tab=，表示数据和创建表的 SQL 语句分开备份成不同的文件。

18.3.1 进入 mysqldump

打开 DOS 终端，进入 bin 目录，路径为“C:\Program Files<x86>\MySQL\MySQL Server 5.5\bin”，如图 18.1 所示。

图 18.1 进入 bin 目录

18.3.2 备份与恢复表

1. 备份单个表

【任务 18.4】备份 students 表，将文件保存在“D:/BACKUP”文件夹中。

```
mysqldump -uroot -p123456 JXGL STUDENTS>D:/BACKUP/ students.sql
```

2. 同时备份多个表

【任务 18.5】备份 JXGL 数据库的 students、course 和 score 表的数据和结构。

```
mysqldump -uroot -p123456 JXGL students   course   score >D:/BACKUP/tables.sql
```

3. 恢复表

【任务 18.6】恢复 students 表的数据和结构。

假设不小心用 DROP 语句删除了 students 表，或改变了表的结构，或删除了数据。可以用下面的语句进行恢复。

```
mysql -uroot -p123456   JXGL <D:/BACKUP/ students.sql;
```

由于上面备份好的 tables.sql 文件包含了 students、course 和 score 这 3 张表的数据和结构，因此也可以用该备份文件来恢复 students 表。

```
mysql -uroot -p123456   JXGL<D:/BACKUP/tables.sql
```

18.3.3 备份与恢复库

mysqldump 程序还可以将一个或多个数据库备份到一个.sql 文件中，这时要加一个选项--databases。

1. 备份与恢复单个数据库

【任务 18.7】备份 JXGL 数据库。

```
mysqldump -uroot -p123456 --databases JXGL >D:/BACKUP/JXGL.sql
```

2. 同时备份与恢复多个数据库

【任务 18.8】备份 JXGL 和 YSGL 数据库。

```
mysqldump -uroot-p123456 --databases JXGL YSGL>D:/BACKUP/twodb.sql
```

【任务 18.9】备份所有数据库。

```
mysqldump -uroot-p123456 --all-databases >D:/BACKUP/alldb.sql
```

假设 JXGL 数据库被删除，可用上面备份的任何一个.sql 文件恢复。

```
mysql -uroot-p123456 JXGL< D:/BACKUP/alldb.sql
```

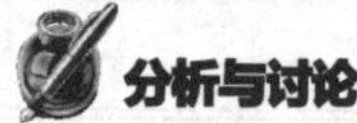

（1）以上用 mysqldump 备份的文件是.sql 文件，该文件备份了数据库表的结构和数据。如果数据库表的结构或数据被破坏，都可以用备份的文件来恢复。

（2）备份多表时，表之间用空格隔开。同理，要备份多个数据库，数据库之间也是用空格隔开。

（3）密码也可以先不输入，执行命令后会提示输入密码，再输入该数据库用户的密码。用这种方法输入，密码部分将显示为“****”，有利于保证密码的安全。**

（4）备份一个庞大的数据库，输出文件也将很庞大，难以管理，可以把数据表进行单独备份或者几张表一起备份，将备份文件分成较小、更易于管理的文件。

（5）mysqldump 与 MySQL 服务器协同操作，mysqldump 比下面要讲的直接复制移植要慢些。但是，mysqldump 能够生成可移植到其他机器的文本文件，甚至可移植到那些有不同硬件结构的机器上。mysqldump 产生的输出可在以后用作 MySQL 的输入来重建数据库。

```
mysqldump -uroot -p—databases JXGL >D:/BACKUP/2014-6-14.txt
```

在文本文件“2014-6-14.txt”中输出了表创建、表数据插入，以及存储过程、存储函数、触发器、事件等对象的创建语句，如图 18.2 所示。这些语句可作为以后 MySQL 的输入来创建数据库。

2014-6-14.txt - 记事本

文件(F) 编辑(E) 格式(O) 查看(V) 帮助(H)

```
--

DROP TABLE IF EXISTS `students`;
/*!40101 SET @saved_cs_client     = @@character_set_client */;
/*!40101 SET character_set_client = utf8 */;
CREATE TABLE `students` (
  `s_no` char(6) NOT NULL COMMENT '学号',
  `s_name` char(6) default NULL COMMENT '姓名',
  `sex` char(2) default '男' COMMENT '性别',
  `birthday` date default NULL COMMENT '出生日期',
  `D_NO` char(6) default NULL COMMENT '所在系部',
  `address` varchar(20) default NULL COMMENT '家庭地址',
  `phone` varchar(20) default NULL COMMENT '联系电话',
  `photo` blob COMMENT '照片',
  PRIMARY KEY  (`s_no`),
  UNIQUE KEY `s_name` (`s_name`),
  KEY `department` (`D_NO`)
) ENGINE=InnoDB DEFAULT CHARSET=gb2312;
/*!40101 SET character_set_client = @saved_cs_client */;

--
-- Dumping data for table `students`
--
```

图 18.2　备份为文本文件

18.3.4　将表结构和数据分别备份

可以通过使用“--tab=”选项，分别导出表数据和表结构的 SQL 语句。分别创建存储数据内容的.txt 文件和包含创建表结构的 SQL 语句的.sql 文件。如果某表数据或结构被破坏，可分别用相应的文件进行恢复，这种备份方式节省时间，提高效率。

【任务 18.10】将 JXGL 数据库的表结构和数据分别备份。

```
mysqldump -uroot -p123456 --tab=D:/BACKUP/  JXGL
```

在“D:/BACKUP”目录下将生成保存数据的 course.txt、score.txt、students.txt、teachers.txt 和 departments.txt 等多个文本文件，生成保存表结构的 course.sql、score.sql、students.sql、teachers.sql 和 departments.sql 等多个.sql 文件。

假设 students 表的结构被破坏。可用下面命令恢复。

```
mysql -uroot-p123456 JXGL< D/BACKUP/students.sql
```

假设 students 表的数据被破坏。可用下面命令恢复。

```
mysql -uroot -p123456 JXGL< D/BACKUP/students.txt
```

分析与讨论

（1）要备份的表名称尽量不要使用中文名，否则备份的文件名会出现乱码，甚至不能执行备份。为避免因中文表名出现的备份问题，可以在导出执行文件的时候指定编码格式。

```
mysqldump -uroot-p123456 --default-character-set=gb2312  --tab=D:/BACKUP/  JXGL
```

（2）如果原文件夹中有同名的备份文件，则备份文件将覆盖原文件。

（3）使用该命令也可以备份视图。

18.3.5 备份与恢复其他方面

1. 备份数据库结构

备份数据库结构的语法格式如下。

```
mysqldump–no-data–databases databasename1 databasename 2> structurebackupfile.sql
```

2. 直接将 MySQL 数据库压缩备份

直接将 MySQL 数据库压缩备份的语法格式如下。

```
mysqldump –hhostname –uusername –ppassword databasename | gzip > backupfile.sql.gz
```

3. 还原压缩的 MySQL 数据库

还原压缩的 MySQL 数据库的语法格式如下。

```
gunzip < backupfile.sql.gz | mysql –uusername –ppassword databasename
```

4. 将数据库转移到新服务器

将数据库转移到新服务器的语法格式如下。

```
mysqldump –uusername –ppassword databasename | mysql–host=hostname –C databasename
```

mysqldump 还可以支持下列选项。

（1）–add-locks。在每个表导出之前增加 LOCK TABLES 并且之后使用 UNLOCK TABLE(为了更快地插入 MySQL)。

（2）–add-drop-table。在每个 CREATE 语句之前增加一个 DROP TABLE。

（3）–allow-keywords。允许创建使用关键词的列名。

（4）–c, –complete-insert。使用完整的 INSERT 语句（用列名字）。

（5）–c, –compress。如果客户和服务器均支持压缩，压缩两者间所有的信息。

（6）–delayed。采用延时插入方式 INSERT DELAYED 导出语句。

（7）–e, –extended-insert。使用具有多个 VALUES 列的 INSERT 语句，使导出文件更小，并提高导入时的速度。

18.4 用 mysqlimport 恢复表数据

mysqlimport 程序可以用来恢复表中的数据，它提供了 LOAD DATA INFILE 语句的一个命令行接口，可以发送一个 LOAD DATA INFILE 命令到服务器运行。用 mysqlimport 恢复数据，大多数情况下直接对应 LOAD DATA INFILE 语句。

mysqlimport 的语法格式如下。

```
mysqlimport [options] db_name filename ...
```

【任务 18.11】假设 score 表部分数据被破坏，用之前备份的 score.txt 恢复 score 表数据。

```
mysqlimport –uroot-p --replace   JXGL D:/BACKUP/score.txt
```

说 明　--replace 选项表示在恢复数据时直接替换原有的数据。如果不用--replace，由于只是部分数据被破坏，在恢复未被破坏的数据时会出现主键冲突错误。

18.5 用 SOURCE 恢复表和数据库

MySQL 最常用的数据库导入命令就是 SOURCE。SOURCE 命令的用法非常简单，首先进入 MySQL 数据库的命令行管理界面，然后选择需要导入的数据库，再使用 SOURCE 命令将备份好的.sql

文件导入 MySQL 数据库。

1. 恢复表

【任务 18.12】不小心删除了 students 表的数据，用 SOURCE 命令恢复。

尝试删除 students 表。

```
mysql>DELETE FROM students;
```

假设已有 students 表的备份文件，放在“D:/ BACKUP”路径下，使用 SOURCE 命令把备份好的文件导入进行恢复。

```
mysql>use jxgl;
mysql>SOURCE D:/BACKUP/students.sql;
```

【任务 18.13】误修改了表结构或误删了表，用 SOURCE 命令恢复。

尝试修改表结构或删除表。

```
mysql>ALTER TABLE teachers DROP SEX;
mysql>DROP   TABLE   course;
```

假设已有 teachers 和 course 表的备份文件，放在“D:/ BACKUP”路径下，使用 SOURCE 命令把备份好的文件导入进行恢复。

```
mysql>use jxgl;
mysql>SOURCE D:/BACKUP/ teachers.sql;
mysql>SOURCE D:/BACKUP/ course.sql;
```

2. 恢复数据库

【任务 18.14】假设 JXGL 数据库中的某张表被删除，恢复受损的数据库。

```
mysql>use JXGL;
mysql>source D:/BACKUP/students.sql;
```

【任务 18.15】假设 JXGL 数据库被删除，恢复受损的数据库。利用已备份的 JXGL.sql 文件恢复。

```
mysql>CREATE DATABASE JXGL;
mysql>USE JXGL;
mysql>SOURCE D/BACKUP/JXGL.sql;
```

分析与讨论

（1）用 SOURCE 命令导入包含已备份好的.sql 文件，可以恢复整个数据库或某张表。

（2）使用 SOURCE 命令必须进入 MySQL 控制台并进入待恢复的数据库。

（3）如果数据库已被删除，没办法进入数据库，可以先创建一个同名的空数据库，然后用 USE 命令使用该数据库，再用 SOURCE 命令进行恢复。当然，也可以直接用 SOURCE 命令导入备份文件进行恢复。

（4）在导入数据前，可以先确认设置编码格式，如果不设置可能会出现乱码。

```
mysql>set names gb2312;
mysql>SOURCE D:/BACKUP/JXGL.sql;
```

18.6 用日志备份

MySQL 启动时，在 MySQL 的 data 目录下自动创建二进制日志文件(C:\ProgramData\MySQL\MySQL Server 8.0\data)。默认文件名为主机名，例如 mysql-bin.000001，每次启动服务器或刷新日志时该数字增加 1。

当使用 mysqlbinlog 工具处理日志时，日志必须处于 bin 目录下，所以日志的路径就指定为 bin 目录，这需要修改“C:\Program BACKUP\MySQL”文件夹中的 my.ini 选项文件。打开该文件，找到“mysqld”所在行，在该行后面加上如下一行代码。

```
log-bin=C:/Program BACKUPs/MySQL/MySQL Server 5.5/bin/bin_log
```

保存文件，重启服务器。

在DOS命令行中输入以下命令，先关闭服务器。

```
net stop mysql
```

再启动服务器。

```
net start mysql
```

此时，MySQL安装目录的bin目录下会多出两个文件：bin_log.000001和bin_log.index。

使用日志恢复数据的语法格式如下。

```
mysqlbinlog [options] log-BACKUPs... | mysql [options]
```

【任务18.16】 假设星期三12：00时数据库崩溃，经过查看日志，其中bin_log.000020是在星期三8：00创建的，现想将数据库恢复到8：00的状态。

```
mysqlbinlog bin_log.000020 | mysql -uroot -p123456
```

【项目实践】

在YSGL数据库中进行如下操作。

（1）用mysqldump备份YSGL数据库。

① 尝试删除数据库的Departments表，还原数据库，然后查看恢复情况。

② 尝试修改表Employees的结构，删除某字段，还原数据库，然后查看恢复情况。

（2）用mysqldump备份Departments表，将文件保存在“D:/ mysqlbackup”文件夹中，然后删除该表数据，再用.sql文件导入进行恢复，查看恢复情况。

（3）用 mysqldump 分别备份所有表的数据和结构，将分别生成.txt 文件和.sql 文件。尝试破坏Departments表的结构和数据，然后用备份好的Departments.sql恢复表结构,用mysqlimport和备份好的Departments.txt文件恢复表数据。

（4）用SELECT INTO OUTFILE语句把Employees表数据导出到一个文本文件“D:\mysqlbackup\ Employees.txt”,然后删除表中的所有数据,尝试使用LOAD DATA INFILE语句将备份好的.txt文件导入表进行恢复，并查看恢复情况。

【习题】

一、编程与应用题

1. 请使用SELECT INTO OUTFILE语句，备份数据库bookdb中contentinfo表的全部数据到D盘的BACKUP目录下一个名为backupcontent.txt的文件中。假设表数据被破坏，使用LOAD DATA INFILE语句将备份好的backupcontent.txt文件导入，恢复contentinfo表数据。

2. 用mysqldump备份bookdb，备份在“D:\BACKUP”目录下，文件名为bookdb.sql。假设数据库数据被破坏，使用命令用备份好的bookdb.sql文件恢复数据库。

二、简答题

1. 为什么在MySQL中需要进行数据库的备份与恢复操作?

2. MySQL数据库备份与恢复的常用方法有哪些?

3. 当使用直接复制方法实现数据库备份与恢复时，需要注意哪些事项?

4. 二进制日志文件的用途是什么?

思维导图

数据库备份与恢复

任务 19 数据库性能优化

19

【任务背景】

Web 数据库每天要接受来自网络的成千上万用户的连接访问。在对数据库频繁访问的情况下，数据库的性能越来越成为整个应用的性能瓶颈。可想而知，如果用户查询一条信息要花费很长时间，谁还会到你的网站查找信息?

优化 MySQL 数据库是数据库管理员的必备技能。性能优化是通过某些有效的方法提高 MySQL 数据库的性能，使 MySQL 数据库运行速度更快、占用的磁盘空间更小。不管是在进行数据库表结构设计，还是在创建索引、创建查询数据库操作的时候，都需要注意数据库的性能。性能优化包括很多方面，例如，优化 MySQL 服务器、优化数据库表结构、优化查询速度或优化更新速度等。

【任务要求】

数据库性能优化的方法很多。本任务将学习优化 MySQL 服务器、数据表、查询的方法和技巧。包括学习使用 ANALYZE TABLE 语句分析表，使用 CHECK TABLE 语句检查表，使用 OPTIMIZE TABLE 语句优化表，使用 REPAIR TABLE 语句修复表的方法；学习使用 EXPLAIN 语句对 SELECT 语句的执行效果进行分析，通过分析提出优化查询的方法以及学习掌握数据库的架构优化、配置文件优化、存储与数据格式优化等方法。

【任务分解】

19.1 优化 MySQL 服务器

19.1.1 通过修改 my.ini 文件进行性能优化

MySQL 配置文件（my.ini 文件）保存了服务器的配置信息，通过修改 my.ini 文件的内容可以优化服务器，提高性能。例如，在默认情况下，索引的缓冲区大小为 16MB，为得到更好的索引处理性能，可以指定索引的缓冲区大小。现要指定索引的缓冲区大小为 256MB，可以打开 my.ini 文件进行修改，在[mysqld]后面加上如下代码。

```
key_buffer_size=256M
```

假设用作 MySQL 服务器的计算机内存有 4GB 左右，主要的几个参数推荐设置如下。

```
sort_buffer_size=6M       //查询排序时所能使用的缓冲区大小
read_buffer_size=4M   //读查询操作所能使用的缓冲区大小
join_buffer_size=8M   //联合查询操作所能使用的缓冲区大小
query_cache_size=64M    //查询缓冲区的大小
max_connections=800       //指定 MySQL 允许的最大连接进程数
```

19.1.2 通过 MySQL 控制台进行性能优化

除了修改 my.ini 文件之外，还可以直接在 MySQL 控制台进行查看和修改设置。数据库管理员可以使用 SHOW STATUS LIKE 或 SHOW VARIABLES LIKE 语句来查询 MySQL 数据库的性能参数，然后用 SET 语句对系统变量进行赋值。

1. 查询主要性能参数

（1）用 SHOW STATUS LIKE 语句。

语法格式如下。

```
SHOW STATUS LIKE 'value';
```

其中，value 参数是常用的几个统计参数，如下。

Connections：连接 MySQL 服务器的次数。

Uptime：MySQL 服务器的上线时间。

Slow_queries：慢查询的次数。

Com_select：查询操作的次数。

Com_insert：插入操作的次数。

Com_delete：删除操作的次数。

Com_update：更新操作的次数。

（2）用 SHOW VARIABLES LIKE 语句。

语法格式如下。

```
SHOW VARIABLES LIKE 'value';
```

其中，value 参数是常用的几个统计参数，如下。

key_buffer_size：表示索引缓冲区的大小。

table_cache：表示同时打开的表的个数。

query_cache_size：表示查询缓冲区的大小。

Query_cache_type：表示查询缓冲区的开启状态。0 表示关闭，1 表示开启。

Sort_buffer_size：排序缓冲区的大小，这个值越大，排序速度就越快。

Innodb_buffer_pool_size：表示 InnoDB 类型的表和索引的最大缓存。这个值越大，查询的速度就会越快。但是，这个值太大也会影响操作系统的性能。

2. 设置性能指标参数

例如，要设置查询缓冲区的系统变量，可先执行以下命令进行观察。

```
mysql>SHOW VARIABLES LIKE '%query_cache%';
```

运行结果如图 19.1 所示。

其中，

（1）query_cache_type：表示查询缓冲区的开启状态。0 表示关闭，1 表示开启。

查询缓冲区主要是为了提高经常执行相同的查询操作的速度，但是，另一方面查询缓冲区也无形中增加了系统的开销，所以有时为减少系统的开销，也可以关闭查询缓冲区。

输入如下命令。

```
mysql>USE MYSQL;
mysql>SET @@Query_cache_type=0;
```

（2）如果你希望禁用查询缓冲区，也可以设置 query_cache_size=0。禁用了查询缓冲区，将没有明显的开销。

```
mysql>USE MYSQL;
mysql>SET @@global.query_cache_size=0;
```

（3）query_cache_limit：表示不要缓冲大于该值的结果，默认值是 1 048 576(1MB)。

如果要设置缓冲区不大于 64MB（64×1024×1024=67 108 864），可以输入如下命令。

```
mysql>set @@global.query_cache_limit=67108864;
```

再来查看查询缓冲区系统变量的情况。

```
mysql>SHOW VARIABLES LIKE '%query_cache%';
```

运行结果如图 19.2 所示。

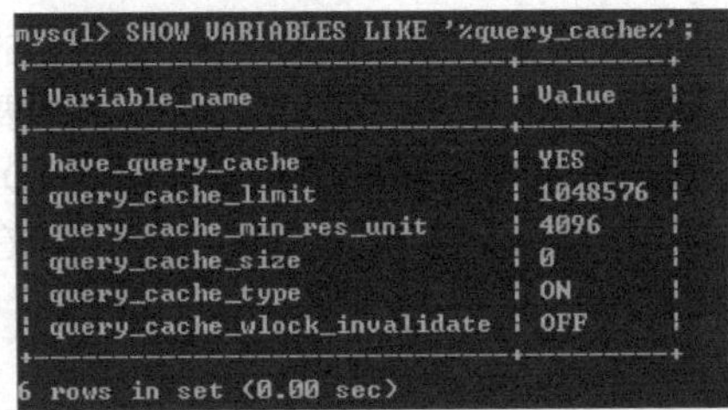

```
mysql> SHOW VARIABLES LIKE '%query_cache%';
+------------------------------+---------+
| Variable_name                | Value   |
+------------------------------+---------+
| have_query_cache             | YES     |
| query_cache_limit            | 1048576 |
| query_cache_min_res_unit     | 4096    |
| query_cache_size             | 0       |
| query_cache_type             | ON      |
| query_cache_wlock_invalidate | OFF     |
+------------------------------+---------+
6 rows in set (0.00 sec)
```

图 19.1　设置查询缓冲区之前的运行结果

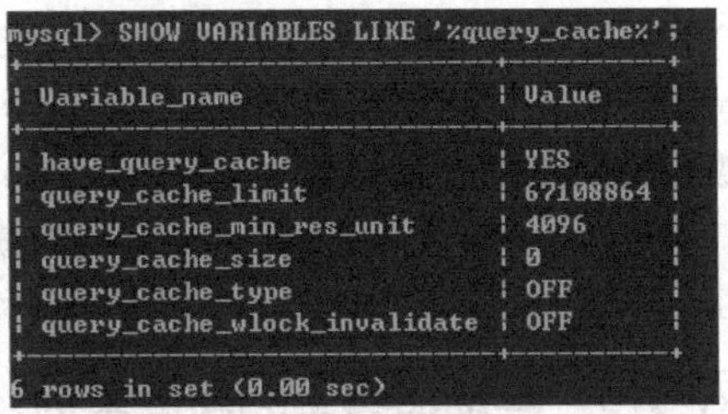

```
mysql> SHOW VARIABLES LIKE '%query_cache%';
+------------------------------+----------+
| Variable_name                | Value    |
+------------------------------+----------+
| have_query_cache             | YES      |
| query_cache_limit            | 67108864 |
| query_cache_min_res_unit     | 4096     |
| query_cache_size             | 0        |
| query_cache_type             | OFF      |
| query_cache_wlock_invalidate | OFF      |
+------------------------------+----------+
6 rows in set (0.00 sec)
```

图 19.2　设置查询缓冲区之后的运行结果

从图中可以看到，参数已发生了相应的改变。

19.2　优化表结构设计和数据操作

表是存放数据的地方，表结构的精心设计在改进数据库性能中将起到非常重要的作用。下面介绍优化数据表的几种方法。

19.2.1　添加中间表

在实际的数据查询过程中，有时候经常查询来自两个及两个以上表的相关字段，这就要求进行多表的连接查询。如果经常进行连接查询，会浪费很多的时间，降低 MySQL 数据库的性能。为避免频繁地进行多表连接查询，提高数据库性能，可以创建一张中间表。这张表包含需要经常查询的相关字段，然后从基本表中将数据插入中间表中，之后就可以使用中间表来进行查询和统计了，这样会快很多。

例如，在 JXGL 数据库，假设要经常查询学生姓名、课程名和成绩情况。由于这些信息分别来自 students、course 和 score 这 3 张表，因此必须进行连接查询。现将这些字段添加至一张中间表 student_INFO 中。

创建中间表，SQL 语句如下。

```
mysql>CREATE TABLE student_INFO
(
S_NO   VARCHAR(6)    NOT NULL,
S_NAME VARCHAR(6)   NOT NULL,
C_NAME VARCHAR(9)   NOT NULL,
SCORE FLOAT(6, 2)      NOT NULL
);
```

插入数据到中间表，SQL 语句如下。

```
mysql>INSERT INTO student_INFO
SELECT students.S_NO,  students.S_NAME,  course.C_NAME,  score
FROM students, course, score
WHERE students.S_NO=score.S_NO
AND course.C_NO=score.C_NO;
```

以后从中间表进行查询统计就很方便，不需要进行多表的连接，提高查询效率。

例如，查询 80 分以上的学生，SQL 语句如下。

```
mysql>SELECT * FROM student_INFO WHERE score>80;
```

再如，统计学生的平均成绩，SQL 语句如下。

```
mysql>SELECT S_NAME, AVG(score)   FROM scoreinfo2 GROUP BY S_NAME;
```

再如，按课程统计各课程的平均分，SQL 语句如下。

```
mysql>SELECT C_NO,   AVG(score)   FROM scoreinfo2 GROUP BY C_NO;
```

19.2.2 增加冗余字段

在创建表的时候有意识地增加冗余字段，可以减少连接查询操作，提高性能。例如，课程的信息存储在 course 表中，成绩信息存储在 score 表中，两表通过课程编号 C_NO 建立关联。如果要查询选修某门课（如 MySQL）的学生，必须从 course 表中查找课程名称所对应的课程编号（C_NO），然后根据这个编号到 score 表中查找该课程成绩。为减少查询时由于建立连接查询浪费的时间，可以在 score 表中增加一个冗余字段 c_name，该字段用来存储课程的名称。

19.2.3 合理设置表的数据类型和属性

1. 选取适用的字段类型

表中字段的宽度应设得尽可能小。例如，在定义地址字段时，一般使用 CHAR 或 VARCHAR，考虑到一般情况下地址字段的长度是 10 个字符左右，没必要设置 CHAR（255），尽量减少不必要的空间损耗。又如，如果不需要记录时间，使用 DATE 要比使用 DATETIME 好得多。

使用 ENUM 而不是 VARCHAR 也可以节省空间。对诸如“省份”“性别”“爱好”“民族”“部门”等字段，可以选择 ENUM 数据类型。一方面这样的字段取值是有限而且固定的；另一方面 MySQL 把 ENUM 类型当作数值型数据来处理，数值型数据处理起来的速度要比文本类型快得多。

在 phpMyAdmin 中的“规划表结构”里可以得到相关表结构字段类型方面的建议。“规划表结构”会让 MySQL 帮你去分析字段和其实际的数据。例如，如果创建了一个 INT 字段作为主键，然而并没有太多的数据，那么 PROCEDURE ANALYSE()会建议把这个字段的类型改成 MEDIUMINT；或是你使用了一个 VARCHAR 字段，因为数据不多，可能会得到一个让你把它改成 ENUM 的建议。

也可以直接使用下面的 SQL 语句进行分析。

```
mysql>SELECT * FROM departments PROCEDURE ANALYSE( ) \G
```

运行结果如图 19.3 所示。

```
             Field_name: yggl.departments.DepartmentName
              Min_value: 财务部
              Max_value: 研发部
             Min_length: 6
             Max_length: 10
       Empties_or_zeros: 0
                  Nulls: 0
Avg_value_or_avg_length: 7.6000
                    Std: NULL
      Optimal_fieldtype: ENUM('财务部','经理办公室','人力资源部','市场部','研发
部') NOT NULL
```

图 19.3　字段类型分析运行结果

从最后一行可以看到，建议 DepartmentName 字段使用 ENUM 类型。

2. 为每张表设置一个 ID

为数据库里的每张表都设置一个 ID 作为其主键也可以提高效率。最好是设置一个 INT 型的主键（推荐使用 UNSIGNED），并设置自动增量（AUTO_INCREMENT）。

3. 尽量避免定义 NULL

另外一个提高效率的方法是在可能的情况下尽量把字段设置为 NOT NULL，这样在将来执行查询的时候数据库不用去比较 NULL。

19.2.4 优化插入记录的速度

有多种方法可以优化插入记录的速度。

（1）对于大量数据，可以先加载数据再建立索引，如果已建立了索引，可以先把索引禁止。这是因为 MySQL 会根据表的索引对插入的记录进行排序，不断地刷新索引，如果插入大量数据，会降低插入的速度。

禁止和启用索引的语法如下。

```
mysql>ALTER TABLE  table_name  DISABLE KEYS;
mysql>ALTER TABLE  table_name  ENABLE KEYS;
```

（2）加载数据时要采用批量加载，尽量减少 MySQL 服务器对索引的刷新频率。尽量使用 LOAD DATA INFILE 语句插入数据，而不用 INSERT 语句插入数据。如果必须使用 INSERT 语句，请尽量使它们集中在一起，一次插入多行记录，不要一次只插入一行。

19.2.5 对表进行分析、检查、优化和修复

1. 使用 ANALYZE TABLE 语句分析表

MySQL 的优化元件（Optimizer）在优化 SQL 语句时，首先需要收集相关信息，其中就包括表的散列程度（Cardinality），它表示某个索引对应的列包含多少个不同的值。如果 Cardinality 远小于数据的实际散列程度，那么索引就基本失效了。

语法格式如下。

```
ANALYZE TABLE  table_name;
```

例如，分析 course 表的运行情况，先使用 SHOW INDEX 语句来查看索引的散列程度。

```
mysql>SHOW INDEX FROM course \G;
```

运行结果如图 19.4 所示。

可以看到，索引字段是 c_name 的 cardinality 的值为 2。但是 course 表的 c_name 数量 11 远远多于 2，因此索引是无效的。此时可以使用 ANALYZE TABLE 进行修复。

```
mysql>ANALYZE TABLE course ;
```

运行结果如图 19.5 所示。各项表达的意义如下。

Table：表示表的名称。

Op：表示执行的操作。analyze 表示进行分析操作，check 表示进行检查查找，optimize 表示进行优化操作。

Msg_type：表示信息类型，其显示的值通常是状态（status）、警告（warning）、错误（error）和信息（info）4 者之一。

Msg_text：显示信息。

检查表和优化表之后也会出现这 4 列信息。

需要注意的是，如果开启了 binlog，那么 Analyze Table 的结果也会写入 binlog，可以在 analyze 和 table 之间添加关键字 local 取消写入。

修复后再查看一下 Cardinality 值，如图 19.6 所示，可以看出 cardinality 值已变为 11，没有远小于数据的实际散列程度（11），因此索引是有效的。

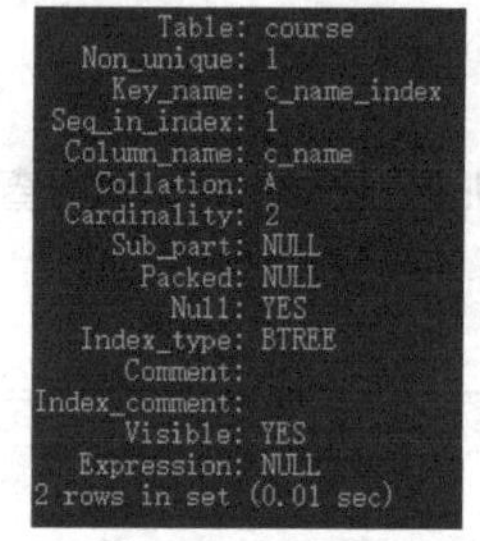

```
       Table: course
  Non_unique: 1
    Key_name: c_name_index
Seq_in_index: 1
 Column_name: c_name
   Collation: A
 Cardinality: 2
    Sub_part: NULL
      Packed: NULL
        Null: YES
  Index_type: BTREE
     Comment:
Index_comment:
     Visible: YES
  Expression: NULL
2 rows in set (0.01 sec)
```

图 19.4　优化散列程度之前

Table	Op	Msg_type	Msg_text
xsgl.course	analyze	status	OK

1 row in set (0.00 sec)

图 19.5　ANALYZE TABLE运行结果

```
       Table: COURSE
  Non_unique: 1
    Key_name: c_name
Seq_in_index: 1
 Column_name: c_name
   Collation: A
 Cardinality: 11
    Sub_part: NULL
      Packed: NULL
        Null: YES
  Index_type: BTREE
     Comment:
2 rows in set (0.00 sec)
```

图 19.6　优化散列程度之后

2. 使用 CHECK TABLE 语句检查表

数据库会遇到错误，譬如数据写入磁盘时发生错误，或是索引没有同步更新，或是数据库未关闭MySQL 就停止了。这时，可以使用 CHECK TABLE 语句检查表是否有错误。

语法格式如下。

```
CHECK  TABLE  Table_name;
```

例如，检查 student 表的运行情况，语句如下。

```
mysql>CHECK TABLE student;
```

运行情况如图 19.7 所示。

从图中可以看出检查结果是“OK”，没有出现什么错误。

3. 使用 OPTIMIZE TABLE 语句优化表

当表上的数据行被删除时，所占据的磁盘空间并没有立即被回收。另外，对于那些声明为可变长度的数据列（如 VARCHAR 型），时间长了会使得数据表出现很多碎片，降低查询效率。OPTIMIZE TABLE 语句可以消除因删除和更新操作造成的磁盘碎片，用于回收闲置的数据库空间，从而减少空间浪费。使用 OPTIMIZE TABLE 语句后这些空间将被回收，并且对磁盘上的数据行进行重排。OPTIMIZE TABLE 只对 MyISAM、BDB 和 InnoDB 表起作用，只能优化表中的 VARCHAR、BLOB 和 TEXT 类型的字段。对于写操作比较频繁的表，要定期进行优化，一个星期或一个月一次，根据实际情况而定。

语法格式如下。

```
OPTIMIZE TABLE table_name;
```

例如，优化 students 表，语句如下。

```
OPTIMIZE TABLE students;
```

4. 使用 REPAIR TABLE 语句修复表

使用 REPAIR TABLE 语句修复表的语法格式如下。

```
REPAIR TABLE table_name;
```

这条语句同样可以指定选项，如下所示。

QUICK：最快的选项，只修复索引树。

EXTENDED：最慢的选项，需要逐行重建索引。

USE_FRM：只有当 MYI 文件丢失时才使用这个选项，全面重建整个索引。

REPAIR TABLE 语句只对 MyISAM 和 ARCHIVE 类型的表有效。

例如，要修复 students 表，语句如下。

```
mysql>REPAIR TABLE students;
```

在 WAMP 下也可以进行表的检查、整理、优化等性能优化操作。例如，选择 course 表，打开“表结构”，在左下方可以看到“表维护”，分别选择相应的操作，就会运行相应的语句进行优化，如图 19.8 所示。

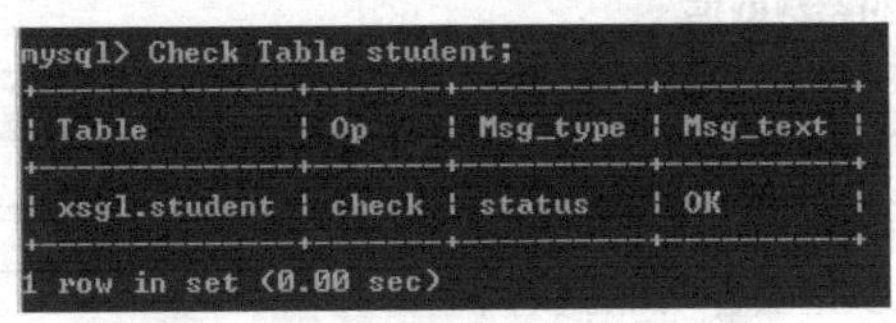

图 19.7　检查 students 表的运行情况

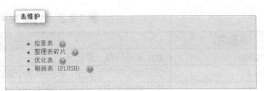

图 19.8　WAMP 下检查表、整理表、优化表

19.3　优化查询

查询是数据库中最频繁的操作之一。在实际工作中，无论是对数据库系统（DBMS），还是对数据库应用系统（DBAS），查询优化一直是一个重要课题，提高查询速度可以有效地提高 MySQL 数据库的性能。一个成功的数据库应用系统的开发，肯定会在查询优化上付出很多心血。对查询优化的处理，不仅会影响数据库的工作效率，还会给数据库用户带来实实在在的效益。

19.3.1　查看 SELECT 语句的执行效果

在 MySQL 中，可以使用 EXPLAIN 语句和 DESCRIBE 语句来分析查询语句的执行效果。

1. 使用 EXPLAIN 语句

EXPLAIN 语句是解决数据库性能的第一推荐使用命令，大部分的性能问题可以通过该命令解决。EXPLAIN 语句可以用来查看 SQL 语句的执行效果，可以帮助选择更好的索引和优化查询语句，写出更好的优化语句。

EXPLAIN 语法格式如下。

```
explain select...from...[where ...]
```

例如，执行如下语句。

```
mysql>Explain   SELECT * FROM course where c_name= 'MySQL' \G
```

运行结果如图 19.9 所示。

由图可知，本来只是想从 course 表查询 MySQL 课程的信息，也就是只要输出一行结果，但是实际查询情况是要对表进行全扫描，检查的行数为 9 行。试想，如果数据量很大，如 10 000 行数据，势必要检查 10 000 行才能找到所需要的那一行记录，显然，这样的查询效率很低，有必要进行查询优化。

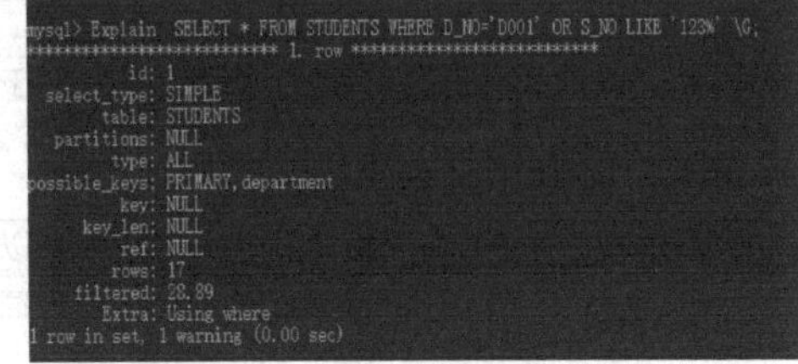

图 19.9　EXPLAIN 语句运行结果

下面对 EXPLAIN 语句输出行的相关信息进行说明。

（1）id 表示 SELECT 的查询序列号。

（2）select_type 表示查询的类型，常见的查询类型见表 19.1。

表 19.1　常见的查询类型

参数	参数说明
simple	表示简单查询(不使用 union 和子查询)
primary	表示主查询或者是最外面的 select 语句
union	表示连接查询（union）中的第二个或后面的 select 语句
subquery	表示子查询中的第一个 select 语句

（3）table：输出行所引用的表。

（4）type：这一行最重要，显示连接使用了哪种连接类别，是否使用索引。它是使用 Explain 命令分析性能瓶颈的关键项之一。常见的 type 参数取值见表 19.2。

表 19.2 type 常用的参数取值

参数	参数说明
system	表示表中只有一条记录
const	表示表中有多条记录，但只从表中查询一条记录
eq_ref	表示多表连接时，后面的表使用了 UNIQUE 或者 PRIMARY KEY
ref	表示多表查询时，后面的表使用了普通索引
unique_subquery	表示子查询中使用了 UNIQUE 或者 PRIMARY KEY
index_subquery	表示子查询使用了普通索引
range	表示查询语句给出了查询范围
index	表示对表中的索引进行了完整的扫描，比 ALL 速度快
ALL	表示对表中数据进行全扫描

按照从最佳类型到最坏类型进行排序，如下所示。

```
system > const > eq_ref > ref > fulltext > ref_or_null > index_merge > unique_subquery > index_subquery > range > index > ALL
```

一般来说，要保证查询至少达到 range 级别，最好能达到 ref 级别，否则就可能出现性能问题。

（5）possible_keys：表示查询中可能用到哪个索引。如果该列是 NULL，则没有相关的索引。

（6）key：显示查询实际使用的键（索引）。

（7）key_len：显示使用的索引字段的长度。

（8）ref：显示使用哪个列或常数与索引一起来查询记录。

（9）rows：显示执行查询时必须检查的行数。

（10）Extra：包含解决查询问题的附加信息，也是关键参考项之一。想要让查询尽可能快，就应该注意 Extra 字段的值为 Using filesort 和 Using temporary 的情况，见表 19.3。

表 19.3 字段取值情况

参数	参数说明
Distinct	一旦找到了与查询条件匹配的第一条记录，就不再搜索其他记录
Not exists	MySQL 优化了 LEFT JOIN，一旦它找到了匹配 LEFT JOIN 标准的行，就不再搜索更多的记录
Range checked for each Record（index map:#）	没找到合适的可用的索引。对于前一张表的每一个行连接，它会做一个检验以决定该使用哪个索引（如果有的话），并且使用这个索引来从表里取得记录。这个过程不会很快，但比没有任何索引时做表连接快
Using filesort	MySQL 需要进行额外的步骤以排好的顺序取得记录。查询需要优化
Using index	字段的信息直接从索引树中的信息取得，而不再去扫描实际的记录。这种策略用于查询时的字段是一个独立索引的一部分
Using temporary	MySQL 需要创建一张临时表来存储结果，这通常发生在查询时包含 ORDER BY 和 GROUP BY 子句，以不同的方式列出各种字段的情形。查询需要优化
Using where	使用 WHERE 从句来限制哪些行将与下一张表匹配或者返回给用户

再如，分析下列查询的执行效果。

```
mysql>Explain SELECT D_NO, SEX , COUNT(*)
FROM students
GROUP BY D_NO, SEX \G;
```

运行结果如图 19.10 所示。

```
           id: 1
  select_type: SIMPLE
        table: STUDENTS
         type: ALL
possible_keys: NULL
          key: NULL
      key_len: NULL
          ref: NULL
         rows: 17
        Extra: Using temporary; Using filesort
1 row in set (0.03 sec)
```

图 19.10 分析查询的运行结果

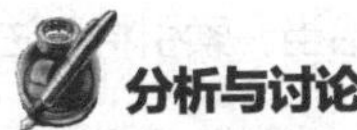

分析与讨论

当 Extra 值为 Using filesort 和 Using temporary 时，表示需要优化查询。

2. 使用 DESCRIBE 语句

DESCRIBE 语句的使用方法与 EXPLAIN 语句是一样的。分析结果也一样。

语法格式如下。

```
DESCRIBE SELECT 语句
```

DESCRIBE 可以缩写成 DESC。

19.3.2 使用索引优化查询

使用索引可以快速定位到符合条件的字段的值，提高查询的效率。

【任务 19.1】为搜索字段建立普通索引。

```
mysql>explain select * from student   where sex='男' \G
```

运行结果如图 19.11 所示。

分析与讨论

可以看出本任务只是使用了 WHERE 从句的一个简单查询，没有使用索引进行查询，type 为 ALL 表示要对表进行全扫描，执行查询时必须检查的行数是 12 行。

如果对性别增加索引，如下所示。

```
mysql>ALTER TABLE student ADD INDEX (SEX);
```

再来查看 EXPLAIN 语句的运行结果，如图 19.12 所示。

```
mysql> explain select * from student  where sex='男'\G;
*************************** 1. row ***************************
           id: 1
  select_type: SIMPLE
        table: student
         type: ALL
possible_keys: NULL
          key: NULL
      key_len: NULL
          ref: NULL
         rows: 12
        Extra: Using where
1 row in set (0.00 sec)
```

图 19.11 【任务 19.1】运行结果

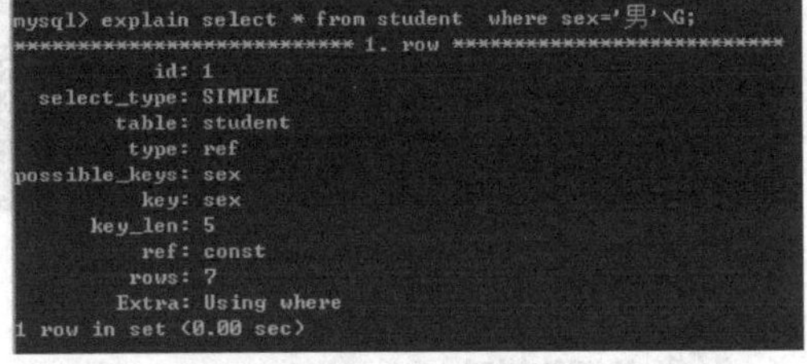

图 19.12 增加性别索引后的运行结果

分析与讨论

可以看到执行查询时要检查的行数只有 7 行，type 值上升为 ref。

【任务 19.2】为搜索字段建立 UNIQUE 索引。

```
mysql>Explain SELECT * FROM student WHERE s_name='李军'\G
```

在 s_name 尚未创建索引前，查看 Explain 语句的运行结果，如图 19.13 所示。

对 s_name 列创建 UNIQUE 索引。

```
mysql>ALTER TABLE student ADD UNIQUE (s_name);
```

再来查看 Explain 语句的运行结果，如图 19.14 所示。

分析与讨论

比较图 19.13 和图 19.14 可以看出，在还没有创建索引之前，是对表进行全扫描（type 为 ALL），执行查询时要检查的行数为 15 行；创建索引后，查询的行数只有 1 行，type 级别已经上升为 const，明显提高了查询性能。

绝大多数情况下使用索引可以提高查询的速度，但是如果 SQL 语句使用不恰当，索引将无法发挥它应有的作用。使用索引还要注意如下几个方面。

```
mysql> Explain SELECT * FROM  student WHERE s_name='李军'\G;
*************************** 1. row ***************************
           id: 1
  select_type: SIMPLE
        table: STUDENT
         type: ALL
possible_keys: NULL
          key: NULL
      key_len: NULL
          ref: NULL
         rows: 15
        Extra: Using where
1 row in set (0.00 sec)
```

图 19.13 【任务 19.2】运行结果

```
mysql> Explain SELECT * FROM  student  WHERE s_name='李军'\G;
*************************** 1. row ***************************
           id: 1
  select_type: SIMPLE
        table: STUDENT
         type: const
possible_keys: s_name
          key: s_name
      key_len: 13
          ref: const
         rows: 1
        Extra:
1 row in set (0.00 sec)
```

图 19.14 增加 UNIQUE 索引后的运行结果

1. 查询语句中使用多列索引

如果在一张表中创建了多列的复合索引，只有查询条件中使用了这些字段的第一个字段，索引才会被使用。

score 表的 S_NO 和 C_NO 是一个复合主键，索引名是 PRIMARY，S_NO 是复合索引的第一个字段，C_NO 是复合索引的第二个字段。

```
mysql>Explain SELECT * FROM score WHERE S_NO='122001'\G;
```

查看 Explain 语句的查询效果，如图 19.15 所示。

```
mysql>Explain SELECT * FROM score WHERE C_NO='A001'\G
```

查看 Explain 语句的查询效果，如图 19.16 所示。

```
mysql> Explain SELECT * FROM SCORE WHERE S_NO='122001' \G;
*************************** 1. row ***************************
           id: 1
  select_type: SIMPLE
        table: SCORE
         type: ref
possible_keys: PRIMARY
          key: PRIMARY
      key_len: 16
          ref: const
         rows: 4
        Extra: Using where
1 row in set (0.00 sec)
```

图 19.15 多列索引起作用的查询效果

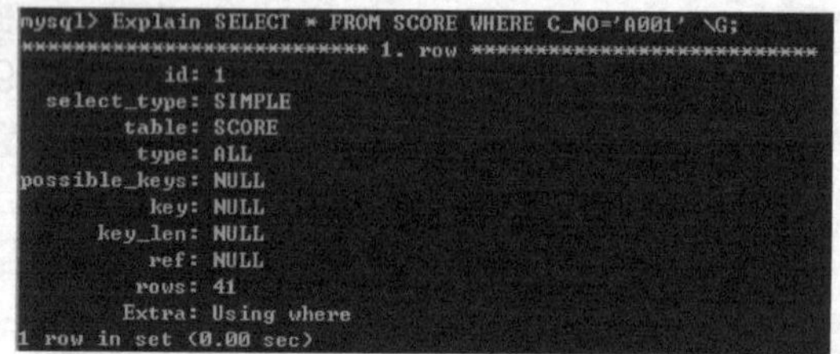

```
mysql> Explain SELECT * FROM SCORE WHERE C_NO='A001' \G;
*************************** 1. row ***************************
           id: 1
  select_type: SIMPLE
        table: SCORE
         type: ALL
possible_keys: NULL
          key: NULL
      key_len: NULL
          ref: NULL
         rows: 41
        Extra: Using where
1 row in set (0.00 sec)
```

图 19.16 多列索引未起作用的查询效果

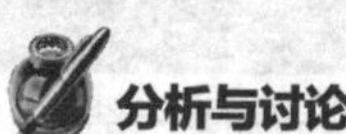

分析与讨论

从上面任务可以看出：第一种情况，索引在查询中起了作用，type 值为 ref，显示使用了 PRIMARY 索引，查询的行数只有 4 行；第二种情况，由于查询条件使用的是复合索引的第二个字段，因此索引在查询中未起作用，type 值为 ALL（全扫描），显示索引名为 NULL，查询的行数有 41 行。

2. 查询语句中使用 LIKE 关键字

```
mysql>Explain SELECT * FROM student WHERE s_name LIKE '王%' \G
```

查看 Explain 语句的查询效果，如图 19.17 所示。

```
mysql>Explain SELECT * FROM student WHERE s_name LIKE '_王%'  \G;
```

再来查看 Explain 语句的查询效果，如图 19.18 所示。

分析与讨论

s_name 列使用了索引，并使用 LIKE 关键字进行匹配，如果匹配字符（%或_）在字符串的后面，索引在其中起作用，如第一种情况，type 值为 range，检查的行数只有 1 行；反之，匹配字符（%或_）在字符串的前面，索引将不起作用，如第二种情况，type 值为 ALL，检查的行数为 12 行。

```
mysql> Explain SELECT * FROM STUDENT WHERE s_name like '王*'\G;
*************************** 1. row ***************************
           id: 1
  select_type: SIMPLE
        table: STUDENT
         type: range
possible_keys: s_name,s_name_2
          key: s_name
      key_len: 13
          ref: NULL
         rows: 1
        Extra: Using where
1 row in set (0.00 sec)
```

图 19.17　LIKE 关键字索引起作用的查询效果

```
mysql> Explain SELECT * FROM STUDENT WHERE s_name like '_王%'\G;
*************************** 1. row ***************************
           id: 1
  select_type: SIMPLE
        table: STUDENT
         type: ALL
possible_keys: NULL
          key: NULL
      key_len: NULL
          ref: NULL
         rows: 12
        Extra: Using where
1 row in set (0.00 sec)
```

图 19.18　LIKE 关键字索引未起作用的查询效果

使用 LIKE 关键字和通配符，这种做法虽然简单，但也是以牺牲系统性能为代价的。例如，下面的查询将会比较表中的每一条记录。

```
mysql>SELECT * FROM books
WHERE name like"MySQL%"
```

但是如果换用下面的查询，返回的结果一样，速度就要快很多。

```
mysql>SELECT * FROM books
WHERE name>="MySQL"and name<"MySQM"
```

3. 查询语句中使用 OR 关键字

如果查询条件使用 OR 关键字，即使查询的两个条件列均是索引列，索引在查询中也不起作用。

假设要查找学院编号为“D001”或者学号以“123”开头的学生信息。students 表的 D_NO 字段和 S_NO 均创建了索引，查询条件中也有这两个字段，但是使用了 OR 关键字。

```
mysql>Explain  SELECT * FROM students WHERE D_NO='D001' OR S_NO LIKE '123%' \G
```

查看 Explain 语句的查询效果，如图 19.19 所示。

```
mysql> Explain  SELECT * FROM STUDENTS WHERE D_NO='D001' OR S_NO LIKE '123%' \G;
*************************** 1. row ***************************
           id: 1
  select_type: SIMPLE
        table: STUDENTS
   partitions: NULL
         type: ALL
possible_keys: PRIMARY,department
          key: NULL
      key_len: NULL
          ref: NULL
         rows: 17
     filtered: 28.89
        Extra: Using where
1 row in set, 1 warning (0.00 sec)
```

图 19.19　使用 OR 关键字的查询效果

从图 19.19 看到，type 值为 ALL，执行全扫描。

如果使用 AND 关键字。

```
mysql>Explain  SELECT * FROM STUDENTS WHERE D_NO='D001'OR S_NO LIKE123%'\G
```

查看 Explain 语句的查询效果，如图 19.20 所示。

```
mysql> EXPLAIN SELECT * FROM STUDENTS WHERE D_NO='d001' AND S_NO like '123%'\G;
*************************** 1. row ***************************
           id: 1
  select_type: SIMPLE
        table: STUDENTS
         type: range
possible_keys: PRIMARY,D_NO
          key: PRIMARY
      key_len: 12
          ref: NULL
         rows: 5
        Extra: Using where
1 row in set (0.00 sec)
```

图 19.20　使用 AND 关键字的查询效果

从图 19.20 看到，type 值为 range，索引起了作用，提高了查询性能。

4. 建有索引的字段上尽量不要使用函数进行操作

例如，在一个 DATE 类型的字段上使用 YEAR()函数时，将会使索引不能发挥应有的作用。假设

student 表的 Birthday 字段已建立了索引，对比下面两个查询结果，会发现后者比前者速度要快得多。

```
mysql>Select s_name from student where year(Birthday)> '1990';
mysql>Select s_name from student where Birthday>'1990-1-1';
```

19.3.3 优化子查询

使用子查询可以一次性完成很多逻辑上需要多个步骤才能完成的 SQL 操作，同时也可以避免事务或者表锁死，并且写起来也很容易。但是 MySQL 在执行带有子查询的查询时，需要先为内层子查询语句的查询结果创建一张临时表，然后外层查询语句在临时表中查询记录，查询完毕后再撤销这张临时表。子查询的速度会受到一定的影响，特别是查询的数据量比较大时，这种影响就会更大，因此，尽量使用连接查询（全连接或 JOIN 连接）来替代子查询。连接查询不需要创建临时表，其速度比子查询要快。

例如，用下面的子查询语句查找不及格的学生姓名，先运行子查询，从 score 表中找出不及格的学生学号 S_NO，创建一张临时表，再将子查询的结果传递给主查询，执行主查询。

```
mysql>SELECT S_NAME
FROM    student WHERE S_NO IN
(
SELECT S_NO FROM score WHERE score<60
);
```

如果把上面的 SQL 语句改为使用 JOIN 连接，由于 S_NO 字段创建了索引，性能会更好。语句如下。

```
mysql>SELECT S_NAME
FROM    student    JOIN    score USING(S_NO)
WHERE SCORE<60 ;
```

19.3.4 优化慢查询

MySQL 5.0 以上可以将执行比较慢的 SQL 语句记录下来。

1. 查看相关系统变量，查询系统默认状态

```
mysql> show variables like 'long%';
```

运行结果如图 19.21 所示。

其中，long_query_time 用来定义慢于多少秒的才算“慢查询”，系统默认是 10 秒。

```
mysql> show variables like 'slow%';
```

运行结果如图 19.22 所示。其中，

slow_query_log：是否打开日志记录慢查询，ON 表示打开，OFF 表示关闭。

slow_query_log_file：慢查询日志文件保存位置，系统默认在“C:\ProgramData\MySQL\MySQL Server 5.5\Data\WMR3RBO”。

```
mysql> show variables like 'long%';
+-----------------+-----------+
| Variable_name   | Value     |
+-----------------+-----------+
| long_query_time | 10.000000 |
+-----------------+-----------+
1 row in set (0.00 sec)
```

图 19.21　慢查询时间默认状态

```
+---------------------+-------+
| Variable_name       | Value |
+---------------------+-------+
| slow_launch_time    | 2     |
| slow_query_log      | OFF   |
| slow_query_log_file | C:\ProgramData\MySQL\MySQL Server 5.5\Data\WMR3RBOA9P04Z6Y-slow.log |
+---------------------+-------+
3 rows in set (0.00 sec)
```

图 19.22　慢查询日志记录启用状态

2. 设置变量，优化慢查询

将查询时间超过 1 秒的查询设置为慢查询。

```
mysql> set long_query_time=1;
```

运行结果如图 19.23 所示。

启动慢查询日志记录，一旦 slow_query_log 变量被设置为 ON，MySQL 会立即开始记录。

```
mysql> set global slow_query_log='ON';
```

运行结果如图 19.24 所示。

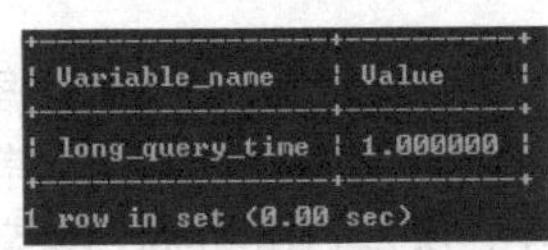

图 19.23　设置慢查询时间

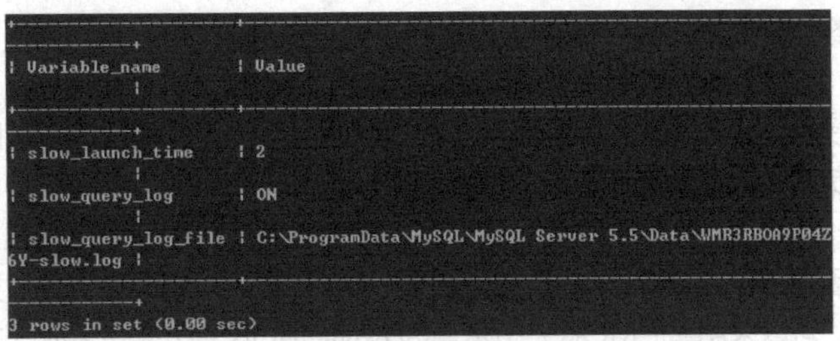

图 19.24　启动慢查询日志记录

19.4　优化性能的其他方面

优化查询性能还应注意以下方面。

（1）LIMIT 1 可以提升性能。如果知道查询的结果只有一行时，加上 LIMIT 1 可以提升性能，MySQL 数据库引擎会在找到一条数据后停止搜索，而不是继续往后查找下一条符合记录的数据，从而提高查询的效率。

```
mysql>SELECT S_NAME, SEX, department FROM student WHERE S_NAME='陈平' LIMIT 1;
```

（2）尽量避免使用“SELECT * FROM TABLE”，查询时应明确要查询哪些字段、哪些字段是无关的。从数据库里读出的数据越多，越会增加服务器成本，降低查询的效率。

（3） 不要滥用 MySQL 的类型自动转换功能。应该注意避免在查询中让 MySQL 进行自动类型转换，因为转换过程也会使索引不起作用。

```
SELECT S_NO,SCORE FROM SCORE WHERE SCORE>= 60;
```

数字 60 不能写成字符'60'，虽然可以输出所需的结果，但会加重 MySQL 的类型转换，使它的性能下降。

（4）尽量避免在 WHERE 子句中对字段进行 NULL 判断。NULL 对于大多数数据库都需要特殊处理，MySQL 也不例外。不要以为 NULL 不需要空间，其实需要额外的空间，并且在进行比较的时候程序会更复杂。当然，这里并不是说就不能使用 NULL 了，现实情况是很复杂的，在有些情况下，依然需要使用 NULL。

（5）尽量避免在 WHERE 子句中使用“!=”或“<>”操作符。MySQL 只有在使用<、<=、=、>、>=、between 和 like 的时候才能使用索引。

（6）尽量避免 WHERE 子句对字段进行函数操作。

```
mysql>SELECT S_NAME FROM student WHERE year(birthday)= '1990';
```

可以改为如下形式。

```
mysql>SELECT S_NAME FROM student WHERE birthday >='1990-1-1'AND birthday <= '1990-12-31';
```

（7）尽量避免 WHERE 子句对字段进行以下的表达式操作。

```
mysql>SELECT S_NO FROM score WHERE score/2=40;
mysql>SELECT S_NO FROM score WHERE score=40*2;
```

（8）尽量避免使用 IN 或 NOT IN。

```
mysql>SELECT S_NAME FROM student   WHERE department IN('信息工程','外语学院');
```

可以改为如下形式。

```
mysql>SELECT S_NAME FROM student   WHERE department ='信息工程'
UNION SELECT S_NAME FROM student   WHERE department ='外语学院' ;
```

对于连续的数值，能用 between 就不要用 IN。

```
mysql>SELECT S_NAME FROM score   WHERE score between 60 and 70;
```

19.5 数据库的架构优化

数据库的架构优化包括以下方面。

（1）主从架构与读写分离：通过设置主从架构，实现读写分离，对主库进行只写操作，对从库进行只读操作，大大减轻主库的承载压力。在业务系统多的情况下，可以采用一主多从的架构，减轻单一从库的负载，保证所有业务读取数据的正常运作。

（2）数据库引擎的选型：如果是日志型应用或是慢速稳定增长应用，可以选择 MyISAM 数据库引擎，因为 MyISAM 成本低，而且插入速度非常快；如果是交互性要求非常高、对数据库响应非常快的应用，可以采用 MEMORY 引擎，因为 MEMORY 引擎完全放在内存中，保障了超快的读写速度，但是如果断电或内存异常会导致数据丢失，所以需要定期进行磁盘化操作；如果需要支持事务快速崩溃恢复等，可以选择 InnoDB 数据引擎，InnoDB 引擎是 MySQL 5.5 以上版本的默认引擎。可以总结为一句话：除非要用到某些 InnoDB 不具备的特性，并且没有其他办法可以替代，否则都应选择 InnoDB 引擎。

（3）分布式架构设计：因业务有可能涉及全国或全球用户以及数据中心机房做多活架构，数据库分布式设计是一个必要的过程。通过 MySQL Cluster 技术，或者使用一些分布式数据库开源框架(如 ottor)实现异地数据同步。

19.6 配置文件优化

配置优化是根据实际的计算机配置与实际使用情况综合决定的，表 19.4 中给出的配置为理论标准（假设服务器为 4 个 CPU，每个 CPU 为 8 核，内存为 32GB，配置文件为 my.cnf 文件），实际配置以实际情况为准。

表 19.4 理论标准配置

参数	参数说明	参数赋值逻辑
back_log	指出在 MySQL 停止回答新建请求之前，短时间内可以把多少个请求存在堆栈中。参数值不可超过 TCP/IP 连接的侦听队列大小，超过则无效	根据实际 TCP/IP 连接大小设定，此处设定为小于 512
wait_timeout	客户端的数据库连接闲置最大时间。如果设置较大则闲置连接占用大量内存资源，导致超过最大连接数，出现“Too many connections”错误，设置太小则会经常断开连接重连，即出现“MySQL server has gone away”的错误	默认值为 8 小时，可先设置默认时间，根据“show processlist”命令查看是否有出现大量 sleep 进程，如果出现了，就要降低 wait_timeout 的值。此处设定为 28 800（8 小时）
max_connections	MySQL 的最大连接数。如果服务器的并发请求比较大，可增加连接数量，但也要在机器性能能够负载的情况下	默认值为 151，服务器响应的最大连接数值占服务器上限连接数值的比例需在 10%以上，理想值为80%。（Max_used_connections / max_connections ×100%），此处设定为2 000

续表

参数	参数说明	参数赋值逻辑
max_user_connections	指每个数据库用户的最大连接数。如果设置过小会影响影响正常连接，如果设置过大程序存在 timeout 类型漏洞，会被利用导致出现拒绝服务攻击	默认值为 0，既不受限制。此处也为默认设置
key_buffer_size	用于索引块的缓冲区大小，增加它可得到更好处理的索引，但如果设置过大，系统将开始换页，则会导致运行缓慢	默认值为 384MB，判断该参数是否合理，可以查看通过磁盘请求次数与索引请求次数（key_reads/key_read_requests）
table_cache	指示表高速缓冲区的大小。访问一张表时，如果在缓冲区还有空间，那这张表就被打开并放入表缓冲区，这样可以更快速地访问表中的内容	设置值应该根据实际应用进行配置，如果 Open_tables 的值已经接近 table_cache 的值，且 Opened_tables 还在不断变大，则 mysql 正在将缓存的表释放以容纳新的表，此时可能需要加大 table_cache 的值。open_tables/opened_tables≥0.85 open_tables/table_cache≤0.95
table_open_cache	设置表高速缓冲的数目。每个连接进来，都会至少打开一张表缓存	对于 200 个并行运行的连接，应该让表的缓存至少有 200×*N*，这里 *N* 是应用可以执行的查询的一个连接中表的最大数量
thread_cache_size	可以缓冲的连接线程最大数量	可设置为 0~16 384，默认为 0。这个值表示可以重新利用保存在缓冲区中线程的数量，当断开连接时如果缓冲区中还有空间，那么客户端的线程将被放到缓冲区中。1GB 内存配置为 8，2GB 内存配置为 16，4GB 以上给此值为 64 或更大的值

19.7 存储与数据格式优化

存储与数据格式的优化包括数据类、字段类、索引类和语句类 4 个方面。

1. 数据类

（1）不在数据库中做运算，CPU 计算务必移至业务层。
（2）控制单表数据量，INT 型不超过 1000 万，含 CHAR 型则不超过 500 万。
（3）控制列数量，字段少而精，字段数建议在 20 以内。
（4）拒绝大 SQL（Big Sql）语句，拒绝大事物（Big Transaction），拒绝大批量（Big Batch）。

2. 字段类

（1）妙用最小数值类：TINYINT(1Byte)、SMALLINT(2Byte)、MEDIUMINT(3Byte)、INT(4Byte)、BIGINT(8Bte)。
（2）字符转换为数字，如用 INT 而不是 CHAR(15)存储 IP 地址。
（3）优先使用 ENUM 或 SET。
（4）避免用空字段。空字段难以进行查询优化，其索引需要额外空间，复合索引无效。
（5）避免存放图片：若在数据库内存放图片，读取数据的速度远远比文件存储速度慢。

3. 索引类

（1）合理使用索引：索引并不是越多越好，只有需要时才增加，而不能一味增加。

（2）索引不做运算：如果对索引列进行运算，就会导致原本可以使用的索引方式使用不了。

（3）InnoDB 主键使用自增方式：主键创建聚簇索引，主键不应该被修改。

4. 语句类

（1）语句尽可能简单：一条语句只在一个 CPU 中运算，简化语句可减少锁时间。

（2）避免使用 trig/func：不用触发器与函数，建议使用客户端程序。

（3）不使用 select *语句：这种语句消耗 CPU、内存和 I/O，并且不具有扩展性。

（4）OR 改写为 IN()：OR 的效率是 n 级别，IN 的效率是 log(n)级别（IN 的个数建议控制在 200 以内）。

（5）避免负向查询：如 not in/like；使用 between 代替>和<。

（6）少用 join：将查询分解后，执行单个查询可以减少锁的竞争。并且在应用层做关联，更容易对数据库进行拆分，更容易做到可扩展。

【项目实践】

（1）选择一个比较复杂的查询，练习使用 Explain 语句分析执行效果，提出优化方案，提高性能。

（2）练习查看 MySQL 数据库的连接数、上线时间、执行更新操作的次数和执行删除操作的次数。

（3）练习分析查询语句中是否使用了索引。

（4）练习分析表、检查表和优化表。

（5）练习优化 MySQL 的参数。

① 设置 MySQL 服务器的连接数（max_connections）为 800。

② 设置索引查询排序时所能使用的缓冲区大小（sort_buffer_size）为 6MB。

③ 设置读查询操作所能使用的缓冲区大小（read_buffer_size）为 4MB。

④ 设置联合查询操作所能使用的缓冲区大小（join_buffer_size）为 8MB。

⑤ 设置查询缓冲区的大小（query_cache_size）为 64MB。

【习题】

简答题

1. 如何使用查询缓冲区?
2. 为什么查询语句中使用了索引，但索引没有发挥作用?
3. 简述数据库性能优化的基本方法。

直方图

数据库性能优化

任务 20 事务与锁

20

【任务背景】

在 MySQL 环境中，事务由作为一个单独单元的一个或多个 SQL 语句组成。这个单元中的每个 SQL 语句是互相依赖的，而且单元作为一个整体是不可分割的。如果单元中的一个语句不能完成，整个单元就会被回滚（撤销），所有影响到的数据将返回到事务开始以前的状态，只有事务中的所有语句都成功地执行才能说这个事务被成功地执行。

【任务要求】

学习本任务，了解事务的四大特征（ACID）与事务相关专业术语，掌握事务 SQL 语句的使用，以及理解对事务的隔离级别与一致性，了解死锁的产生与原理以及解决办法。

【任务分解】

20.1 MySQL 事务的四大特性（ACID）

并不是所有的存储引擎都支持事务，支持事务的引擎包括 InnoDB 和 BDB，MyISAM 和 MEMORY 不支持事务。

事务的四大特性“ACID”是一个简称，即原子性（A）、一致性（C）、隔离性（I）和持久性（D）。每个事务的处理必须满足 ACID 原则。

（1）原子性。原子性意味着每个事务都必须被认为是一个不可分割的单元。假设一个事务由两个或者多个任务组成，其中的语句必须同时成功才能认为事务是成功的。如果事务失败，系统将会返回到事务以前的状态。

（2）一致性。一致性意味着，事务内所有的 DML 语句操作的时候必须保证同时成功或者同时失败，只要有一条不成功，前面执行的所有语句都必须回滚。

（3）隔离性。隔离性是指每个事务在它自己的空间发生，和其他发生在系统中的事务相隔离，而且事务的结果只有在它完全被执行时才能看到。即使在这样的一个系统中同时发生了多个事务，隔离性原则保证某个特定事务在完全完成之前其结果也是看不见的。

当系统支持多个同时存在的用户和连接时（如 MySQL），这就显得尤其重要。如果系统不遵循这个基本原则，就可能导致大量数据被破坏，如每个事务的各自空间的完整性很快会被其他冲突事务所侵犯。

（4）持久性。持久性是指即使系统崩溃，一个已提交的事务仍然存在。当一个事务完成、数据库的日志已经被更新后，持久性就开始发挥作用。数据库通过保存行为的日志来保证数据的持久性。即事务终结后内存的数据保存到硬盘文件中。

20.2 MySQL 事务隔离级别与一致性

20.2.1 事务的隔离级别

事务的隔离级别有 4 个，分别为读未提交(Read Uncommitted)、读已提交（Read Committed）、可重复读（Repeatable Read）、串行化（Serializable）。

1. 读未提交

事务 A 和事务 B，事务 A 未提交的数据，事务 B 可以读取到，这里读取到的数据叫作“脏数据”。这种隔离级别最低，这种级别一般在理论上存在，数据库隔离级别一般都高于该级别。示例如下（设置当前事务模式为“读未提交”）。

（1）在数据库连接 A 中，设置当前事务模式为 read uncommitted（未提交读），开始事务。

```
mysql_A>set session transaction isolation level read uncommitted;
mysql_A>begin;
```

查询表 students 的初始值，运行结果如图 20.1 所示。

```
mysql_A>select id,s_name from students;
```

（2）在数据库连接 B 中设置当前事务模式为 read uncommitted（未提交读），开始事务。

```
mysql_B>set session transaction isolation level read uncommitted;
mysql_B>begin;
```

执行一个更新操作的事务。

```
mysql_B>update students SET s_name = 'ditry_user' where id=2;
mysql_B>select id,s_name from students;
```

结果如图 20.2 所示。

```
+----+----------+
| id | s_name   |
+----+----------+
|  1 | jay      |
|  2 | man      |
|  3 | wolfpeng |
+----+----------+
3 rows in set (0.00 sec)
```

图 20.1　连接 A 中查询结果

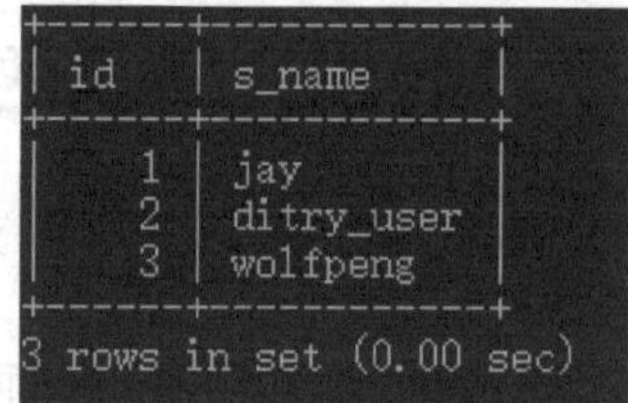

```
+----+------------+
| id | s_name     |
+----+------------+
|  1 | jay        |
|  2 | ditry_user |
|  3 | wolfpeng   |
+----+------------+
3 rows in set (0.00 sec)
```

图 20.2　连接 B 中执行更新操作

（3）在 B 连接未提交事务之前，回到数据库连接 A 再次查询。

```
mysql_A>select id,s_name from students;
```

可以看到读取的数据与首次读取的数据不一致，看到了 B 中更新的数据，运行结果如图 20.3 所示。

（4）如果数据库连接 B 进行了回滚操作，代码如下，结果如图 20.4 所示

```
mysql_B>rollback;
```

（5）那么这时候数据库连接 A 查看到的 dirty_user 就是脏数据的读未提交，运行结果如图 20.5 所示。

```
mysql_A>select id,s_name from students;
```

```
+----+------------+
| id | s_name     |
+----+------------+
|  1 | jay        |
|  2 | ditry_user |
|  3 | wolfpeng   |
+----+------------+
3 rows in set (0.00 sec)
```

图 20.3　连接 A 再次查询结果

```
+----+----------+
| id | s_name   |
+----+----------+
|  1 | jay      |
|  2 | man      |
|  3 | wolfpeng |
+----+----------+
3 rows in set (0.00 sec)
```

图 20.4　读未提交运行结果

```
+----+------------+
| id | s_name     |
+----+------------+
|  1 | jay        |
|  2 | ditry_user |
|  3 | wolfpeng   |
+----+------------+
3 rows in set (0.00 sec)
```

图 20.5 读未提交运行结果

2. 读已提交

事务 A 和事务 B，事务 A 提交的数据，事务 B 才能读取到。这种隔离级别高于读未提交。换句话说，对方事务提交之后的数据，我方当前事务才能读取到，这种级别可以避免“脏数据”。这种隔离级别会导致“不可重复读取”，示例如下（设置当前事务模式为“读已提交”）。

（1）首先在数据库连接 A 中执行一个 SELECT 任务。

```
mysql_A> SET session transaction isolation level read committed;
mysql_A> BEGIN;
mysql_A> SELECT id, s_name from students;
```

运行结果如图 20.6 所示。

（2）在数据库连接 B 中执行一个更新操作的事务。

```
mysql_B>SET session transaction isolation level read committed;
mysql_B>BEGIN;
mysql_B>UPDATE students SET s_name = 'ditry_user' WHERE id=1;
mysql_B>SELECT id, s_name from students;
```

运行结果如图 20.7 所示。

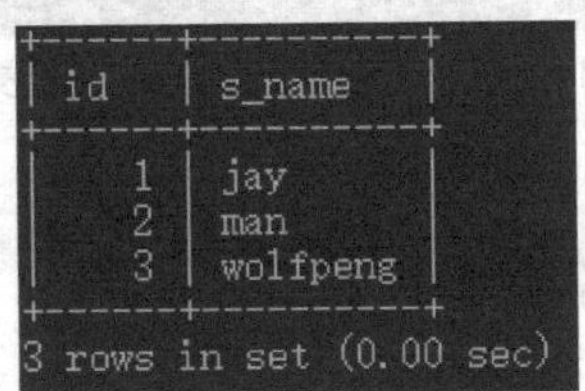

图 20.6　连接 A 中执行一个 select 任务运行结果

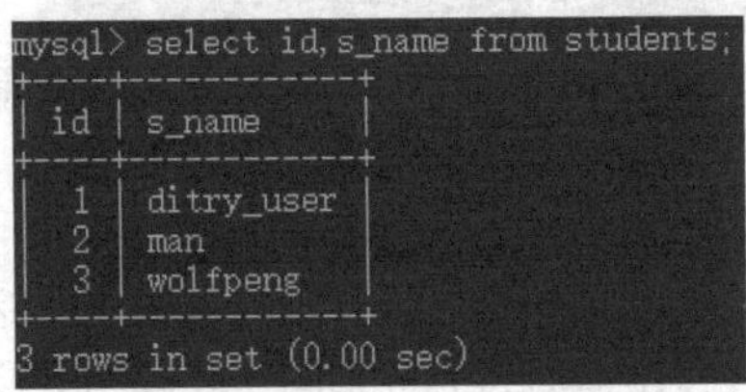

图 20.7　连接 B 中执行更新运行结果

（3）回到数据库连接 A 再次查询。

```
mysql_A> SELECT id, s_name from students;
```

可以看到读取数据依然一致，解决了脏读问题，运行结果如图 20.8 所示。

（4）在数据库连接 B 中执行了事务，代码如下。

```
mysql_B>SET session transaction isolation level read committed;
mysql_B>BEGIN;
mysql_B>UPDATE students SET s_name = 'ditry_user' WHERE id=1;
mysql_B>COMMIT;
mysql_A> SELECT id, s_name from students;
```

数据库连接 A 中查看到数据更新造成数据“不可重复读”的问题，运行结果如图 20.9 所示。

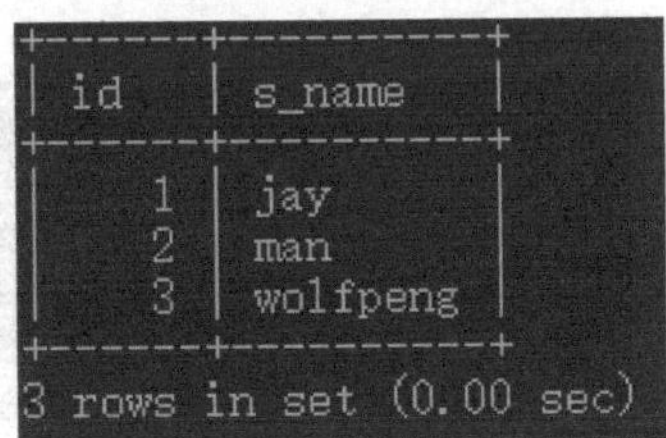

图 20.8　连接 A 再次查询运行结果

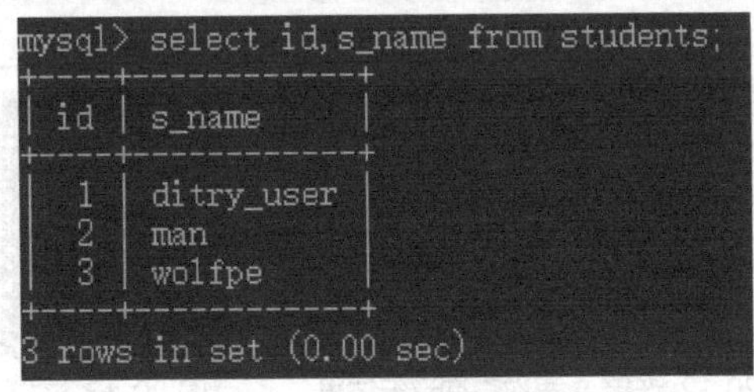

图 20.9　读已提交运行结果

3. 可重复读

事务 A 和事务 B，事务 A 提交之后的数据，事务 B 读取不到，事务 B 可重复读取数据。这种隔离级别高于读已提交，换句话说，对方提交之后的数据，我方还是读取不到。这种隔离级别可以避免“不可重复读取”，达到可重复读取。可重复读是 MySQL 默认级别，虽然可以达到可重复读取，但是会导致“幻像读”，示例如下（设置当前事务模式为“可重复读”）。

（1）首先在数据库连接 A 中执行一个 SELECT 任务。

```
mysql_A>SET session transaction isolation level repeatable read;
mysql_A>BEGIN;
mysql_A>SELECT c_no, report from score;
```

运行结果如图 20.10 所示。

（2）在数据库连接 B 中执行一个更新操作的事务并提交。

```
mysql_B>SET session transaction isolation level repeatable read;
mysql_B>BEGIN;
mysql_B>UPDATE score SET report = report -10 WHERE c_no='A001';
mysql_B>SELECT c_no, report from score;
mysql_B>COMMIT;
```

运行结果如图 20.11 所示。

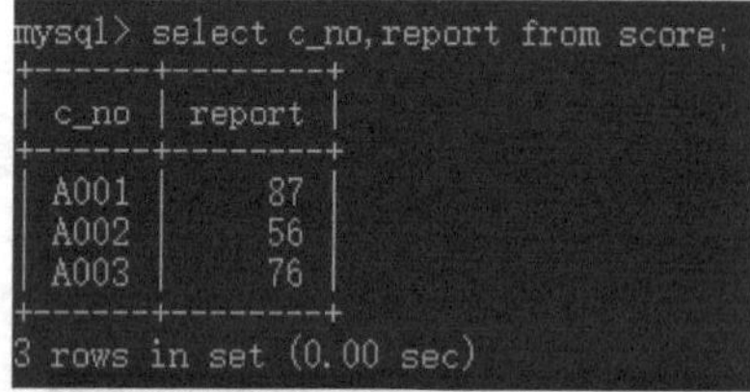

图 20.10　连接 A 中执行一个 SELECT 任务运行结果

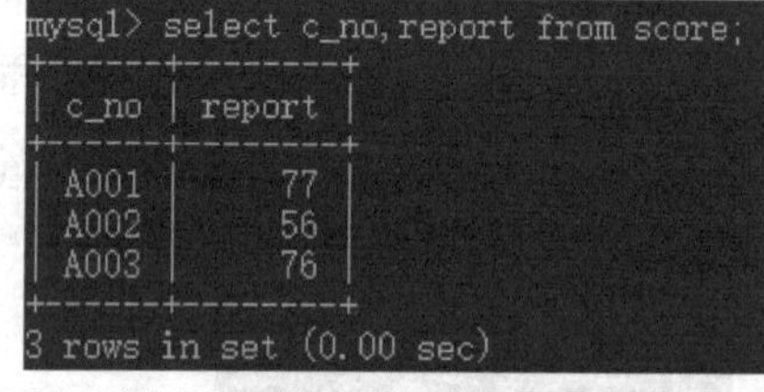

图 20.11　连接 B 中执行一个更新操作的事务并提交运行结果

（3）回到数据库连接 A 再次查询。

```
mysql_A>SELECT c_no, report from score;
```

可以看到读取数据与第一次查询的一致，运行结果如图 20.12 所示。

（4）在数据库连接 A 中对同一数据进行更新操作。

```
mysql_A>UPDATE score SET report = report -10 WHERE c_no='A001';
mysql_A>SELECT c_no, report from score;
```

发现这一操作是继承了数据库 B 连接的操作，保证了数据的一致性，运行结果如图 20.13 所示。

4．串行化

事务 A 和事务 B，事务 A 在操作数据库时，事务 B 只能排队等待。这种隔离级别很少使用，吞吐量太低，用户体验差。这种隔离级别的优点在于可以避免“幻像读”，每一次读取的都是数据库中真实存在数据，事务 A 与事务 B 串行而不并发。示例如下（设置当前事务模式为“串行化”）。

（1）首先在数据库连接 A 中执行一个 UPDATE 任务。

```
mysql_A>SET session transaction isolation level serializable;
mysql_A>BEGIN;
mysql_A>UPDATE score SET report = report -10 WHERE c_no='A001';
mysql_A>SELECT c_no, report from score;
```

运行结果如图 20.14 所示。

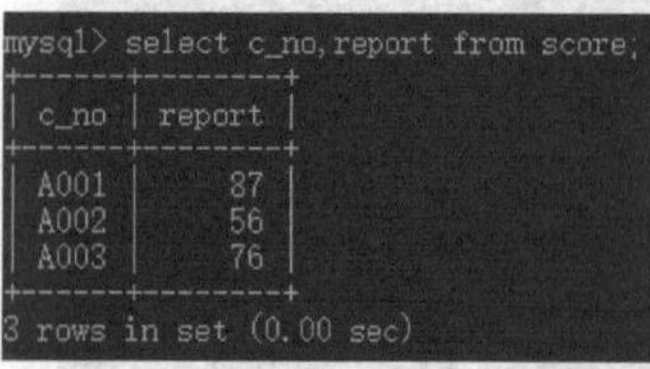

图 20.12 连接 A 再次查询运行结果

```
mysql> select c_no,report from score;
+------+--------+
| c_no | report |
+------+--------+
| A001 |     67 |
| A002 |     56 |
| A003 |     76 |
+------+--------+
3 rows in set (0.00 sec)
```

图 20.13 连接 A 对同一数据进行更新操作运行结果

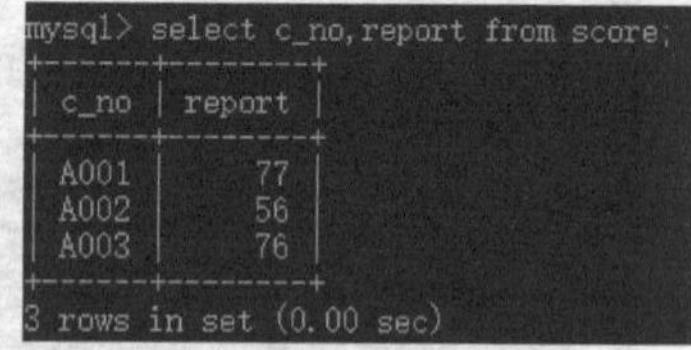

图 20.14 连接 A 中执行 UPDATE 任务运行结果

（2）然后在数据库连接 B 中执行操作，更新同一数据。

```
mysql_B>SET session transaction isolation level serializable;
mysql_B>BEGIN;
mysql_B>UPDATE score SET report = report -10 WHERE c_no='A001';
```

发现操作失败。

```
ERROR 1205 (HY000): Lock wait timeout exceeded; try restarting transaction
```

20.2.2 数据一致性

1. 脏读取/数据

所谓脏读取，其实就是读到了别的事务回滚前的脏数据。例如事务 B 执行过程中修改了数据 X，在未提交前，事务 A 读取了 X，而事务 B 执行异常回滚，这样事务 A 就成了脏读取。也就是说，当前事务读到的数据是别的事务想要修改的但是没有修改成功的数据。

2. 不可重复读

首先事务 A 读取了一条数据，然后执行逻辑运算的时候，事务 B 将这条数据改变了，事务 A 再次读取的时候，发现数据不匹配了，这就是所谓的不可重复读。也就是说，当前事务先进行了一次数据读取，然后再次读取到的数据是别的事务修改成功的数据，导致两次读取到的数据不匹配。

3. 幻读/幻象读

事务 A 首先根据条件索引得到 *N* 条数据，然后事务 B 改变了这 *N* 条数据之外的 *M* 条或者增添了 *M* 条符合事务 A 搜索条件的数据，导致事务 A 再次搜索时发现有 *N*+*M* 条数据，这就产生了幻读。也就是说，当前事务第一次读取到的数据比后来读取到数据条目少。

隔离级别与数据一致性关系见表 20.1。

表 20.1 隔离级别与数据一致性的关系

隔离级别	脏读取	不可重复读	幻读
读未提交	可能	可能	可能
读已提交	不可能	可能	可能
可重复读	不可能	不可能	可能
串行化	不可能	不可能	不可能

MySQL 8.0 已删除原来的 tx_isolation，改用 transaction_isolation。默认的隔离级别为 repeatable-read，如图 20.15 所示。

设置隔离级别的语法格式如下。

```
SET @@GLOBAL.transaction_isolation = value;   #默认隔离级别
SET SESSION transaction_isolation = value;     #当前会话的隔离级别
```

如 SET SESSION transaction_isolation = 0，表示将隔离级别更改为 read-uncommitted，如图 20.16 所示。

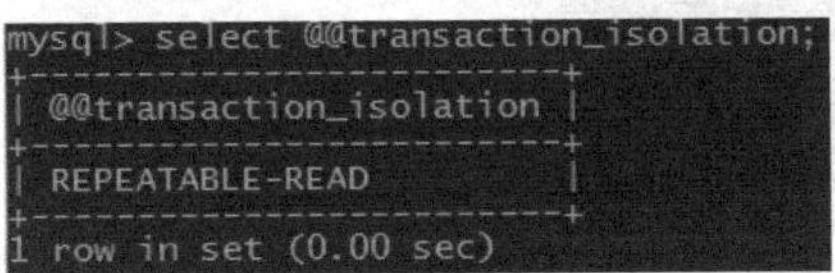
```
mysql> select @@transaction_isolation;
+-------------------------+
| @@transaction_isolation |
+-------------------------+
| REPEATABLE-READ         |
+-------------------------+
1 row in set (0.00 sec)
```

图 20.15 查看隔离级别

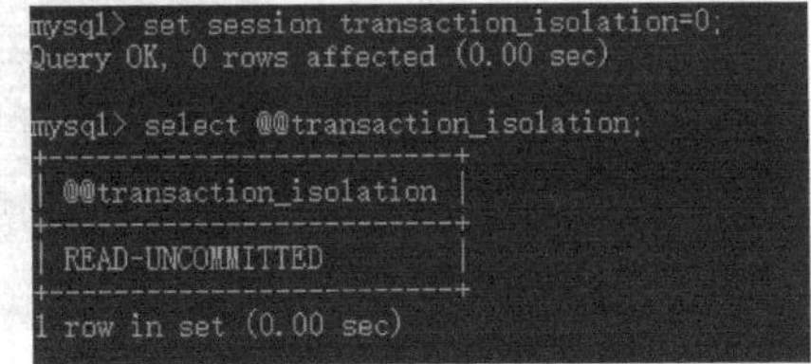
```
mysql> set session transaction_isolation=0;
Query OK, 0 rows affected (0.00 sec)

mysql> select @@transaction_isolation;
+-------------------------+
| @@transaction_isolation |
+-------------------------+
| READ-UNCOMMITTED        |
+-------------------------+
1 row in set (0.00 sec)
```

图 20.16 设置隔离级别

20.2.3 事务提交与回滚 SQL 语句

BEGIN|START TRANSACTION 表示显式地开启一个事务。

COMMIT 也可以用 COMMIT WORK 代替，二者是等价的。COMMIT 表示提交事务，并使已对数据库进行的所有修改成为永久性的。

```
mysql>BEGIN;#开启事务
mysql>INSERT INTO students(s_name) values('wolfpeng');
mysql>COMMIT;#提交事务即可改变底层数据库数据
```

```
mysql>SELECT id, s_name from students;
```

提交事务后，可看到折插入的数据（wpeng），运行结果如图 20.17 所示。

ROLLBACK 也可以用 ROLLBACK WORK 代替，二者是等价的。ROLLBACK 表示回滚，会结束用户的事务，并撤销正在进行的所有未提交的修改。

```
mysql>BEGIN;#开启事务
mysql>INSERT INTO students(s_name) values('willberollback');
mysql>ROOLBACK ;
mysql>SELECT id, s_name from students;
```

执行了回滚，插入数据（willberollback）因未提交而被撤销，运行结果如图 20.18 所示。

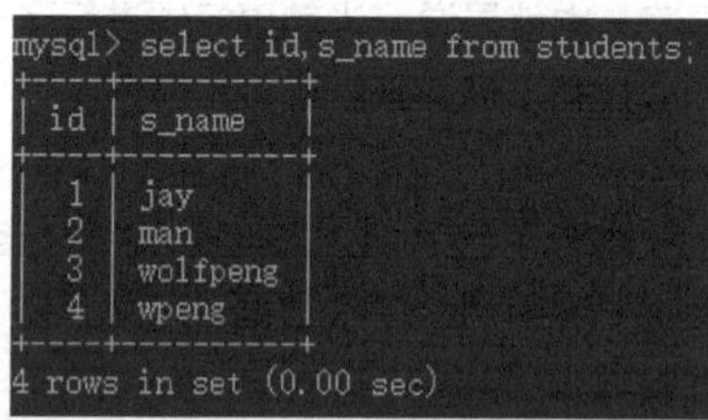
```
mysql> select id, s_name from students;
+----+----------+
| id | s_name   |
+----+----------+
|  1 | jay      |
|  2 | man      |
|  3 | wolfpeng |
|  4 | wpeng    |
+----+----------+
4 rows in set (0.00 sec)
```

图 20.17　运行结果

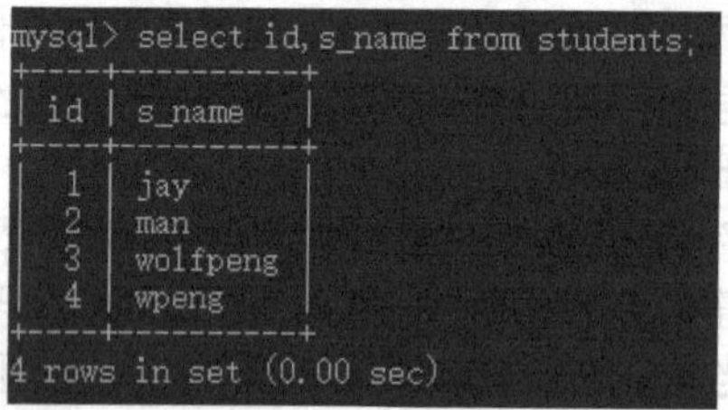
```
mysql> select id, s_name from students;
+----+----------+
| id | s_name   |
+----+----------+
|  1 | jay      |
|  2 | man      |
|  3 | wolfpeng |
|  4 | wpeng    |
+----+----------+
4 rows in set (0.00 sec)
```

图 20.18　运行结果

SAVEPOINT identifier 表示允许在事务中创建一个保存点，一个事务中可以有多个 SAVEPOINT；RELEASE SAVEPOINT identifier 表示删除一个事务的保存点，当没有指定的保存点时，执行该语句会显示一个异常；ROLLBACK TO identifier 表示把事务回滚至保存点。

```
mysql>BEGIN;
mysql>INSERT INTO students(s_name) values('new_user');
mysql> SAVEPOINT identifier; #设置保存点
mysql>INSERT INTO students(s_name) values('willberollback');
mysql>ROLLBACK  TO  identifier; #回滚至保存点
mysql>COMMIT;#提交事务
mysql>SELECT id, s_name from students;
```

在插入 new_user 后设置了保存点，然后再插入新的数据（willberollback），当回滚至保存点时，设置保存点后插入的新数据（willberollback）未能成功插入，运行结果如图 20.19 所示。

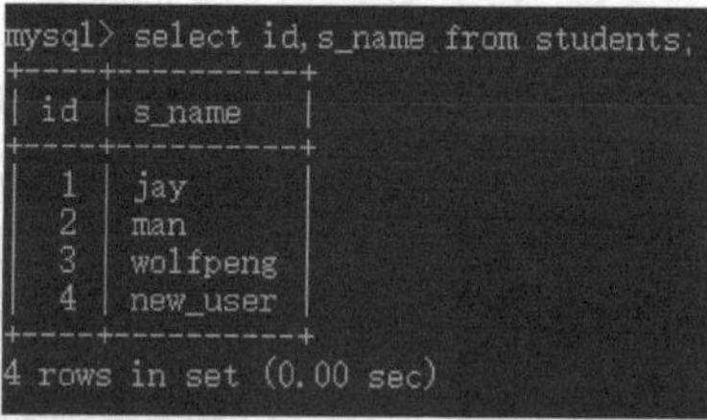
```
mysql> select id, s_name from students;
+----+----------+
| id | s_name   |
+----+----------+
|  1 | jay      |
|  2 | man      |
|  3 | wolfpeng |
|  4 | new_user |
+----+----------+
4 rows in set (0.00 sec)
```

图 20.19　回滚至保存点运行结果

20.3　MySQL 中的锁机制

20.3.1　3 种锁方式与 4 种锁模式

锁是计算机协调多个进程或线程并发访问某一资源的机制。在数据库中，除传统计算资源（如 CPU、RAM、I/O 等）被共享外，数据也是一种供许多用户共享的资源。

MySQL 用到了很多锁机制，如表级锁、行级锁等。读锁、写锁等都是在做操作之前先上锁。这些锁被统称为悲观锁（Pessimistic Lock）。

锁方式有如下 3 种。

（1）表级锁：开销小，加锁快；不会出现死锁；锁定粒度最大，发生锁冲突的概率最高，并发度最低。

（2）行级锁：开销大，加锁慢；会出现死锁；锁定粒度最小，发生锁冲突的概率最低，并发度也最高。

（3）页面锁：开销和加锁时间界于表级锁和行级锁之间；会出现死锁；锁定粒度界于表级锁和行级锁之间，并发度一般。

锁模式分为以下 4 种。

（1）共享锁（S）：由读取操作创建的锁，防止在读取数据的过程中，其他事务对数据进行更新；其他事务可以并发读取数据。共享锁可以加在表、页、索引键或者数据行上。

（2）独占锁（X）：对资源独占的锁。一个进程独占地锁定了请求的数据源，那么别的进程无法在该数据源上获得任何类型的锁。独占锁一直持有到事务结束。

（3）意向锁（IX、IU、IS）：其并不是独立的锁定模式，而是一种指出哪些资源已经被锁定的机制。如果一个表页上存在独占锁，那么另一个进程就无法获得该表上的共享表锁，这种层次关系是用意向锁来实现的。进程要获得独占页锁、更新页锁或意向独占页锁，首先必须获得该表上的意向独占锁。

（4）转换锁（SIX、SIU、UIX）：转换锁不是由系统直接请求产生的，而是从一种模式转换到另一种模式产生的。MySQL 支持 3 种类型的转换锁，分别为 SIX、SIU、UIX。其中最常见的是 SIX，如果事务持有一个资源上的共享锁（S），然后又需要一个意向锁（IX），此时就会出现 SIX。

20.3.2 死锁的产生方式

死锁是指两个或两个以上的进程在执行过程中因争夺资源而造成的一种互相等待的现象。若无外力作用，它们都将无法推进下去。此时称系统处于死锁状态或系统产生了死锁，这些永远在互相等待的进程称为死锁进程。

死锁产生的必要条件如下。

（1）互斥条件：进程对所分配到的资源进行排它性使用，即在一段时间内某资源只由一个进程占用。如果此时还有其他进程请求资源，则请求者只能等待，直至占有资源的进程释放资源。

（2）请求和保持条件：进程已经占有至少一个资源，但又提出了新的资源请求，而该资源已被其他进程占有，此时请求进程阻塞，但又对自己已获得的其他资源保持不放。

（3）不剥夺条件：进程已获得的资源在未使用完之前不能被剥夺，只能在使用完时由进程自己释放。

（4）环路等待条件：在发生死锁时，必然存在一个进程——资源的环形链，即进程集合$\{P_0,P_1,P_2,\cdots,P_n\}$中的 P_0 正在等待一个 P_1 占用的资源，P_1 正在等待 P_2 占用的资源，…，P_n 正在等待已被 P_0 占用的资源。

这 4 个条件是死锁的必要条件，只要系统发生死锁，这些条件必然成立，而只要上述条件之一不满足，就不会发生死锁。

【任务 20.1】利用事务，在 students 表中输入新增用户 Mysql_student，加入事务保存点；再输入新增用户 rollback_user，执行回滚至保存点；最后提交事务，查询 students 表中数据情况。

```
mysql> BEGIN;
mysql> INSERT INTO students(s_name) values('Mysql_student');
mysql> SAVEPOINT identifier;
mysql> INSERT INTO students(s_name) values('rollback_user');
mysql> ROLLBACK to identifier;
mysql> COMMIT;
mysql> SELECT id, s_name from students;
```

运行结果如图 20.20 所示。

【任务 20.2】测试脏数据读取方式。打开 A 的 mysql 连接，执行事务，在 students 表中执行修改用户 id 为 1 的用户名称为 dirty_user；建立 mysql 连接 B，查询 students 表 id 为 1 的用户名称；A 连接执行回滚操作后，查询 id 为 1 的用户名称。

连接 A，更新 id=1 的用户名，但不提交事务。

```
mysql_A > BEGIN;
mysql_A > UPDATE students SET s_name='dirty_user' where id=1;
mysql_A > SELECT id, s_name from students;
```

运行结果如图 20.21 所示

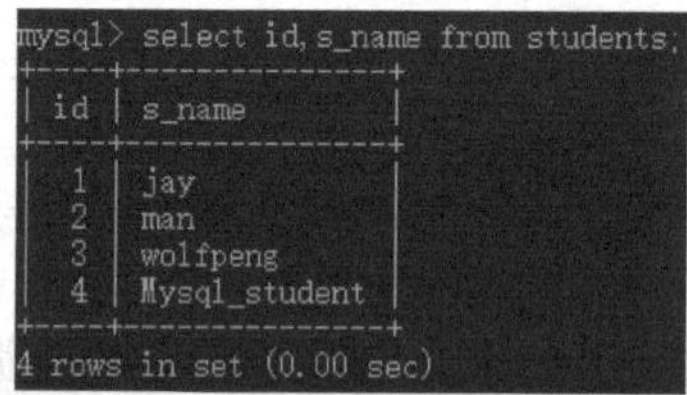

```
mysql> select id,s_name from students;
+----+---------------+
| id | s_name        |
+----+---------------+
|  1 | jay           |
|  2 | man           |
|  3 | wolfpeng      |
|  4 | Mysql_student |
+----+---------------+
4 rows in set (0.00 sec)
```

图 20.20 【任务 20.1】运行结果

```
mysql> select id,s_name from students;
+----+------------+
| id | s_name     |
+----+------------+
|  1 | dirty_user |
|  2 | man        |
|  3 | wolfpeng   |
+----+------------+
3 rows in set (0.00 sec)
```

图 20.21 【任务 20.2】运行结果 1

建立 B 连接，查看表数据，没有看到更新的数据，运行结果如图 20.22 所示。

```
Mysql_B> SELECT id, s_name from students;
```

如果再次连接 A，并提交事务，然后在 B 看到了更新后的数据，运行结果如图 20.23 所示。

```
Mysql_A>COMMIT;
Mysql_B> SELECT id, s_name from students;
```

```
mysql> select id,s_name from students;
+----+----------+
| id | s_name   |
+----+----------+
|  1 | jay      |
|  2 | man      |
|  3 | wolfpeng |
+----+----------+
3 rows in set (0.00 sec)
```

图 20.22 【任务 20.2】运行结果 2

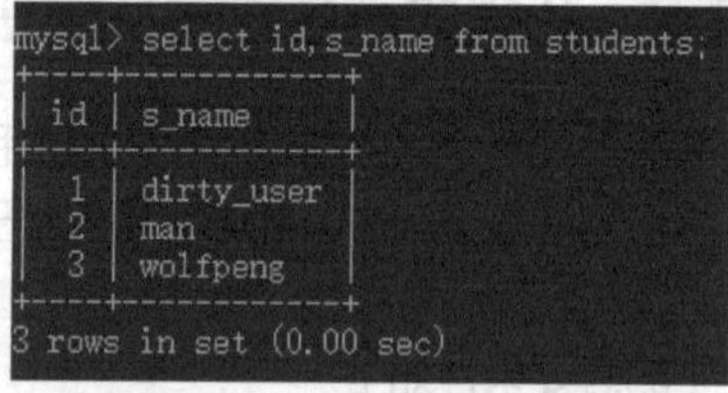

```
mysql> select id,s_name from students;
+----+------------+
| id | s_name     |
+----+------------+
|  1 | dirty_user |
|  2 | man        |
|  3 | wolfpeng   |
+----+------------+
3 rows in set (0.00 sec)
```

图 20.23 【任务 20.2】运行结果 3

如果 A 连接执行回滚操作后再提交事务。

```
mysql_A>ROLLBACK;
mysql_A> SELECT id, s_name from students;
mysql_A>COMMIT;
```

B 连接查看数据，看到更新前的数据。

运行结果如图 20.24 所示。

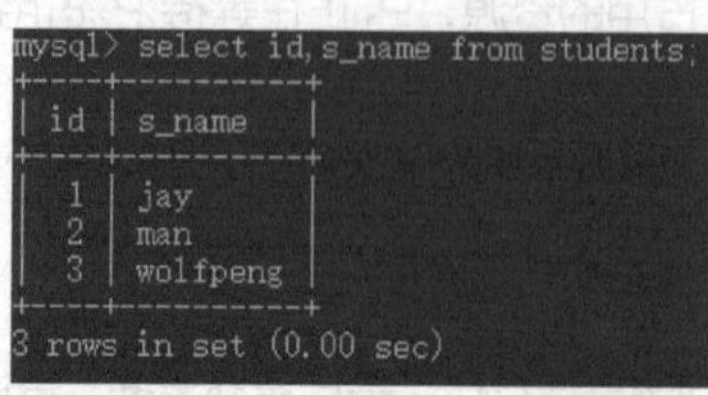

```
mysql> select id,s_name from students;
+----+----------+
| id | s_name   |
+----+----------+
|  1 | jay      |
|  2 | man      |
|  3 | wolfpeng |
+----+----------+
3 rows in set (0.00 sec)
```

图 20.24 【任务 20.2】运行结果 4

【习题】

一、单项选择题

1. DBMS 中实现事务隔离性的子系统是________。

A. 安全性管理子系统　　B. 完整性管理子系统
C. 并发控制子系统　　D. 恢复管理子系统

2. 用于将事务写进数据库的命令是______。

A. INSERT　　B. ROLLBACK
C. COMMIT　　D. SAVEPOINT

3. 以下______是事务特性。

A. 独立性　　B. 并行性
C. 原子性　　D. 并发性

4. 在事务依赖中，若各个事务之间的依赖关系构成循环，则会出现______。

A. 死锁　　B. 共享锁
C. 活锁　　D. 排它锁

5. 如果事务 T 已在数据 R 上加了 X 锁，则其他事务在数据 R 上______。

A. 只可加 X 锁　　B. 只可加 S 锁
C. 可加 S 或 X 锁　　D. 不能加任何锁

二、简答题

1. 什么是事务？它有哪些属性？
2. 简述预防死锁常用的两种方法。
3. 为什么事务非正常结束时会影响数据库数据的正确性？

思维导图

事务与锁

应用篇

项目八 PHP基础及访问MySQL数据库

任务 21 PHP初识与应用

21

【任务背景】

目前PHP是比较流行的动态网页开发技术，它易于学习并可以高效地运行在服务器端。PHP与HTML有着非常好的兼容性，用户可以直接在PHP脚本中加入HTML标记，或者在HTML中嵌入PHP代码，从而更好地实现页面控制。PHP 提供了标准的数据接口，数据库连接也十分方便，兼容性好，扩展性好，可以进行面向对象编程。PHP最大的特色是简单且与MySQL具有良好的的结合性。对于MySQL来说，PHP可以说是其较好的“搭档”。无论是开发数据库管理系统还是开发一个Web网站，PHP+MySQL均是很好的选择。

【任务要求】

掌握PHP技术基础、PHP数据类型和PHP数据处理，学习使用PHP连接MySQL数据库、操作 MySQL 数据库、备份与还原 MySQL 数据库的基本方法，并使用PHP+MySQL开发一个简单的应用程序——留言板。

微课视频

PHP基础及访问MySQL数据库

【任务分解】

21.1 PHP技术基础

21.1.1 PHP标记风格

PHP标记告诉Web服务器PHP代码何时开始、结束。最常见的PHP标记是“<?php”和“?>”，这两个标记之间的代码都将被解释成 PHP 代码。PHP 标记用来隔离 PHP 和 HTML 代码。

PHP 标记风格有如下 4 种。

1. 以“<?php”开始、“?>”结束

```
<?php
...//PHP 代码
?>
```

这是本书使用的标记风格，也是最常见的一种风格。它在所有的服务器环境上都能使用，XML（可扩展标记语言）嵌入 PHP 代码时就必须使用这种标记以适应 XML 的标准，所以推荐用户都使用这种标记风格。

2. 以“<?”开始、?>”结束

```
<?
...//PHP 代码
?>
```

这种风格默认是禁止的。

3. script 标记风格

```
<script language="php">
...//PHP 代码
</script>
```

这是类似 JavaScript 的编码方式。

4. 以“<%”开始、“%>”结束

```
<%
...     //PHP 代码
%>
```

这种风格与 ASP 的标记风格相同。与第 2 种风格一样，这种风格默认是禁止的。

21.1.2 HTML 中嵌入 PHP

在 HTML 代码中嵌入 PHP 代码比较简单，下面是一个在 HTML 中嵌入 PHP 代码的例子。

【任务 21.1】在 HTML 代码中嵌入 PHP 代码，并且在页面中输出。

```
<html>
<head>
<title></title>
</head>
<body>
<input type=text value="<?php echo'这是 PHP 的输出内容'?>">
</body>
</html>
```

21.1.3 PHP 中输出 HTML

echo()显示函数在前面的内容中已经使用过，用于输出一个或多个字符串。print()函数的用法与 echo()函数类似。下面是一个使用 echo()函数和 print()函数的例子。

【任务 21.2】PHP 中 echo()函数和 print()函数的应用。

```
<?php
echo("hello");//使用带括号的 echo()函数
```

```
echo"world";//使用不带括号的 echo()函数
print("hello");// 使用带括号的 print()函数
print"world"; //使用不带括号的 print()函数
?>
```

显示函数只提供显示功能，不能输出风格多样的内容。在 PHP 显示函数中使用 HTML 代码可以使 PHP 输出更为美观的界面内容。

【任务 21.3】使用 PHP 输出 HTML 标签。

```
<?php
echo'<h1 align="center">一级标题</h1>';
print"<br>";
echo"<font size='3'>这是 3 号字体</font>";
?>
```

21.1.4 PHP 中调用 JavaScript

PHP 代码中嵌入 JavaScript 能够开发出良好的用户交互界面，强化 PHP 的功能，其应用十分广泛。在 PHP 中调用 JavaScript 脚本的方法与输出 HTML 的方法一样，可以使用显示函数。

【任务 21.4】在 PHP 中调用 JavaScript 脚本并输出。

```
<?php
echo"<script>";
echo"alert("调用 JavaScript 消息框")";
echo"</script>";
?>
```

21.2 PHP 的数据类型

PHP 提供了一个不断扩充的数据类型集，不同的数据可以保存在不同的数据类型中。

21.2.1 整型

整型变量的值是整数，表示范围是-2 147 483 648～2 147 483 647。整型值可以用十进制数、八进制数或十六进制数的符号指定。用八进制数符号指定，数字前必须加 0；用十六进制数符号指定，数字前必须加 0x。

```
$n1=123;     //十进制数
$n2=0;       //零
$n3=36;      //负数
$n4=0123;    //八进制数（等于十进制数的 83）
$n5=0x1B;    //十六进制数（等于十进制数的 27）
```

21.2.2 浮点型

浮点型的数也称浮点数、双精度数或实数。浮点数的字长与平台相关，最大值是 1.8e308，具有 14 位十进制数的精度。

```
$pi=3.1415926;    //十进制浮点数
$width=3.3e4;     //科学计数法浮点数
$var=3e-5;        //科学计数法浮点数
```

21.2.3 布尔型

布尔型是一种最简单的数据类型，其值可以是 TRUE（真）或 FALSE（假），这两个关键字不区分大小写。要想定义布尔变量，只需将其值指定为 TRUE 或 FALSE。布尔型变量通常用于流程控制。

【任务 21.5】布尔型变量的使用。

```
<?php
$a=TRUE;
$b=FALSE;
$usename="Mike";
If($usename=="Mike")
{
echo"Hello";
}
If($a==TRUE)
{
echo"a 为真";
}
If($b)
{
echo"b 为真";
}
?>
```

21.2.4 字符串

1. 单引号

定义字符串最简单的方法是用单引号括起来。如果要在字符串中表示单引号，则需要用转义字符“\”将单引号转义之后才能输出。和其他语言一样，如果在单引号之前或者字符串结尾处出现一个反斜线“\”，就要使用两个反斜线来表示。

【任务 21.6】用单引号显示字符串。

```
<?php
echo'输出\'单引号';
echo'反斜线\\';
?>
```

2. 双引号

使用双引号将字符串括起来同样可以定义字符串。如果要在定义的字符串中表示双引号，则同样需要用转义字符转义。双引号会替换变量的值，而单引号会把它当作字符串输出。

【任务 21.7】用双引号显示字符串。

```
<?
$str="和平";
Echo"世界"."$str";   //输出：世界$str
Echo"世界"."$str";   //输出：世界和平
?>
```

21.3 PHP 数据处理

21.3.1 PHP 对数组的处理

数组就是一组数据的集合，把一系列数据组织起来，形成一个可操作的整体。数组的每个实体都包含两项：键和值。PHP 的优势是提供了丰富的函数，用来处理各种类型的数据，完成一些相对复杂、经常性、重复性或者和底层有关的操作。

1. 数组的创建和初始化

要操作数组，第一步就是要创建一个新数组，创建数组一般有以下 2 种方法。

（1）使用 array()函数创建数组。

PHP 中的数组可以是一维数组，也可以是多维数组。创建数组可以使用 array( )函数，语法格式如下。

```
array array([skeys=>]$values, ...)
```

（2）使用变量创建数组。

通过使用 compact()函数，可以把一个或多个变量，甚至数组，创建成数组元素，这些数组元素的键名就是变量的变量名，值是变量的值。在当前的符号表中查找该变量名并将它添加到输出的数组中，变量名成为键名而变量的内容成为该键的值。语法格式如下。

```
array compact(mixed $varname[, mixed...])
```

任何没有变量名与之对应的字符串都被忽略。下面是使用变量数组的例子。

【任务 21.8】在 PHP 中使用变量数组。

```
<?php
$num=10;
$str="string";
$array=array(1, 2, 3);
$newarray=compact("num", "str", "array"); //使用变量名创建数组
print_r($newarray);
/*结果
array([num]=10 [str]=>string [array]=>array([0]=>1 [1]=>2 [2]=>3))
*/
?>
```

extract()函数将数组中的单元转为变量。

```
<?php
$array=array("key1"=>1, "key2"=2, "key3"=3);
extract($array);
echo"$key1 $key2 $key3";//输出 1 2 3
?>
```

2. 数组的排序

（1）升序排列。

① sort()函数。使用 sort()函数可以对已经定义的数组进行排序，使得数组单元按照数组值从低到高重新索引。语法格式如下。

```
Bool sort(array $array[, int $sort_flags])
```

> **说 明** **如果排序成功，sort()函数返回 TRUE,失败则返回 FALSE。两个参数中$array 是需要排序的数组，$sort_flags 的值可以影响排序的行为。**

② arsort()函数。arsort()函数也可以对数组的值进行升序排列，语法格式和 sort()函数类似，但使用 arsort()函数排序后的数组还保持键名和值之间的关联，如下所示。

```
<?php
$fruits=array("d"=>"lemon", "a"=>"orange", "b"=>"banana", "c"=>"apple");
assort($fruits);
Print_r($fruits);
?>
```

③ krsort()函数用于对数组的键名进行排序，排序后键名和值的关联不改变，语法格式如下。

```
krsort(array, sorting type)
```

（2）降序排列。

前面介绍的 sort()、arsort()、krsort()这 3 个函数都是对数组进行升序排列。它们都有一个相对应

的降序排列的函数，可以使数组按降序排列，分别是 sort()、arsort()和 krsort()函数。降序排列的函数与升序排序的函数用法相同。

（3）多维数组的排序。

array_multisort()函数可以一次对多个数组排序，或对一维或多维数组排序。语法格式如下。

```
Bool array_multisort(array $ar1[, mixed $arg[, mixed $...[, array$...]]])
```

该函数的参数结构比较特别，且非常灵活。第一个参数必须是一个数组，接下来的每个参数可以是数组或者是下面列出的排序标志。

SORT_ASC：默认，按升序排列(A~Z)。

SORT_DESC：按降序排列(Z~A)。

随后可以指定排序的类型。

SORT_REGULAR：默认，将每一项按常规顺序排列。

SORT_NUMERIC：将每一项按数字顺序排列。

SORT_STRING：将每一项按字母顺序排列。

（4）对数组重新排序。

shuffle()函数的作用是将数组按随机的顺序排列，并删除原有的键名。array_reverse( )函数将一个数组按相反顺序排序。

（5）自然排序。

natsort()函数实现了一个和人们通常对字母、数字和字符串进行排序的方法一样的排序算法，并保持原有键与值的关联，这种方式被称为“自然排序”。natsort()函数对大、小写敏感。

【任务 21.9】用 PHP 数组处理表单数据。

任务要求：接收用户输入的学生学号、姓名和成绩等信息，将接收到的信息存入数组并按照成绩升序排列，之后再以表格输出。

① 输入表单信息内容。

```
<form name=fr1 method=post>
<table align=center border=1 >
<tr>
<td><div align=center>学号</div></td>
<td><div align=center>姓名</div></td>
<td><div align=center>成绩</div></td>
</tr>
<?php
for($i=0;$i<5;$i++) //循环生成表格的文本框
{?>
<tr>
<td><input type=text name="XH[]"></td>
<td><input type=text name="XM[]"></td>
<td><input type=text name="CJ[]"></td>
</tr>
<?}?>
<tr><td align ="center"colspan="3">
<input type="submit"name="bt_stu"value="提交"></td></tr>
</table>
</form>
<center><font size=3 color="red">
注意：学号不能重复</font></center><br>
<!-- 以上是输入表单 -->
```

② 获取表单输入内容并且输出。

```
<?php
if(isset($_POST['bt_stu'])) //判断按钮是否按下
{
$XH=$_POST['XH']; //接收所有学号的值存入数组$XH
```

```
$XM=$_POST['XM']; //接收所有姓名的值存入数组$XM
$CJ=$_POST['CJ']; //接收所有成绩的值存入数组$CJ
array_multisort($CJ, $XH, $XM); //对以上 3 个数组排序, $CJ 为首个数组
for($i=0;$i<count($XH);$i++)
$sum[$i]=array($XH[$i], $XM[$i], $CJ[$i]); //将 3 个数组的值组成一个二维数组$sum
echo"<div align=center>排序后成绩表如下:</div>"; //表格的首部
echo"<table align=center border=2><tr><td>学号</td><td>姓名</td><td>成绩</td></tr>";
foreach($sum as $value)     //使用 foreach 循环遍历数组$sum
{
list($stu_number, $stu_name, $stu_score)=$value; //使用 list()函数将数组中的值赋给变量
//输出表格内容
echo"<tr><td>$stu_number</td><td>$stu_name</td><td>$stu_score</td></tr
>";
}
echo"</table><br>"; //表格尾部
reset($sum); //重置$sum 数组的指针
while(list($key, $value)=each($sum)) //使用 while 循环遍历数组
{
list($stu_number, $stu_name, $stu_score)=$value;
if($stu_number=="081101") //查询是否有学号为 081101 的值
{
echo"<center><font size=4 color=red>";
echo $stu_number."的姓名为：".$stu_name.", ";
echo"成绩为：".$stu_score;
break; //找到则结束循环
}
}
}
?>
```

21.3.2 PHP 对字符串的处理

字符串是 PHP 程序相当重要的一部分操作内容，程序传递给用户的可视化信息，绝大多数都是靠字符串来实现的。字符串变量用于包含字符串的值。在创建字符串之后，就可以对它进行操作了。可以直接在函数中使用字符串，或者把它存储在变量中。字符串是由数字、字母、下划线组成的一串字符，一般记为 s=“a1a2…an”(n>=0)，它是编程语言中表示文本的数据类型。下面是一个 PHP 把字符串赋值给字符串变量的例子。

【任务 21.10】PHP 把字符串赋值给字符串变量。

```
<?php
$txt="Hello World";
echo $txt;
?>
```

以上代码输出“Hello World”。

接下来使用不同的函数和运算符来操作字符串。

1. 并置运算符

在 PHP 中，只有一个字符串运算符——并置运算符(.)，用于把两个字符串值连接起来。以下是一个并置连接两个变量的例子。

【任务 21.11】并置连接两个变量。

```
<?php
$txt1="Hello World";
$txt2="1234";
echo $txt1 . " " . $txt2;
?>
```

以上代码输出结果为“Hello World 1234”。

2. 计算字符串长度函数——strlen()

strlen()函数用于计算字符串的长度，让我们算出字符串“Hello world!”的长度。

【任务 21.12】 计算字符串长度。

```
<?php
echo strlen("Hello world!");
?>
```

以上代码输出“12”。

PHP 处理字符串函数还有很多，可以实现字符串输出、字符串去除、字符串连接、字符串分割、字符串获取、字符串替换和字符串计算等功能。

21.3.3 用 PHP 处理日期和时间

PHP 提供了多种获取时间和日期的函数。利用这些函数，可以方便地获得当前的日期和时间，也可以生成一个指定时刻的时间戳，还可以用各种各样的格式来输出这些日期、时间。

在了解日期和时间类型的数据前，需要了解 UNIX 时间戳的意义。在当前大多数的 UNIX 操作系统中，保存当前日期和时间的方式是：保存格林尼治标准时间从 1970 年 1 月 1 日零点起到当前时刻的秒数，以 32 位整数表示。1970 年 1 月 1 日零点也被称为 UNIX 纪元。

调用 getdate()函数取得日期/时间信息，getdate()函数返回一个由时间戳组成的关联数组，参数需要一个可选的 UNIX 时间戳。如果没有给出时间戳，则认为是本地当前时间。getdate()函数总共返回 11 个数组元素，见表 21.1。

表 21.1 getdate()函数返回的数组元素

键名	描述	返回值范围
hours	小时的数值表示	0~23
mday	月份中日的数值表示	1~31
minutes	分钟的数值表示	0~59
mon	月份的数值表示	1~12
month	月份的完整文本表示	January~December
seconds	秒的数值表示	0~59
wday	一周中日的数值表示	0~6（0 表示星期日）
weekday	一周中日的完整文本表示	Sunday~Saturday
yday	一年中日的数值偏移	0~365
year	年份的 4 位表示	例如：1999 或 2009
0	从 UNIX 纪元开始至今的秒数， 和 time()函数的返回值以及用于 date()函数的值类似	系统相关，典型值的范围是 -2 147 483 648~2 147 483 647

PHP 提供了强大的日期和时间处理功能。通过时间和日期函数库，能够得到 PHP 程序在运行时所在服务器中的日期和时间，并可以对它们进行检查和格式化，或在不同格式之间进行转换。

21.3.4 PHP 中对 URL、HTTP 的处理

在 PHP 程序中，会经常遇到对 URL 和 HTTP 相关内容的处理，其中包括对 URL 的编码和解码、

设置或获取一些 HTTP 头信息，以及通过 cookie 验证用户身份等。PHP 对 URL 和 HTTP 的处理要使用函数。

1. PHP 对 URL 的函数应用

在 PHP 的实际应用中，对 URL 地址的处理主要涉及 URL 的编码、解码和分析 3 个方面，PHP 提供了 3 个函数对 URL 进行处理。以下介绍这 3 个函数及其用法。

urlencode()函数:对 URL 编码。

urldecode()函数:对 URL 解码（反编码）。

parse_url()函数:分析一个有效的 URL 地址，获得该 URL 的各个部分。

urlencode()函数接受一个字符串参数作为输入，返回值也是一个字符串，返回值字符串中所有的非字母和数字字符转换成一个百分号（%）和一个两位的十六进制数，如字符串“&”会被转换成“%26”。需要特别说明的是，空格则会被转换成一个加号（+）。另外，这个函数不会对“-”“、”“_”“.”（英文句点）符号做转换。

2. PHP 对 HTTP 的函数应用

网络上的计算机之间要进行通信就必须遵守一定的规则，这种通信规则就是网络协议。协议保证网络上各种不同的计算机之间能够理解彼此传递的消息，就如同说不同语言的人们之间通过翻译来理解对方所说的话的含义。Internet 使用的是 TCP/IP 协议，而 WWW 使用的是 HTTP，即超文本传送协议（HyperText Transfer Protocol），该协议建立在 TCP/IP 协议之上。浏览网页的过程，其实就是一系列请求或响应的过程。HTTP 定义了这个请求或响应过程中请求和响应的格式，并维护 HTTP 链接的内容。

这里主要讲述两个处理函数 header()和 setcookie()。

服务器在将 HTML 文档传送至客户端之前，会先发送一些数据的说明信息到浏览器，最后发送 HTML 文档数据。header()函数可以发送原生 HTTP 头信息。服务器会将 HTML 文档的头信息以 HTTP 发送至浏览器，告诉浏览器该如何处理这个页面。

如果使用 header()函数发送文本类型头信息，可使用如下方法。

```
<?php header("Content-Type: text/html; charset=UTF-8");//告知各位观众下面将要输出的文本类型?>
```

如果是 PDF 格式，也可用 header("Content-type: application/pdf")。

如果需要输出文件提示下载，可使用如下方法。

```
<?php
header("Content-type: application/octet-stream");//文件流
header("Accept-Ranges: bytes");
header("Accept-Length: $filesize");//提示将要接收的文件大小
header("Content-Disposition: attachment; filename=".$fname); //提示终端浏览器下载操作?>
```

header()函数的另一个作用就是重定向——header("location:index.php")。

在 PHP 中，在向浏览器传送 HTML 文档之前需要传送完所有的头信息。也就是说， header()函数必须在有任何实际输出之前调用，包括输出普通的 HTML、空行或 PHP 代码。

通过 PHP 的 HTTP 预定义变量$_SERVER 可以获取页面的 HTTP 头信息。这个变量是一个关联数组，其每个索引都对应一个 HTTP 头信息。

21.3.5 PHP 中的数学运算

1. 数值数据类型

在 PHP 中，数字或数值数据以及数学函数的使用很简单。基本来说，要处理两种数据类型：浮点数和整数。

PHP 是一种松散类型的脚本语言，其变量可以根据计算的需求改变数据类型，这就允许引擎动态地完成类型转换。如果计算中包含数值和字符串，字符串会在完成计算之前转换为数值，而数值则会在与字符串连接之前转换为字符串。

【**任务 21.13**】根据计算需要改变数据类型。

```
<?php
$a = '5';
$b = 7 + $a;
echo"7 + $a = $b";
?>
```

PHP 提供了大量函数来检查变量的数据类型。其中有 3 个函数可以检查变量是否包含一个数字值，或更具体地，可以检查变量是一个浮点数还是一个整数。

is_numeric()函数可以检查作为参数传入的值是否是数值。

is_int()和 is_float()函数用于检查具体的数据类型。如果传入一个整数或浮点数，这些函数会返回 TRUE；否则返回 FALSE，即使传入一个由合法数值表示的字符串也会返回 FALSE。

PHP 也可以强制引擎改变数据类型，称之为类型强制转换，可以在变量或值前面增加(int)、(integer)、(float)、(double)或(real)实现，也可以通过 intval()或 floatval()函数来实现。

2. 随机数

随机数本身就是一门科学，已经有很多不同的随机数生成器。PHP 实现了其中两种：rand()和 mt_rand()函数。rand()函数是 libc（构建 PHP 所用编译器提供的基本库之一）中定义的随机函数的一个简单包装器。mt_rand()函数是 rand()函数一个很好的替代，它产生随机数值的平均速度比默认的 libc 随机数发生器的 randc()快 4 倍。

两个函数都提供一些函数来得到 MAX_RAND 的值：rand()函数提供的是 getrandmax()函数，mt_rand()函数提供的是 mt_getrandmax()函数。

3. 格式化数据

除了警告、错误等信息外，PHP 的大部分输出都是利用 echo、print()和 printf()之类的函数生成的。这些函数将参数转换成一个字符串，并发给客户端应用程序。

number_format()函数可以把整数和浮点数转换为一种可读的字符串。

【**任务 21.14**】使用 number_format()函数格式化数据。

```
<?php
$i = 123456;
$si = number_format($i, 2, ".", ", ");
echo $si;
?>
```

4. 数学函数

PHP 中还包括一些常用的计算函数，下面是常见的几种函数。

（1）abs()函数可求绝对值。

（2）floor()函数可实现舍去取整。

（3）ceil()函数可实现进一取整。

（4）round()函数可实现四舍五入。

（5）min()函数可求最小值或数组中最小值。

（6）max()函数可求最大值或数组中最大值。

21.4 PHP连接MySQL数据库

在前面我们已经学习了PHP的使用，对PHP有了一定的了解。在实际的网站制作过程中，我们经常遇到大量的数据，如用户的账号、文章或留言信息等，通常使用数据库存储数据信息。PHP支持多种数据库，从SQL Server、ODBC到大型的Oracle等，但PHP配合最为密切的还是新型的网络数据库MySQL。

21.4.1 PHP程序连接到MySQL数据库的原理

从根本上来说，PHP是通过预先写好的一些函数来与MySQL数据库进行通信。向数据库发送指令、接收返回数据等都是通过函数来完成的。

PHP可以通过MySQL接口来访问MySQL数据库。如果希望正常地使用PHP，那么需要适当地配置PHP与Apache服务器。同时，只有在PHP中加入MySQL接口后，PHP才能够顺利访问MySQL数据库。

21.4.2 PHP连接到MySQL函数

MySQL接口提供mysql_connect()函数来连接MySQL数据库，mysql_connect()函数的语法格式如下。

```
$connection=mysql_connect("host/IP", "username", "password");
```

MySQL接口提供mysql_select_db()函数来打开MySQL数据库，mysql_select_db()函数的语法格式如下。

```
mysql_select_db("database",$link);
```

其中，database为数据库名，$link为连接标识符。

【任务21.15】连接数据库JXGL，用户名为“root”，用户密码为“123456”，本地登录。

```
<?
$username="root";      //连接数据库的用户名
$password="123456";  //连接数据库的密码
$database="JXGL";      //数据库名
$hostname="localhost";    //服务器地址
$link=mysql_connect($hostname, $username, $password, 1, 0x20000); //连接数据库
//注：存储过程返回结果集的时候client_flags参数要设置为0x20000
mysql_select_db($database, $link) or die('Could not connect: ' . mysql_error()); //打开数据库
mysql_query("SET NAMES'UTF8'");                    //使用UTF-8编码
?>
```

21.5 PHP操作MySQL数据库

连接MySQL数据库之后，PHP可以通过query()函数对数据进行查询、插入、更新和删除等操作。但是query()函数一次只能执行一条SQL语句。如果需要一次执行多条SQL语句，就要使用multi_query()函数。PHP通过query()函数和multi_query()函数可以方便地操作MySQL数据库。接下来介绍PHP操作MySQL数据库的方法。

21.5.1 一次执行一条SQL语句

PHP可以通过query()函数来执行SQL语句。如果SQL语句是INSERT语句、UPDATE语句、DELETE语句等，语句执行成功，query()函数返回TRUE，否则返回FALSE。并且，可以通过affected_rows()函数获取发生变化的记录数。

【任务 21.16】查询 students 数据表。

```
$query = "SELECT * FROM students";
$result = mysql_query($query,   $ database) or die(mysql_error($db));
```

【任务 21.17】向 score 表插入数据。

```
$sqlinsert = "insert into score values('122009', 'A001', 80)";
mysql_query($sqlinsert);
echo $mysqli->affected_rows; //输出影响的行数
```

【任务 21.18】删除 score 表数据。

```
$sqldelete = "delete from score where s_no = '122009'and c_no='A001'";
mysql_query($sqldelete);
```

【任务 21.19】更新 score 表数据。

```
$sqlupdate = "update score set report=80 where s_no = '122001'and c_no='A001'";
mysql_query($sqlupdate);
```

21.5.2 一次执行多条语句

PHP 可以通过 multi_query()函数来执行多条 SQL 语句。具体做法是，把多条 SQL 命令写在同一个字符串里作为参数传递给 multi_query()函数，多条 SQL 之间使用分号分隔。如果第一条 SQL 语句在执行时没有出错，这个函数就会返回 TRUE，否则将返回 FALSE。

【任务 21.20】将字符集设置为 GB 2312，并向 score 表插入一行数据，然后查询 score 表数据。

```
$query = "SET NAMES GB2312;"; //设置查询字符集为 GB 2312
$query = "insert into score values('122010', 'A001', 60);"; //向 score 表插入一行数据
$query = "SELECT * FROM score;"; //设置查询 score 表数据
multi_query($query);
$result = mysql_query($query,   $ link);
```

21.5.3 处理查询结果

query()函数成功地执行 SELECT 语句后，会返回一个 mysqli result 对象$result。SELECT 语句的查询结果都存储在$result 中。mysqli 接口提供了 4 种方法来读取数据。

（1）$rs=$result-> fetch_row()：mysql_fetch_row() 函数从结果集中取得一行作为数字数组。

（2）$rs=$result->fetch_array()：mysql_fetch_array() 函数从结果集中取得一行作为关联数组，或数字数组，或二者兼有。返回根据从结果集取得的行生成的数组，如果没有更多行，则返回 FALSE。

（3）$rs=$result->fetch_assoc()：mysql_fetch_assoc() 函数从结果集中取得一行作为关联数组。返回根据从结果集取得的行生成的关联数组，如果没有更多行，则返回 FALSE。

（4）$rs=$result->fetch_object()：mysql_fetch_object() 函数从结果集（记录集）中取得一行作为对象。若成功的话，从 mysql_query()函数获得一行，并返回一个对象；如果失败或没有更多的行，则返回 FALSE。

下面重点介绍 fetch_row()函数。

```
$rs=$result->fetch_row()：mysql_fetch_row()//函数从结果集中取得一行作为数字数组
```

语法格式如下。

```
mysql_fetch_row(data)
```

其中，data 是要使用的数据指针。该数据指针是 mysql_query() 函数返回的结果。

【任务 21.21】查询系别为“D001”的学生信息。

```
<?php
$con = mysql_connect("localhost","root","123456");
if (!$con)
  {
die('Could not connect: ' . mysql_error());
```

```
}
$db_selected = mysql_select_db("jxgl", $con);
$sql = "SELECT * from students WHERE d_no='D001'";
$result = mysql_query($sql, $con);
print_r(mysql_fetch_row($result));
mysql_close($con);
?>
```

此外，还可以通过 fetch_fields()函数获取查询结果的详细信息，这个函数返回对象数组。通过这个对象数组可以获取字段名、表名等信息。例如，$info=$result->fetch_fields()可以产生一个对象数组$info，然后通过$info[$n]->name 获取字段名，通过$info[$n]->table 获取表名。

21.5.4 关闭创建的对象

对 MySQL 数据库的访问完成后，必须关闭创建的对象。例如，连接 MySQL 数据库时创建了$connection 对象，处理 SQL 语句的运行结果时创建了$result 对象。操作完成后，这些对象都必须使用 close()方法来关闭。语法格式如下。

```
$result->close();
$connection->close();
```

21.6 PHP 备份与还原 MySQL 数据库

PHP 中可以执行 mysqldump 命令来备份 MySQL 数据库，也可以执行 mysql 命令来恢复 MySQL 数据库。PHP 中使用 system()函数或者 exec()函数来调用 mysqldump 命令和 mysql 命令。

21.6.1 MySQL 数据库与表的备份

PHP 可以通过 system()函数或者 exec()函数调用 mysqldump 命令来备份数据库。system()函数的语法格式如下。

```
system("mysqldump -h hostname -u user -pPassword database [table] > dir/backup.sql");
```

exec()函数的使用方法与 system()函数是一样的。这里直接将 mysqldump 命令当作系统命令来调用。这需要将 MySQL 的应用程序的路径添加到系统变量 Path 中，如果不想把 MySQL 的应用程序的路径添加到 Path 变量中，可以使用 mysqldump 命令的完整路径。假设 mysqldump 在“C:\mysql\bin\”目录下，system()函数的形式如下。

```
system("C:\mysql\bin\mysqldump -h hostname -u user -pPassword database [table] > dir/backup.sql");
```

【任务 21.22】备份 JXGL 数据库到“D:\ Backup”目录下。

```
system("mysqldump -h localhost -u root-p123456 --database JXGL >D:\ Backup \JXGL.sql");
```

【任务 21.23】备份 JXGL 数据库的 course 表和 score 表到“D:\ Backup”目录下。

```
system("mysqldump -h localhost -u root-p123456 JXGL course score   >D:\ Backup \tables.sql");
```

21.6.2 MySQL 数据库与表的还原

同理，PHP 可以通过 system()函数或者 exec()函数调用 mysql 命令来恢复数据库。语法格式如下。

```
system("mysql   -h hostname -u user -pPassword database [table] < dir/backup.sql");
```

【任务 21.24】假设数据库被破坏，用备份好的.sql 文件还原 JXGL 数据库。

```
system("mysql -u root-p 123456 --default-character-set=utf8 JXGL < JXGL.sql");
```

【任务 21.25】还原 JXGL 数据库的 course 表和 score 表。

```
system("mysql -u root-p 123456 --default-character-set=utf8 JXGL course score <D:\ Backup \tables.sql"
```

21.7 应用实践：基于文本的简易留言板

任务要求：实现基于文本的 PHP 留言板。首先实现用 PHP 连接 MySQL 数据库，接着显示当前的留言内容，然后实现用户留言，并显示留言成功，留言界面效果如图 21.1 所示。

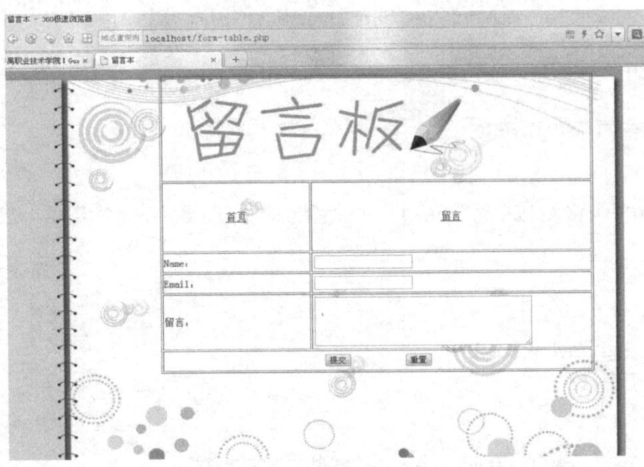

图 21.1　留言界面效果

留言提交成功的界面如图 21.2 所示。

图 21.2　留言提交成功的界面

（1）用 MySQL 建立一个数据库 guestbook，创建一个 content 表，包含 4 个字段，主键是 id。

```
create database guestbook default character set gb2312 collate gb2312_chinese_ci;
CREATE TABLE IF NOT EXISTS'content' (
'id'int（11）NOT NULL auto_increment,
'name'VARCHAR(20) NOT NULL,
'email'VARCHAR (50) NOT NULL,
'content'VARCHAR(200) NOT NULL,
PRIMARY KEY ('id'))
ENGINE=MyISAM DEFAULT CHARSET=utf8 AUTO_INCREMENT=3;
```

（2）新建 config.php，用来连接数据库。

```
<?php
$q = mysql_connect("localhost", "guestbook", "");
if(!$q)
{die('Could not connect: ' . mysql_error());}
mysql_query("set names utf8"); //以 UTF-8 读取数据
mysql_select_db("guestbook", $q); //数据库
```

```
?>
```

（3）新建 index.php，连接数据库后搜索数据库里的表内容并显示。

```
<?php
include("config.php"); //引入数据库连接文件
$sql = "select * from content"; //搜索 content 数据表
$result = mysql_query($sql, $q);
?>
<html>
<meta http-equiv="Content-Type"content="text/html; charset=utf-8" />
<body>
<table width="678"align="center">
<tr>
<td colspan="2"><h1>留言本</h1></td>
</tr>
<tr>
<td width="586"><a href="index.php">首页</a> | <a href="liuyan.php">留言</a></td>
</tr>
</table>
<p>
<?
while($row=mysql_fetch_array($resule))
{
?>
</p>
<table width="678"border="1"align="center"cellpadding="1"cellspacing="1">
<tr>
<td width="178">Name:<? echo $row[1] ?></td>
<td width="223">Email:<? echo $row[2] ?></td>
</tr>
<tr>
<td colspan="4"><? echo $row[3] ?></td>
</tr>
</table>
<?}?>
</body>
</html>
```

（4）新建 liuyan.php，实现数据库连接，处理用户提交的留言信息。

```
<html>
<body>
<meta http-equiv="Content-Type"content="text/html; charset=utf-8" />
<table width="678"align="center">
<tr>
<td colspan="2"><h1>留言本</h1></td>
</tr>
<tr>
<td width="586"><a href="index.php">首页</a> | <a href="liuyan.php">留言</a></td>
</tr>
</table>
<table align="center"width="678">
<tr>
<td>
<form name="form1"method="post"action="post.php">
<p>
Name：<input name="name"type="text"id="name">
</p>
<p>Email：<input type="test"name="email"id="email"></p>
<p>
留言:
</p>
<p>
```

```
<textarea name="content"id="content"cols="45"rows="5"></textarea>
</p>
<p>
<input type="submit"name="button"id="button"value="提交">
<input type="reset"name="button2"id="button2"value="重置">
</p>
</form>
</td>
</tr>
</table>
</body>
</html>
```

（5）新建 post.php，连接数据库后，把获取到的用户留言信息存入数据库中，并显示提交成功的提示。

```
<?php
header("content-Type: text/html; charset=utf-8");
include("config.php");
$name= $_POST['name'];
$email= $_POST['email'];
$patch = $_POST['content'];
$content = str_replace("", "<br />", $patch);
$sql = "insert into content (name, email, content) values ('$name', '$email', '$content')";
mysql_query($sql);
echo"<script>alert('恭喜你, 提交成功！返回首页');location.href='index. php';</script>";?>
```

【习题】

简答题

1. 简述创建 PHP 数组的几种方法。
2. 简述 PHP 程序连接到 MySQL 数据库服务器的原理。
3. 建立一个测试数据库连接的页面，连接留言板数据库 guestbook，并生成测试脚本。
4. 在留言板数据库连接的基础上建立显示留言信息的记录集并绑定在网页中。

思维导图

PHP 初识与应用

项目九 访问MySQL数据库

任务 22 Java访问MySQL数据库

22

【任务背景】

Java 是一个跨平台、面向对象的程序开发语言，而 MySQL 是主流的数据库开发语言。MySQL 为 Java 提供了良好的接口，Java 连接访问和操作 MySQL 数据库非常方便。Java 和 MySQL 互为"好搭档"，基于 Java+MySQL 进行程序设计也是当今比较流行的。

【任务要求】

本任务将学习 Java 访问 MySQL 数据库的方法，并实现数据库更新、查询和备份、恢复等操作。

【任务分解】

22.1 Java 连接 MySQL 数据库

Java 可以通过 Java 数据库连接（Java Database Connectivity，JDBC）来访问 MySQL 数据库。JDBC 的接口和类与 MySQL 数据库建立连接，然后将 SQL 语句的运行结果进行处理。Connector/J 是 MySQL 与 JDBC 连接的一个接口规范。

22.1.1 下载并安装 JDBC 驱动 MySQL Connector/J

可以在 MySQL 的官方网站下载 JDBC 驱动，本书中下载的 JDBC 驱动程序是 MySQL Connector/J 8.0.19。可以使用二进制或源分发版安装 Connector/J 软件包。虽然二进制发行版提供了最简单的安装方法，但是源发行版使用户可以自定义安装。选择 platform independent（即平台无关），下载 myaql- connector-java-8.0.19.zip 压缩包。然后解压并复制 mysql-connector- java-8.0.19.jar 包到指定目录（比如 D:\）。

要安装 Connector/J 驱动程序库，最简单的方法是把 MySQL-connector-java-8.0.19.jar 文件复制到 Java 安装目录的"$JAVA_HOME/jre/lib/ext"中，Java 程序在执行时会自动到这个目录来寻找驱动程序。

也可以将 MySQL-connector-java-5.1.18-bin.jar 添加到系统的 CLASSPATH 环境变量。方法为：打开"控制面板"→"系统"→"高级"→"环境变量"，在系统变量中编辑 CLASSPATH，将 MySQL- connector-java-5.1.18-bin.jar 加到最后，并在这个字符串前加";"，与前一个

CLASSPATH 区分开。

现在就可以使用 com.mysql.jdbc.Driver 来调用 MySQL 的 JDBC 驱动了。

22.1.2 java.sql 的接口和作用

在 java.sql 包中存在 DriverManager 类、Connection 接口、Statement 接口和 ResultSet 接口。这些类和接口的作用如下。

（1）DriverManager 类：DriverManager 类是 JDBC 的管理层，作用于用户和驱动程序之间。它跟踪可用的驱动程序，并在数据库和相应驱动程序之间建立连接。另外，DriverManager 类也处理诸如驱动程序登录时间限制及登录、跟踪消息的显示等事务。

（2）Connection 接口：建立与数据库的连接。

（3）Statement 接口：容纳并操作执行 SQL 语句。

（4）ResultSet 接口：控制执行查询语句得到结果集。

22.1.3 连接 MySQL 数据库

首先，在 Java 程序中加载驱动程序。在 Java 程序中，可以通过 Class.forName（指定数据库的驱动程序）方式来加载添加到开发环境中的驱动程序。例如，加载 MySQL 的数据驱动程序的代码如下。

```
Class.forName("com.MySQL.jdbc.Driver")
```

然后，创建数据连接对象。通过 DriverManager 类创建数据库连接对象 Connection。DriverManager 类作用于 Java 程序和 JDBC 驱动程序之间，用于检查所加载的驱动程序是否可以建立连接，然后通过它的 getConnection( )方法，根据数据库的 URL、用户名和密码，创建一个 JDBC Connection 对象。代码如下所示。

```
Connection connection = DriverManager.getConnection("连接数据库的 URL", "用户名", "密码").
```

【任务 22.1】连接已建好的 JXGL 数据库。

```
String driver = "com.mysql.jdbc.Driver"; //驱动程序名
String url = "jdbc:MySQL://127.0.0.1:3306/JXGL";// URL 指向要访问的数据库名 JXGL
String user = "root";// MySQL 配置时的用户名
String password = "123456";// Java 连接 MySQL 配置时的密码
try {
Class.forName(driver); // 加载 MySQL 的驱动程序
Connection conn = DriverManager.getConnection(url,  user,  password); // 连接数据库
if(!conn.isClosed())
System.out.println("Succeeded connecting to the Database!");
} catch (Exception e) {
        e.printStackTrace();
}
```

22.2 Java 操作 MySQL 数据库

连接 MySQL 数据库之后，可以对 MySQL 数据库中的数据进行查询、插入、更新和删除等操作。相关操作可以通过调用 Statement 对象的相关方法执行相应的 SQL 语句来实施。其中，通过调用 Statement 对象的 executeUpdate()方法来进行数据的更新，调用 Statement 对象的 executeQuery()方法来进行数据的查询。通过这两个方法，Java 可以方便地操作 MySQL 数据库。

22.2.1 创建 Statement 对象

Statement 类主要是用于执行静态 SQL 语句并返回它所生成结果的对象。通过 Connection 对象

的 createStatement()方法可以创建一个 Statement 对象。

其代码如下。

```
Statement statement=connection.createStatement();
```

其中，statement 是 Statement 对象；connection 是 Connection 对象；createStatement()方法返回 Statement 对象。通过这个语句就可以创建 Statement 对象。

Statement 对象创建成功后，可以调用其中的方法来执行 SQL 语句。

22.2.2 插入、更新或者删除数据

通过调用 Statement 对象的 executeUpdate()方法来进行数据的更新，包括插入、更新和删除等。调用 executeUpdate()方法的代码如下。

```
int result=statement.executeUpdate(sql);
```

其中，"sql" 参数必须是 INSERT 语句、UPDATE 语句或者 DELETE 语句。该方法返回的结果是数字。

【任务 22.2】 向 course 表中插入一条数据（'c002', 'ACCESS',54,3, '选修课'）。

```
statement.executeUpdate("INSERT INTO course(c_no, c_name, hours, credit,  type)"+ "VALUES('c002', 'ACCESS', 54, 3, '选修课')");
```

22.2.3 使用 SELECT 语句查询数据

通过调用 Statement 对象的 executeQuery()方法进行数据的查询，而查询结果会得到 ResulSet 对象，ResulSet 表示执行查询数据库后返回的数据的集合。

调用 executeQuery()方法的代码如下。

```
ResultSet result=statement.executeQuery("SELECT 语句");
```

【任务 22.3】 查询 course 表。

```
ResultSet result = statement.executeQuery( "select * from course" );
```

通过该语句可以将查询结果存储到 result 中。查询结果可能有多条记录，这就需要使用循环语句来读取所有记录，其代码如下。

```
while(result.next()){
name = rs.getString("c_name"); // 选择 c_name 这列数据
name = new String(name.getBytes("ISO-8859-1"), "GB2312");
//使用 ISO-8859-1 字符集将 name 解码为字节序列并将结果存储在新的字节数组中
//使用 GB 2312 字符集解码指定的字节数组
System.out.println(rs.getString("c_no") + "\t" + name); // 输出结果
}
```

22.3 Java 备份 MySQL 数据库

Java 中可以执行 mysqldump 命令来备份 MySQL 数据库，也可以执行 mysql 命令来还原 MySQL 数据库。

通常使用 mysqldump 命令来备份 MySQL 数据库，语法格式如下。

```
mysqldump -u username -pPassword dbname table1 table2... > BackupName.sql
```

其中，"username" 参数表示登录数据库的用户名；"Password" 参数表示用户的密码，其与 "-p" 之间不能用空格隔开；"dbname" 参数表示数据库的名称；"table1" 和 "table2" 参数表示表的名称，没有该参数时将备份整个数据库；"BackupName.sql" 参数表示备份文件的名称，文件名前面可以加上一个绝对路径。

【任务 22.4】 备份 JXGL 数据库到 "D:\ Backup" 目录下。

```
String mysql="mysqldump-u root-p 123456 JXGL>D:\Backup\JXGL.sql";
```

```
java.lang.Runtime.getRuntime().exec("cmd /c"+mysql);
```

【任务 22.5】备份 JXGL 数据库的 students 表和 teachers 表。

```
String mysql="mysqldump-u root-p123456 JXGL students teachers >D:\ Backup \twotables.sql";
java.lang.Runtime.getRuntime().exec("cmd /c"+mysql);
```

22.4 Java 还原 MySQL 数据库

通常使用 mysql 命令来还原 MySQL 数据库，语法格式如下。

```
mysql -u root -p [dbname] < backup.sql
```

其中，“dbname”参数表示数据库名称。该参数是可选参数，可以指定数据库，也可以不指定。指定数据库名时，表示还原该数据库下的表；不指定数据库名时，表示还原特定的一个数据库。备份文件中有创建数据库的语句。

【任务 22.6】假设数据库被破坏，用备份的.sql 文件还原 JXGL 数据库。

```
String mysql="mysql -u root-p 123456 --default-character-set=utf8 JXGL < JXGL.sql";
java.lang.Runtime.getRuntime().exec("cmd /c"+mysql);
```

【任务 22.7】还原 JXGL 数据库的 students 表和 teachers 表。

```
String mysql="mysql -u root-p 123456 --default-character-set=utf8 JXGL students teachers<D:\Backup\twotables.sql";
java.lang.Runtime.getRuntime().exec("cmd /c"+mysql);
```

【项目实践】

（1）安装 JDBC 驱动。

（2）实现用 Java 连接 MySQL 数据库。

【习题】

一、填空题

1. Java 语言中可以执行 MySQL 的________命令来备份数据库。
2. Java 通过________________类创建数据库连接对象 Connection。
3. Java 连接数据必须指明数据库的________________、________________和密码。
4. Java 通过调用 Statement 对象的____________方法来进行数据的更新，调用 Statement 对象的 executeQuery()方法来进行数据的________。
5. Java 控制执行查询语句得到结果集的是________________接口。

二、简答题

请简述 Java 连接 MySQL 数据库的基本方法。

任务 23 C#访问MySQL数据库

【任务背景】

C#是微软公司开发的可以跨平台的程序开发语言，它功能完善，可以用来开发可靠的、要求严格的应用程序。用 C#来连接使用 MySQL 数据库也是目前比较流行的开发模式，而且通过 C#的接口访问 MySQL 数据库也很方便。

【任务要求】

学会使用 C#程序设计技术访问 MySQL 数据库，实现数据库的操作。

【任务分解】

23.1 C#连接 MySQL 数据库

C#是由微软公司开发的专门为.NET 平台设计的语言，C#是事件驱动的、面向对象的、运行于.NET Framework 之上的可视化高级程序设计语言，可以使用集成开发环境来编写 C#程序。C#是 Windows 操作系统下最流行的程序设计语言之一。

C#可以通过 MySQLDriverCS 或通过 ODBC 连接 MySQL 数据库，也可以通过 MySQL 官方推荐使用的驱动程序 Connector/Net 来访问 MySQL 数据库。Connector/Net 的执行效率高，本任务主要使用 Connector/Net 来访问 MySQL 数据库。

23.1.1 下载并安装 Connector/Net 驱动程序

使用C#来连接MySQL数据库时，需要安装Connector/Net驱动程序。Connector/Net是MySQL官方网站提供的专业驱动程序。本书中下载的是 Connector/Net 8.0.19，安装文件是 mysql-connector- net-8.0.19.msi。

【任务 23.1】安装 Connector/Net 驱动程序。

直接在 Windows 操作系统下安装 mysql-connector-net-8.0.19.msi。安装方法如下。

（1）双击 mysql-connector-net-8.0.19.msi，会出现 Connector/Net 的安装欢迎界面，默认安装在“C:\Program Files\MySQL\MySQL Connector Net 8.0.19”，如图 23.1 所示。

（2）单击“Next”按钮进入选择安装类型的界面。有 Typical（典型安装）、Custom（定制安装）和 Complete（完全安装）3 种安装类型，选择 Typical 就可以，如图 23.2 所示。

（3）单击“Next”按钮，在弹出的对话框中单击“Install”按钮，如图 23.3 所示。安装完成后在图 23.4 所示的界面单击“Finish”按钮。

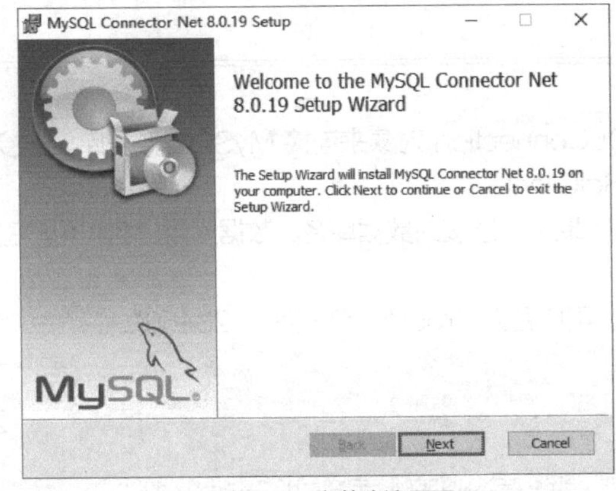

图 23.1　安装欢迎界面

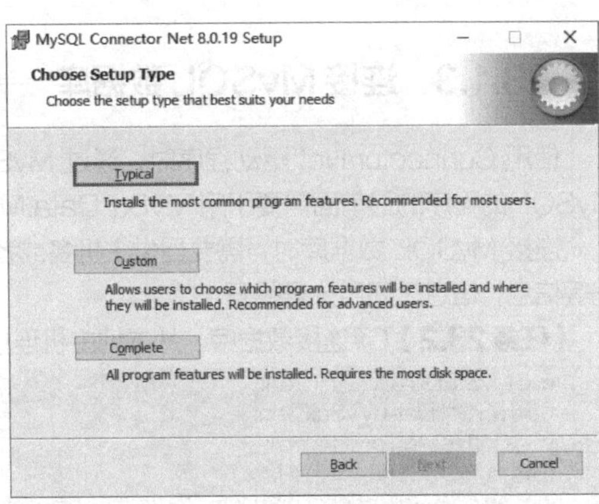

图 23.2　选择 Typical（典型安装）

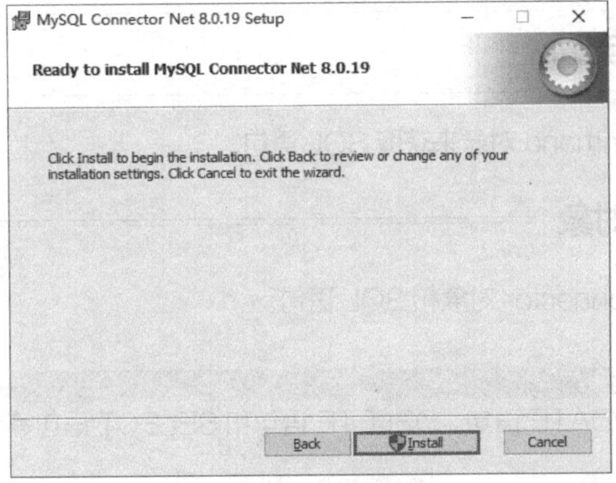

图 23.3　安装界面

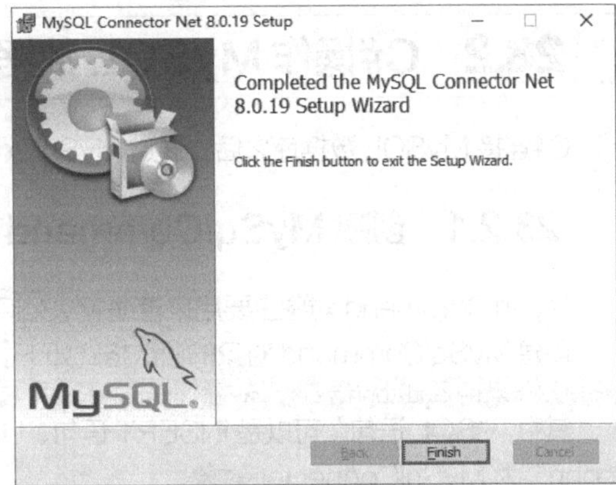

图 23.4　完成安装

23.1.2　使用 Connector/Net 驱动程序

使用集成开发环境 Microsoft Visual Studio 来编辑 C#程序。接下来在应用工程中引用组件 MySQL.Data.dll，就可以使用 Connector/Net 驱动程序了。方法是：在 Microsoft Visual Studio 中单击“Project（项目）|Add Reference（添加引用）”选项，将 bin 目录里面的 MySql.Data.dll 添加到工程的引用中，确保引用中有 MySql.Data，如图 23.5 所示。

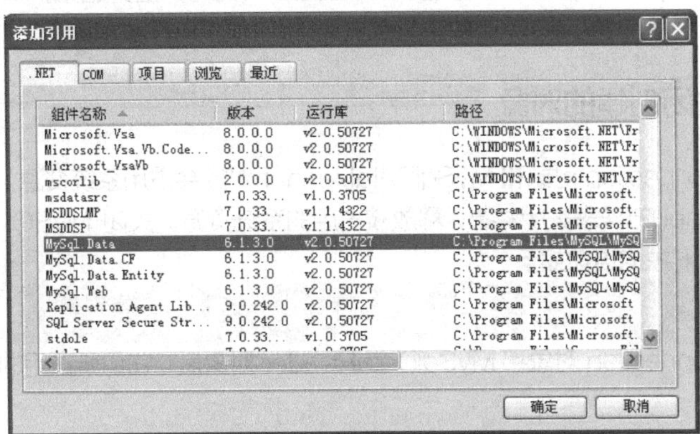

图 23.5　引用组件 MySql.Data.dll

23.1.3 连接 MySQL 数据库

使用 Connector/Net 驱动程序时，通过 MySQLConnection 对象来连接 MySQL 数据库。连接 MySQL 的程序的最前面需要引用 MySql.Data.MySqlClient。

连接 MySQL 数据库时，需要提供主机名或者 IP 地址、连接的数据库名、数据库用户名和用户密码等信息，信息之间用分号隔开。

【任务 23.2】 C#连接数据库，从本地主机连接，用户名为“root”，密码为“123456”。

```
using MySql.Data.MySqlClient;
// 引用 MySql.Data.MySqlClient
MySqlConnection conn = null;
// 创建 MySQLConnection 对象
conn=new MySqlConnection("Data Source=localhost;Initial Catalog=jxgl;User ID=root;Password=123456");
//连接 JXGL
```

23.2 C#操作 MySQL 数据库

C#连接 MySQL 数据库之后，通过 MySqlCommand 对象来获取 SQL 语句。

23.2.1 创建 MySqlCommand 对象

MySqlCommand 对象主要用来管理 MySqlConnector 对象和 SQL 语句。

创建 MySqlCommand 对象的语法格式如下。

```
MySqlCommand conn = new MySqlCommand("SQL 语句", conn);
```

其中，“SQL 语句”可以是 INSERT 语句、UPDATE 语句、DELETE 语句和 SELECT 语句等；“conn”为 MySqlConnector 对象。

【任务 23.3】 对 JXGL 数据库的表执行查询、更新、删除等操作。

```
MySqlCommand conn = new MySqlCommand("SELECT * FROM STUDENTS", conn);
//设置查询语句
MySqlCommand conn = new MySqlCommand("UPDATE COURSE SET CREDIT=2 WHERE  C_NO='A001'", conn);
//设置更新语句
MySqlCommand com = new MySqlCommand("DELETE FROM STUDENTS WHERE D_NO='D001'", conn);
//设置删除语句
```

另外，还可以通过以下方法操作 MySQL 数据库：通过 ExecuteNonQuery()方法对数据库进行插入、更新和删除等操作，通过 ExecuteRead()方法查询数据库中的数据，通过 ExecuteScalar()方法查询数据，通过 MySqlDataReader 对象获取 SELECT 语句的查询结果。除此之外，还可以使用 MySqlDataAdapter 对象、DataSet 对象和 DataTable 对象来操作数据库。

23.2.2 关闭创建的对象

使用 MySQLConnection 对象和 MySqlDataReader 对象会占用系统资源。当不需要使用这些对象时，可以调用 Close()方法来关闭对象，释放被占用的系统资源。关闭 MySQLConnection 对象和 MySqlDataReader 对象的语句如下。

```
conn.Close();
dr.Close();
```

关闭 MySQLConnection 对象和 MySqlDataReader 对象后，它们所占用的内存资源和其他资源就被释放出来了。

23.3 C#备份与还原 MySQL 数据库

C#可以调用外部命令，通过执行 mysqldump 命令来备份 MySQL 数据库，执行 mysql 命令来还原 MySQL 数据库。

23.3.1 C#备份 MySQL 数据库

C#中的 Process 类的 Start()方法可以调用外部命令。使用 Start()方法调用 cmd.exe 程序来打开 DOS 窗口，在 DOS 窗口中执行 mysqldump 命令来备份 MySQL 数据库。Process 类的命名空间为 System.Diagnostics，因此需要使用 using 语句来引用这个命名空间，语句如下。

```
using System.Diagnostics;
```

【任务 23.4】使用 mysqldump 命令备份 JXGL 数据库，文件放在“D:/ Backup/”目录下。

```
using System.Diagnostics;
String mysql="mysqldump -uroot -p123456 -P 3309 --default-character set=utf8 JXGL> D:/Backup/jxgl.sql";
Process.Start("cmd /c "+mysql);
```

23.3.2 C#还原 MySQL 数据库

C#使用 Process 类的 Start()方法调用 cmd.exe 程序，通过 cmd.exe 程序打开 DOS 窗口。然后在 DOS 窗口中执行 mysql 命令来还原 MySQL 数据库。

【任务 23.5】用备份好的.sql 文件还原数据库 JXGL，假设备份文件在“D:/ Backup/jxgl.sql”目录下。

```
using System.Diagnostics;
String mysql="mysql -uroot -p123456 --default-character-set=utf8 JXGL < D:/Backup/jxgl.sql";
Process.Start("cmd /c "+mysql);
```

【项目实践】

（1）安装 Connector/Net 驱动。
（2）实现用 C#连接 MySQL 数据库。

【习题】

一、填空题

1. C#语言可以通过______________或通过 ODBC 连接 MySQL 数据库。
2. C#语言通过 MySQL 官方推荐使用的驱动程序_______访问 MySQL 数据库，执行效率最高。
3. C#连接 MySQL 数据库之后，通过_______对象获取 SQL 语句。
4. C#可以通过调用 cmd.exe 程序来打开 DOS 窗口，在 DOS 中调用 MySQL_______命令来备份和恢复数据库。

二、简答题

请简述 C#连接 MySQL 数据库的方法。

思维导图

C#访问 MySQL 数据库

任务 24

Python访问MySQL数据库

24

【任务背景】

Python 是当今运维与开发热度上升最快的语言之一，也是未来的一个趋势。Python 具有丰富和强大的库。Python 常被称为“胶水语言”，能够把用其他语言制作的各种模块（尤其是 C/C++）很轻松地连结在一起。Python 自身可以创建封装与调用其他扩展类库。现在基于 Python+MySQL(Django+MySQL)进行设计是运维工程师的首选。

【任务要求】

本任务将学习 Python 访问 MySQL 数据库的方法，并实现数据库更新、查询和删除等操作。

【任务分解】

24.1 Python 技术基础

24.1.1 什么是 MySQLdb

MySQLdb 是 Python 连接 MySQL 数据库的接口，它实现了 Python 数据库 API 规范 V2.0，是基于 MySQL C API 建立。

24.1.2 安装 Python

首先安装 Python 环境，可以直接下载 Windows、Linux 操作环境下的安装包进行安装。安装文件下载完毕后，双击打开安装文件，如图 24.1 所示。

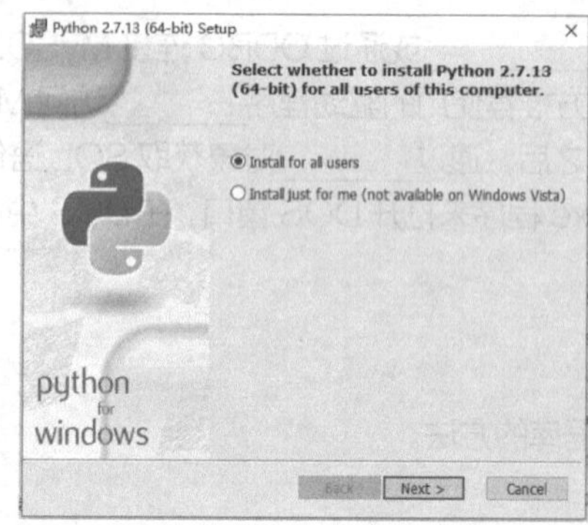

图 24.1 双击打开安装文件

单击“Next”按钮进行安装，然后配置环境变量，如图 24.2 所示。

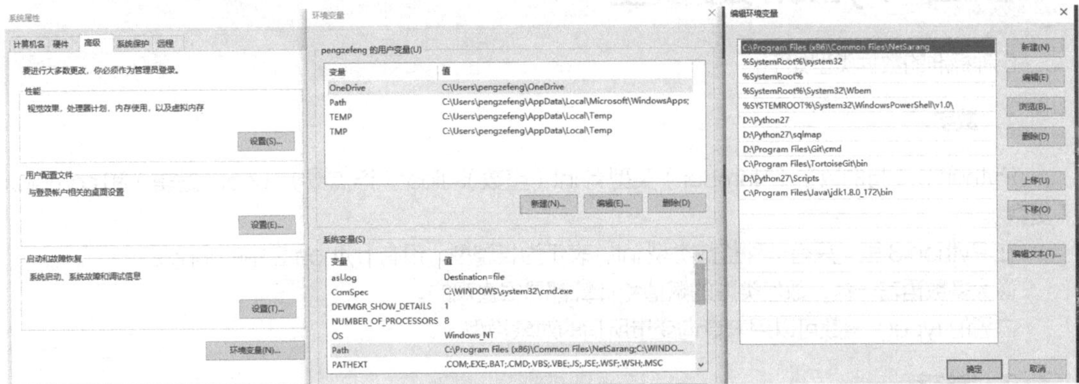

图 24.2　配置环境变量

环境变量配置为 Python 安装的文件夹即可，使用 cmd 命令测试 Python 是否配置正常，如图 24.3 所示。

```
C:\WINDOWS\system32\cmd.exe - python
Microsoft Windows [版本 10.0.16299.1217]
(c) 2017 Microsoft Corporation。保留所有权利。

C:\Users\pengzefeng>python
Python 2.7.13 (v2.7.13:a06454b1afa1, Dec 17 2016, 20:53:40) [MSC v.1500 64 bit (AMD64)] on win32
Type "help", "copyright", "credits" or "license" for more information.
>>>
```

图 24.3　确认是否配置正常

确认正常安装 Python 即可。

24.1.3　安装 MySQLdb

安装 Python 环境后，在 Python 官方的第三方扩展模块中下载 Python 基于 MySQL 的模块 MySQLbd。

下载后直接解压缩，使用 cd 命令切换进入目录后，使用 Python 命令进行安装，如图 24.4 所示。

```
python setup.py install
```

图 24.4　使用 Python 命令进行安装

安装后，使用 Python 进行 import MySQLdb 验证，如果没有错误返回证明安装成功了，如图 24.5 所示。

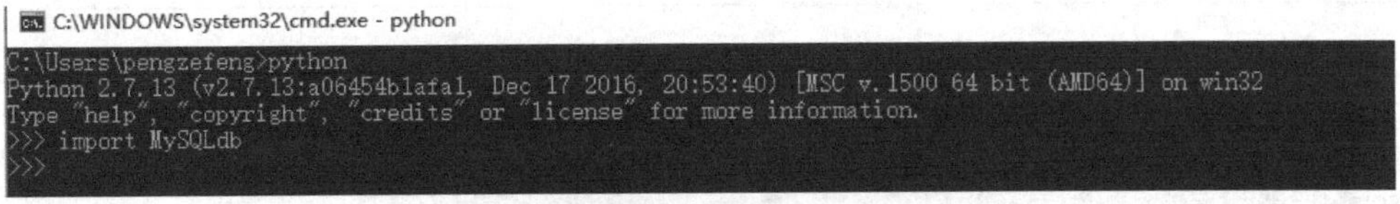

```
C:\WINDOWS\system32\cmd.exe - python
C:\Users\pengzefeng>python
Python 2.7.13 (v2.7.13:a06454b1afa1, Dec 17 2016, 20:53:40) [MSC v.1500 64 bit (AMD64)] on win32
Type "help", "copyright", "credits" or "license" for more information.
>>> import MySQLdb
>>>
```

图 24.5　安装后验证

24.2 Python 数据类型

6 种标准的数据类型如下。

1. 数字

Python 3 支持的数字（Number）类型有 int（整数）、float（浮点数）、bool（逻辑）和 complex（复数）。

在 Python 3 里，只有一种整数类型 int，表示为长整型，没有 python 2 中的 long。

像大多数语言一样，数值类型的赋值和计算都是很直观的。

内置的 type() 函数可以用来查询变量所指的对象类型。

2. 字符串

Python 中的字符串（String）用单引号或双引号括起来，同时使用转义符或转义特殊字符。

3. 列表

列表（List）是 Python 中使用最频繁的数据类型之一。

列表可以完成大多数集合类的数据结构实现。列表中元素的类型可以不相同，它支持数字、字符串甚至可以包含列表（所谓嵌套）。

列表是写在方括号之间、用逗号分隔开的元素列表。

和字符串一样，列表同样可以被索引和截取，列表被截取后返回一个包含所需元素的新列表。

4. 元组

元组（Tuple）与列表类似，不同之处在于元组的元素不能修改。元组写在圆括号里，元素之间用逗号隔开。元组中的元素类型也可以不相同。

5. 集合

集合（Set）是由一个或多个形态各异的事物或对象组成的，构成集合的事物或对象称作元素或成员，基本功能是进行成员关系测试和删除重复元素。可以使用花括号或者 set() 函数创建集合，注意：创建一个空集合必须用 set() 而不能使用 { }，因为 { } 用来创建一个空字典。

6. 字典

字典（Dictionary）是 Python 中另一个非常有用的内置数据类型。

列表是有序的对象集合，字典是无序的对象集合，两者之间的区别在于：字典当中的元素是通过键来存取的，而不是通过偏移存取的。字典是一种映射类型，用 { } 标识，它是一个无序的键 : 值的集合。键必须使用不可变类型。在同一个字典中，键必须是唯一的。

24.3 Python 连接数据库

使用 MySQLdb 模块连接数据库时，需要提供主机名或者 IP 地址、连接的数据库名称、数据库授权的用户名与密码、数据库开放连接端口号，以及数据库对应的字符集。语法格式如下。

```
MySQLdb.connect(host='ip_address',user='username',passwd='password',db='databasename',port=3306,
charset='UTF8')
```

【任务】建立数据库连接，本地主机 IP 为“192.168.10.101”，用户名为“root”，密码为“123456”，

MySQL 开放端口为默认端口“3306”，字符集为 UTF-8。

```
    Import MySQLdb
    mysqlconnect=MySQLdb.connect(host='192.168.10.101',user='root',passwd='123456',db='Webbackup',port=3306,
charset='UTF8')
```

24.4 Python 操作数据库

24.4.1 获取操作游标

连接 MySQL 数据库之后，获取操作游标。

游标设定方法如下。

```
    Import MySQLdb
    mysqlconnect=MySQLdb.connect(host='192.168.10.101',user='root',passwd='123456',db='Webbackup',port=3306,
charset='UTF8')
    cur= mysqlconnect.cursor()
```

24.4.2 操作库

使用 cur.execute("sql_code")对数据库进行增、删、改、查的操作。

执行查询语句。

```
cur.execute("SELECT * FROM students")
```

执行更新语句。

```
cur.execute("UPDATE course SET CREDIT=2 WHERE C_NO='A001' ")
```

执行删除语句。

```
cur.execute("DELECT FROM students WHERE D_NO='D0001' ")
```

24.4.3 操作数据表

1. 创建数据表

```
sql = "CREATE TABLE CLASS (
         NAME    CHAR(20) NOT NULL,
         AGE INT,
         SEX CHAR(1),
         INCOME FLOAT )"
cursor.execute(sql)
```

2. 删除数据表

```
cursor.execute("DROP TABLE IF EXISTS Employee")
#备注：mysqlconnect 为设定连接变量，可随意修改
```

24.4.4 数据查询

Python 查询 MySQL 数据库时使用 fetchone() 方法获取单条数据，使用 fetchall() 方法获取多条数据。

fetchone()方法：该方法获取下一个查询结果集，结果集是一个对象。

fetchall()方法：接收全部的返回结果行。

```
mysqlconnect=MySQLdb.connect(host='192.168.10.101',user='root',passwd='123456',db='Webbackup',port=3306,
charset='UTF8')
    cur= mysqlconnect.cursor()
    cur.execute("SELECT * FROM students")
```

```
oneline=cur. fetchone()
print oneline
alline=cur. fetchall()
print alline
```

24.5 Python 提交与回滚

MySQLdb 库自带事务处理的功能。事务应该具有 4 个属性：原子性、一致性、隔离性、持久性。这 4 个属性通常称为 ACID 特性。

Python MySQLdb 的事务提供了两个方法 commit()或 rollback()。commit()方法包含了一种事务处理的概念，如果你在执行 commit()方法之前执行了多条语句，那么只有当执行 commit()方法之后，这些语句才会全部生效。rollback()方法可以使事务回滚，直到上一条 conn.commit()执行之后的位置。

1. 执行删除语句

```
sql = "DELETE FROM CLASS WHERE AGE > 20"
try:
```

2. 执行 SQL 语句

```
   cursor.execute(sql)
```

3. 向数据库提交事务

```
   db.commit()
except:
```

4. 发生错误时事务回滚

```
   db.rollback()
```

DB API 中定义的一些数据库操作的异常与描述见表 24.1。

表 24.1 DB API 中定义的一些数据库操作的异常与描述

异常	描述
Warning	当有严重警告时触发，例如插入数据是被截断等。必须是 StandardError 的子类
Error	警告以外所有其他错误类。必须是 StandardError 的子类
InterfaceError	当有数据库接口模块本身的错误（而不是数据库的错误）发生时触发。必须是 Error 的子类
DatabaseError	和数据库有关的错误发生时触发。必须是 Error 的子类
DataError	当有数据处理时的错误发生时触发，例如除零错误，数据超范围等。必须是 DatabaseError 的子类
OperationalError	指非用户控制的在操作数据库时发生的错误。例如连接意外断开、数据库名未找到、事务处理失败、内存分配错误等操作数据库时发生的错误。必须是 DatabaseError 的子类
IntegrityError	完整性相关的错误，例如外键检查失败等。必须是 DatabaseError 子类
InternalError	数据库的内部错误，例如游标失效、事务同步失败等。必须是 DatabaseError 子类
ProgrammingError	程序错误，例如数据表没找到或已存在、SQL 语句语法错误、参数数量错误等。必须是 DatabaseError 的子类
NotSupportedError	不支持的错误，指使用了数据库不支持的函数或 API 等。例如在连接对象上使用.rollback()函数，但数据库并不支持事务或者事务已关闭。 必须是 DatabaseError 的子类

说明：表中的 Standard Error 称为“所有的内建标准异常的基类”，是 Python 标准异常的其中一种。

5. 关闭创建的连接

使用 MySQLdb 连接数据库时会占用系统资源。在不需要使用的时候，可以调用 close()方法来关闭对象，释放系统被占用的资源，释放 MySQL 的本次连接。关闭 MySQL 连接的语句如下。

```
mysqlconnect.close()
```

关闭连接对象后，它们所占的内存资源和数据库连接资源将会被释放。

【项目实践】

（1）安装 Python 的 MySQLdb 模块。
（2）实现使用 Python 连接数据库。
（3）使用 Python 对数据库进行插入、修改操作。

【习题】

一、单项选择题

1. Python 与数据库连接使用的模块是________。
   A. MySqlDB　　B. MySQLdb
   C. MySqldb　　D. MYSQLdb
2. Python 执行 MySQL 语句运用的函数是________。
   A. connect　　B. reload
   C. commit　　D. execute

二、编程与应用题

建立用户表，键值为(id, result)，通过使用 Python 创建 100 个信息，随机 1~100 进行成绩插入，并用 Python 分析出成绩大于 60 分的数量与占比。分析大于 60 分的占比是否接近 60%。

思维导图

Python 访问 MySQL 数据库

项目十　phpMyAdmin操作数据库

任务 25 phpMyAdmin操作数据库

25

【任务背景】

无论是数据库管理员还是数据库最终用户，都希望有一个界面工具，使 MySQL 数据库的管理变得更加简单和方便。在当前出现的众多的 GUI MySQL 客户程序中，phpMyAdmin 较为出色。phpMyAdmin 是一个以 PHP 为基础、以 Web-Base 方式架构在网站主机上的 MySQL 的数据库管理工具，让管理员可用 Web 接口管理 MySQL 数据库，可以在任何地方远程管理 MySQL 数据库，方便地建立、修改和删除数据库及资料表。phpMyAdmin 对于管理员和不熟悉 MySQL 命令的用户来说，是一个很好的工具。集成软件 WAMP Server 附带管理工具 phpMyAdmin。

【任务要求】

本任务将学习 phpMyAdmin 操作 MySQL 数据库的方法，包括数据库、表、程序和事件等对象的创建和使用，用户账户和权限管理，数据备份和数据恢复等，实现对 MySQL 数据库的快捷方便的操作管理。

【任务分解】

25.1 创建与管理数据库

【任务 25.1】 创建 JXGL 数据库。

方法一：在地址栏输入 http://localhost/phpmyadmin，进入 phpMyAdmin 主页，单击“数据库”菜单，可以看到现有数据库。在“新建数据库”文本框中输入数据库名称 JXGL，选择字符集 gb2312_chinese_ci，单击“创建”按钮，如图 25.1 所示。

方法二：在 phpMyAdmin 主页，单击“SQL”菜单，输入创建数据库的 SQL 语句，如图 25.2 所示。

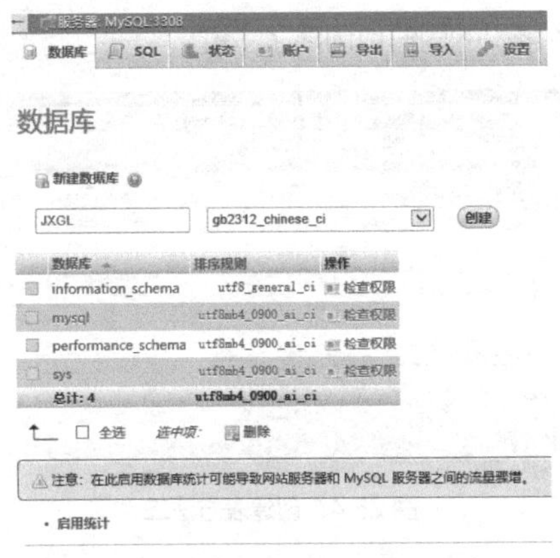

图 25.1　创建数据库方法一

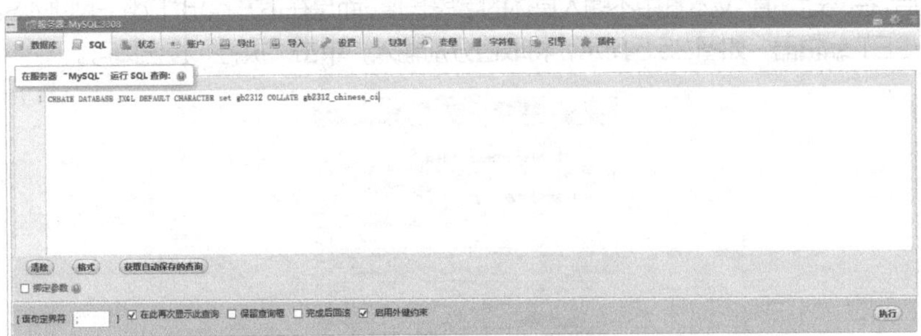

图 25.2　创建数据库方法二

25.2　创建与管理表

25.2.1　创建表

【任务 25.2】 在 JXGL 数据库中创建 course、students 和 score 表。

方法一：选择数据库 JXGL，单击“SQL”菜单，输入创建表的 SQL 语句，如图 25.3 所示。

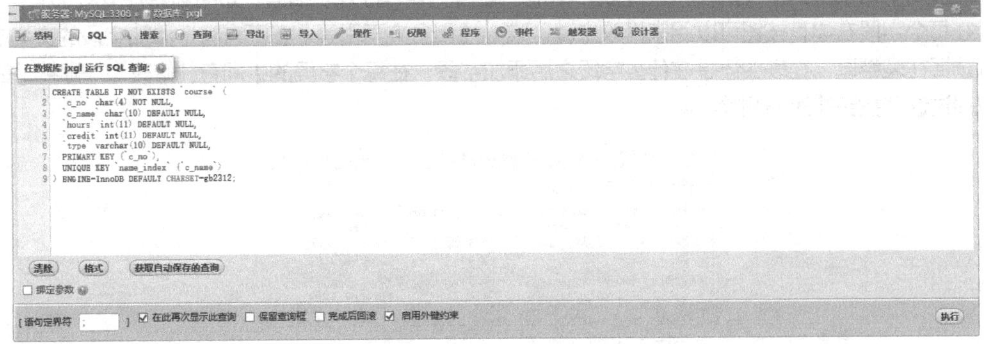

图 25.3　创建表方法一

方法二：选择 JXGL 数据库，在结构栏中可以看到该数据库中所有的表，在“新建数据表”中输入表名称和字段数，单击“执行”按钮，弹出如图 25.4 所示对话框，输入字段名称、选择数据类型、输入字段长度、设置默认值、是否空值、选择字符集，以及创建索引，最后单击“保存”按钮，即创建了数据表。选择 PRIMARY KEY 索引的同时也创建了主键。

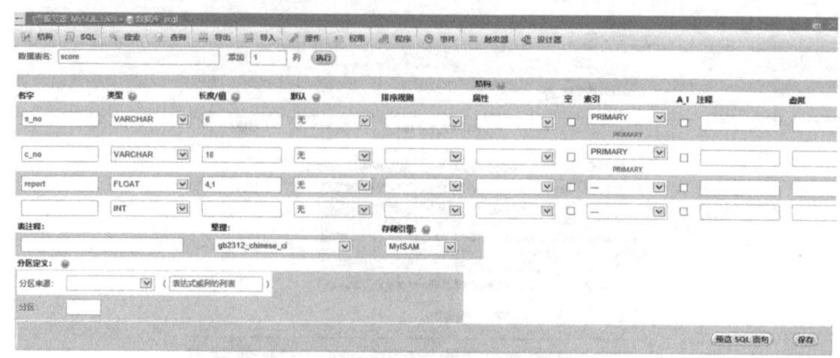

图 25.4　创建表方法二

对于一些取值固定的字段列可以设置数据类型为 ENUM。例如，性别、系别和爱好等字段。方法是选择 ENUM 类型后，在“长度/值”文本框中不输入具体的字段长度，而是在下方点出“Edit ENUM/SET values”，弹出 ENUM/SET 编辑器，如图 25.5 所示，将取值分别输入，单击“执行”按钮即可。

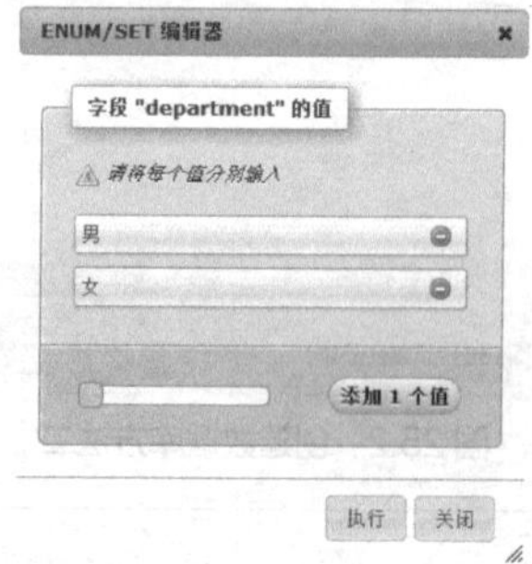

图 25.5　打开 ENUM/SET 编辑器

25.2.2　管理表

【任务 25.3】修改 course 表的结构，在 c_no 前面增加一个字段 c_number，为 AUTO_INCREMENT，并设置 c_name 为 UNIQUE。

选择 JXGL 数据库，选择 course 表，单击“结构”菜单打开表结构，如图 25.6 所示。

在每个字段右边有按钮可以用来修改主键、唯一性和全文索引等。在下方有一添加字段的文本框，可以选择在表结尾、在表头还是在什么字段之后添加字段。在每个字段的中间有“修改”“删除”按钮，可以通过这些按钮修改与删除字段。

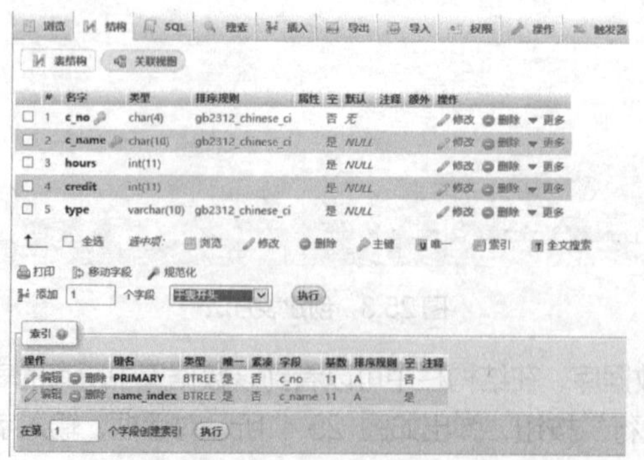

图 25.6　course 表的结构

25.3 字符集设置

可以设置服务器连接、数据库、表和字段的字符集。

修改服务器连接校对字符集。打开 phpMyAdmin 的主页，在“常规设置”中“服务器连接校对”一栏的下拉列表中选择字符集，一般默认为 UTF_8，如图 25.7 所示。

【任务 25.4】修改数据库 JXGL 的字符集为 GB 2312。

选择数据库，单击菜单“操作”，在“整理:”下方的下拉列表中选择要修改设置的字符集 gb2312_chinese_ci，单击“执行”按钮，如图 25.8 所示。

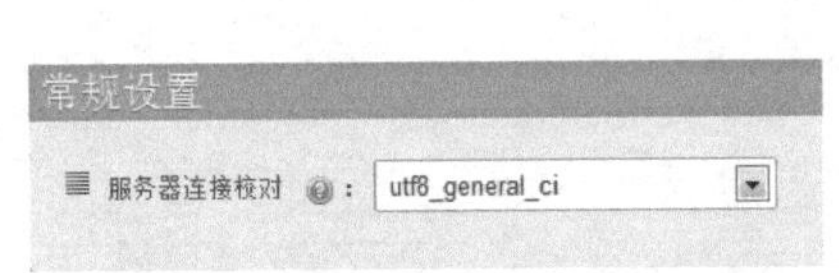

图 25.7 修改服务器连接校对字符集

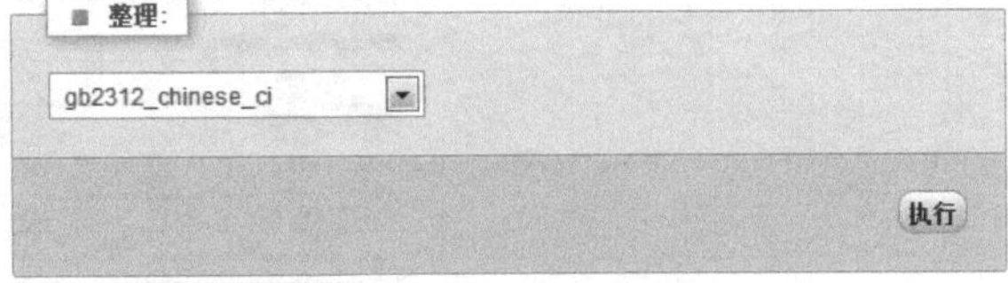

图 25.8 修改数据库字符集

【任务 25.5】修改 course 表的字符集为 GB 2312。

选择数据库，选择 course 表，单击“操作”菜单，在“表选项”的“整理”一栏的下拉列表中选择字符集 gb2312_chinese_ci，单击“执行”按钮，如图 25.9 所示。

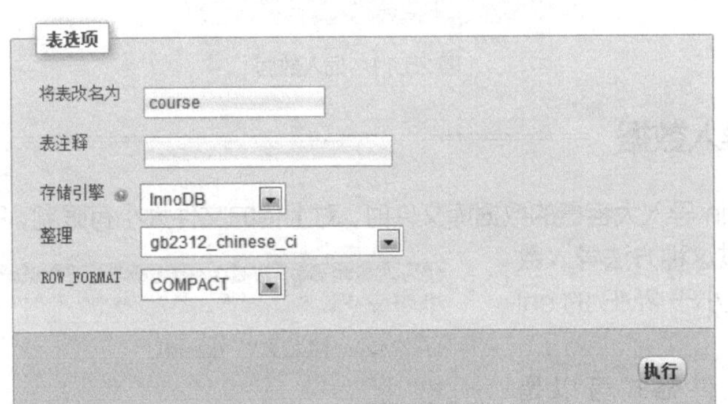

图 25.9 修改表字符集

【任务 25.6】修改 course 表的字段 c_name 的字符集为 GB 2312。

选择数据库，选择 course 表，打开表的结构，对字段 c_name 单击“修改”，弹出图 25.10 所示对话框，在对话框中可以看到“整理”，在下拉列表中选择 gb2312_chinese_ci 字符集，单击“保存”按钮即可。

图 25.10 修改字段字符集

25.4 表数据操作

25.4.1 插入数据

【任务 25.7】向 course 表插入数据。

选择 JXGL 数据库，选择 course 表，单击“插入”菜单，进入数据输入界面，依次输入各个字段的数据值后，单击“执行”按钮即可。一般默认一次执行两行数据，若要一次插入多行数据，可以在界面底部“继续插入”处选择要插入的行数，最多一次可以同时插入 40 行数据，如图 25.11 所示。

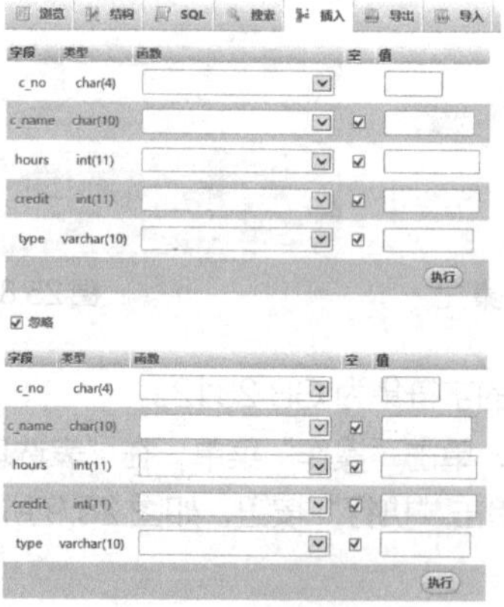

图 25.11 插入数据

25.4.2 导入数据

当 phpMyAdmin 导入大容量的数据库文件时，对上传的文件大小有限制，PHP 本身对上传文件大小也有限制。通过这种方法导入数据时，一般可以导入小于 2MB 的.sql 文件。

导入的数据文件格式可以是 CSV、OpenOffice、ESRI Shapefile 和 XML，默认是 SQL 文件。下面以导入.sql 文件为例进行讲述。

【任务 25.8】将“D:\course.SQL”文件导入 course 表。

步骤：选择数据表 Student，单击“导入”菜单，单击“选择文件”按钮，选择要导入的.sql 文件(D:\student.sql)，选择文件字符集，默认是“utf-8”，格式默认是 SQL，单击“执行”按钮即可导入数据，如图 25.12 所示。相当于执行 INSERT INTO 语句向表中插入数据。

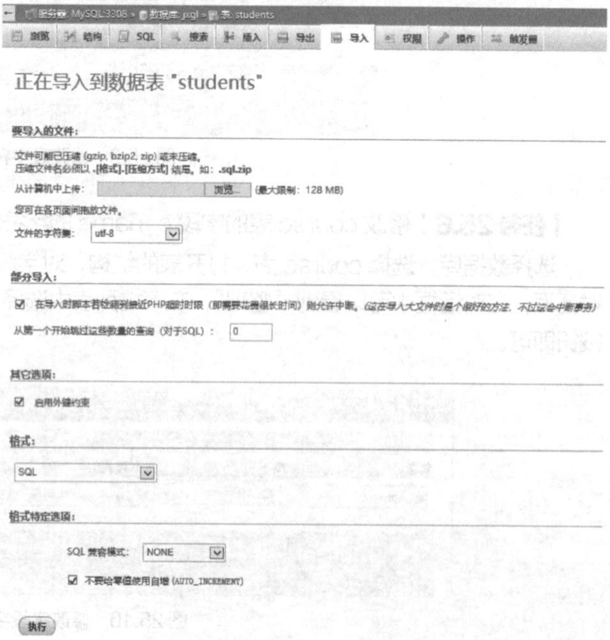

图 25.12 导入.sql 文件到表

25.4.3 操作数据

选择数据表，单击“SQL”菜单，弹出图 25.13 所示对话框，可运行 SELECT、INSERT、UPDATE 和 DELETE 命令来操作数据，方法略。

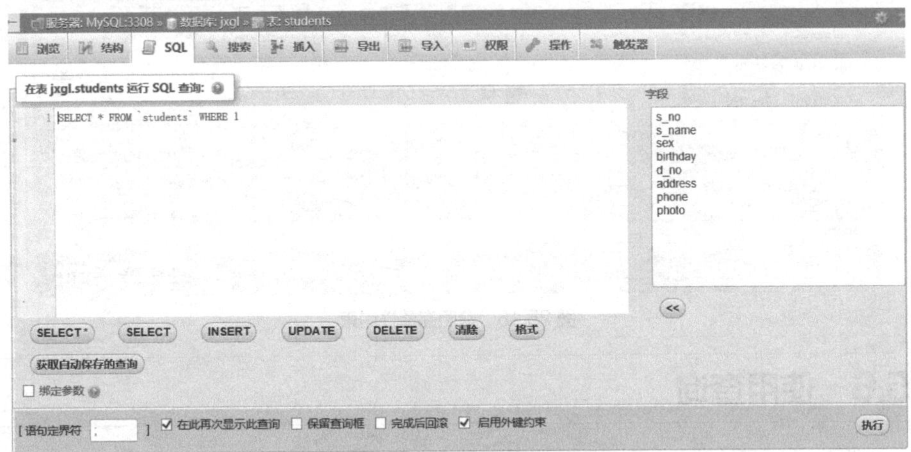

图 25.13 SQL 语句操作数据

25.5 索引与参照完整性约束

25.5.1 创建主键、唯一性约束和索引

【任务 25.9】 将 course 表的 c_name 字段设为主键，修改 c_no 为唯一性约束。

选择 course 表，单击“结构”菜单，可以看到每个字段右边都有图 25.14 所示的设置按钮，依次为主键、唯一、索引、空间和全文索引。单击相应的按钮可以进行主键约束、唯一性约束，普通索引、空间索引和全文索引的创建。

图 25.14 数据约束

在创建主键、唯一性约束的同时也分别创建了主键索引和唯一性索引。

25.5.2 参照完整性约束

【任务 25.10】 score 表的 s_no 字段参照 student 表的 s_no 字段，c_no 字段参照 STUDENT 表的 c_no 字段，实现与父表的级联更新和级联删除。

选择 score 表，单击“结构”菜单，单击“关联视图”，即打开外键约束的界面，在 s_no 字段右侧的下拉列表中选择“student s. s_no”，在 ON DELETE 和 ON UPDATE 右侧的下拉列表中分别选择“CASCADE”，即对 s_no 字段实施参照完整性约束。同理，可以进行 c_no 的外键参照完整性约束，如图 25.15 所示。

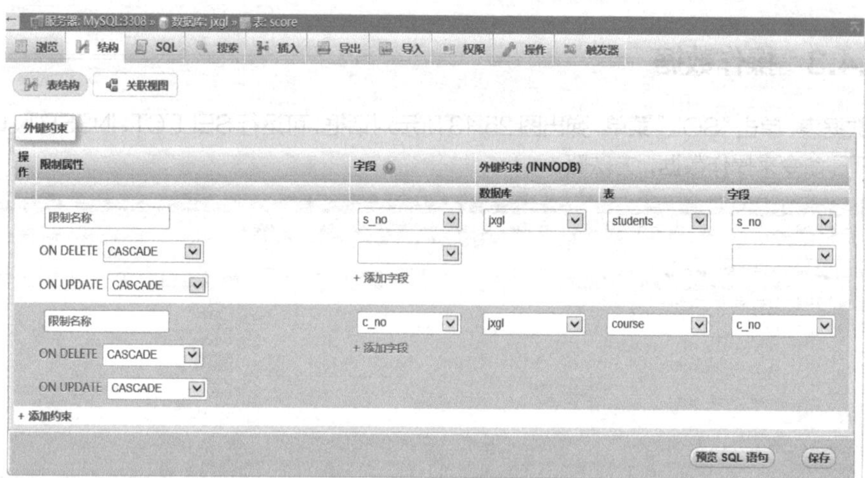

图 25.15　参照完整性约束

25.6　使用查询

1. 方法一：直接输入 SQL 语句查询

【任务 25.11】查询在 1992 年 5 月出生的学生。

选择 JXGL 数据库，单击“SQL”菜单，直接输入 SQL 查询语句，单击“执行”按钮即可进行查询，如图 25.16 所示。

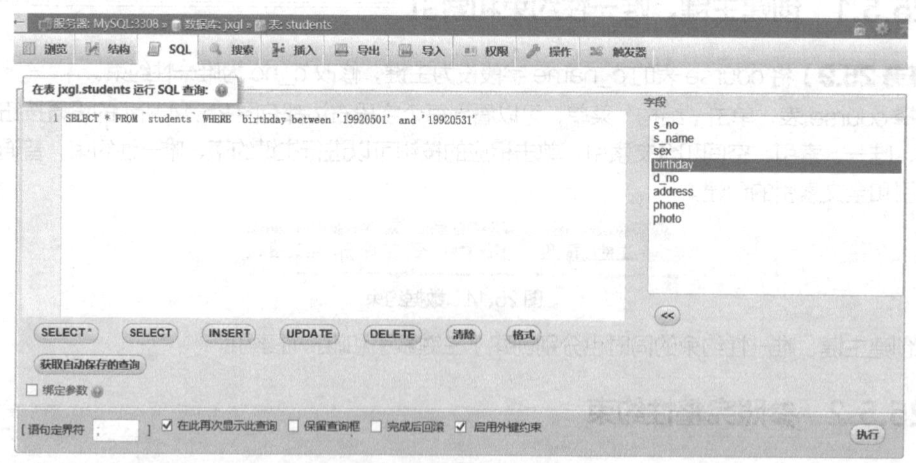

图 25.16　执行 SQL 语句查询数据

2. 方法二：“查询”菜单创建查询

选择数据库，单击“查询”菜单，在“使用表”中选择查询要用到的数据表（或视图），可选择单一表（或视图）也可以选择多个表（或视图），用 Ctrl+A 组合键可以全选所有表（或视图），用 Ctrl 键可以选择不相邻的表（或视图）。单击“更新查询”，在“字段”下拉列表将出现所选择表的所有字段，选择要查询的字段，选择“显示”栏复选框，在“条件”栏中输入查询条件，单击“提交查询”，即建立了查询，如图 25.17 所示。

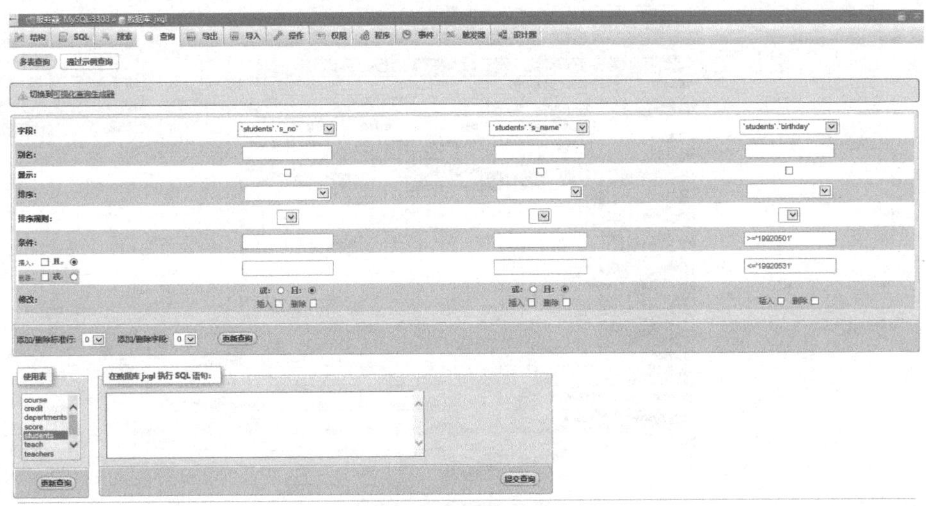

图 25.17 “查询”菜单创建

25.7 创建视图

【任务 25.12】创建视图 VIEW_CJ，包括学号、课程名和成绩字段。

选择 JXGL 数据库，单击“SQL”菜单，直接输入 SQL 查询语句，单击“执行”按钮即可进行查询，如图 25.18 所示。

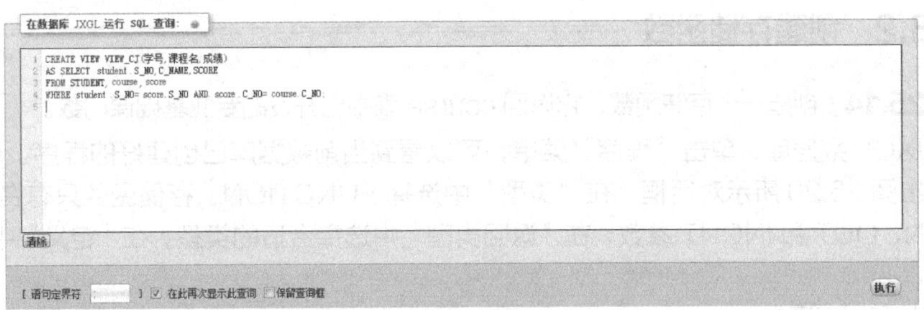

图 25.18 创建视图

25.8 创建和使用程序

单击“程序”菜单，可以为数据库创建存储过程和存储函数。

25.8.1 创建存储过程

【任务 25.13】创建存储过程，删除某一学生的记录。

（1）选择数据库，单击“程序”菜单，可以看到当前数据库已创建好的程序。

（2）单击“添加程序”，弹出如图 25.19 所示对话框，输入程序名称，选择程序类型，在“参数”右边的下拉列表中选择参数，有 IN、OUT 和 INOUT 这 3 种参数可选，输入参数名字和长度。单击“添加参数”按钮还可以增加参数的数量。

（3）在“定义”中输入程序主体，即 routine_body 部分。

（4）单击“执行”按钮，即创建了存储过程。

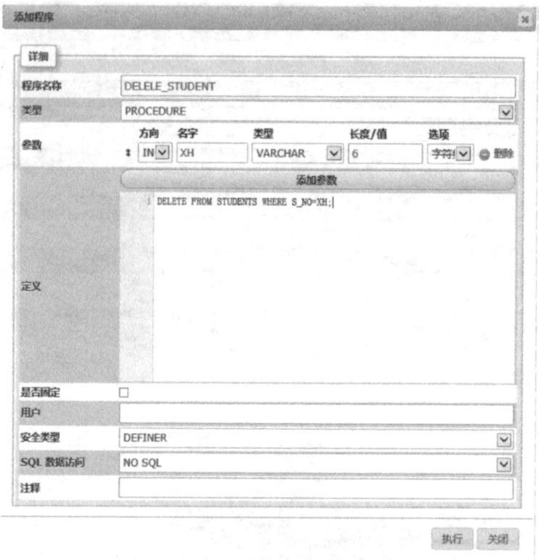

图 25.19　创建存储过程

相当于执行以下语句。

```
DELIMITER $$
CREATE PROCEDURE   DELETE_STUDENT(IN XH CHAR(6))
BEGIN
DELETE FROM STUDENT WHERE S_NO=XH;
END $$
DELIMITER ;
```

25.8.2　创建存储函数

【任务 25.14】创建一个存储函数，它返回 course 表中已开设的专业基础课门数。

选择 JXGL 数据库，单击“程序”菜单，可以看到当前数据库已创建好的程序。单击“添加程序”，弹出图 25.20 所示对话框，在“类型”中选择 FUNCTION。存储函数只有名称和类型，不能指定 IN、OUT 和 INOUT 参数，在“返回类型”中选择合适的类型，在“定义”中输入 SQL 语句。

相当于执行以下语句。

```
CREATE FUNCTION NUM_OF_COURSE()
RETURNS INT
RETURN COUNT(*) FROM course   WHERE TYPE = ′专业基础课′;
```

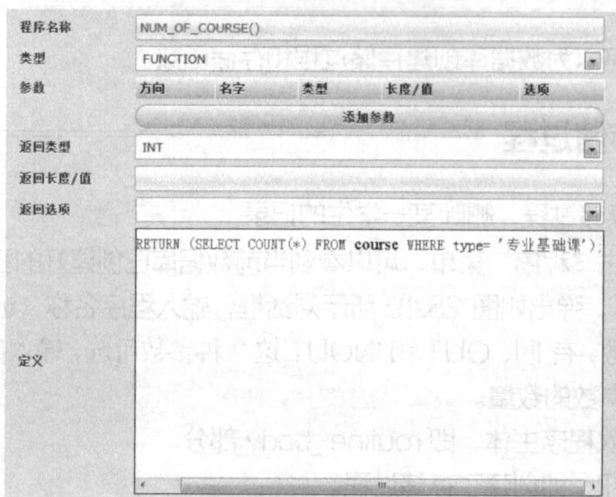

图 25.20　创建存储函数

25.8.3 使用程序

存储过程和存储函数创建好后，单击“程序”菜单，可以查看到已在数据库中创建的程序。也可以重新编辑程序、执行程序、导出程序语句或者删除不需要的程序，如图 25.21 所示。

名字	操作	类型	返回
DELETE_KCH	编辑 执行 导出 删除	FUNCTION	char(5)
DELETE_STUDENT	编辑 执行 导出 删除	PROCEDURE	
IS_KCXS	编辑 执行 导出 删除	FUNCTION	float(5,0)
NUM_OF_COURSE()	编辑 执行 导出 删除	FUNCTION	int(11)

图 25.21 程序列表

单击“编辑”按钮即可重新编辑程序，如图 25.22 所示。

单击“删除”按钮即可删除不必要的程序，如图 25.23 所示。

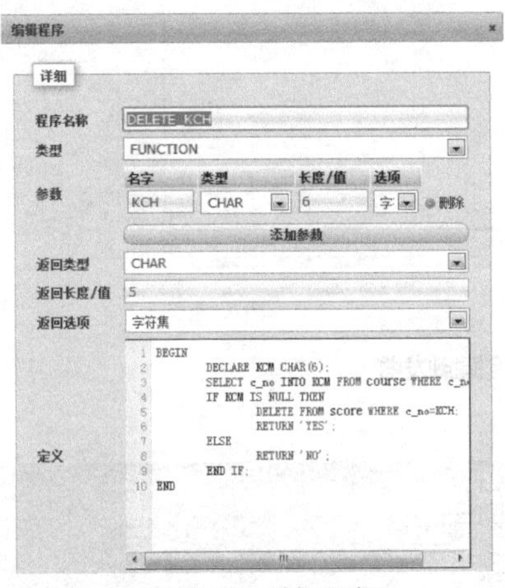

图 25.22 编辑程序

图 25.23 删除程序

单击“导出”按钮即可导出创建存储过程或存储函数的 SQL 语句，如图 25.24 所示。

单击“执行”按钮即可运行程序，如图 25.25 所示。

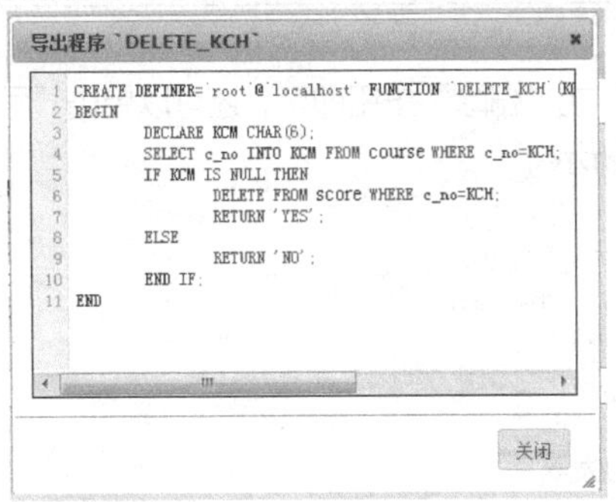

图 25.24 导出程序的 SQL 语句

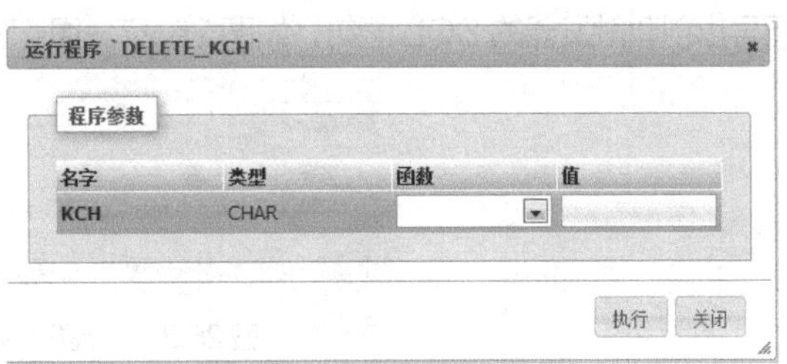

图 25.25 执行程序

25.9 创建和使用触发器

25.9.1 创建触发器

【任务 25.15】创建一个触发器，当删除 students 表中某个学生的记录时，同时删除 score 表中相应的成绩记录。

选择 JXGL 数据库，单击“触发器”菜单。单击“新建”按钮，弹出如图 25.26 所示对话框。在“触发器名称”栏输入名称，在“表”栏中选择数据表，在“时机”栏可选择 BEFORE 和 AFTER，在“事件”栏可选择 INSERT、UPDATE 和 DELETE，在“定义”中输入触发器激活时执行的语句，单击“执行”按钮，即创建了触发器。

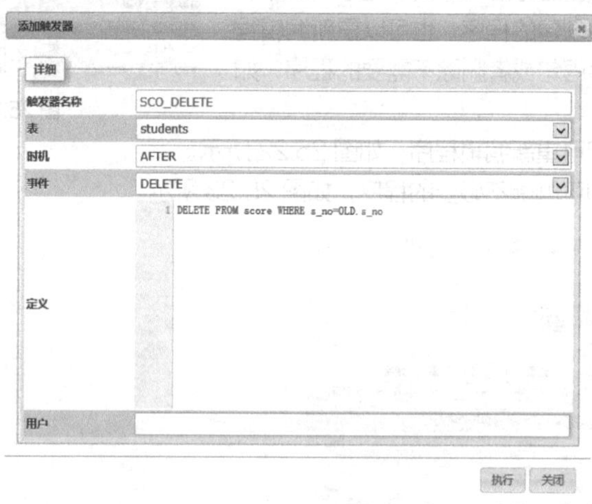

图 25.26　创建触发器

相当于执行如下语句。

```
DELIMITER $$
CREATE   TRIGGER   SCO_DELETE   AFTER   DELETE
ON studentsFOR EACH ROW
BEGIN
DELETE FROM score WHERE s_no=OLD.s_no;
END$$
DELIMITER ;
```

25.9.2　使用触发器

触发器创建好后，可以再次编辑或者删除，单击“编辑”或“删除”按钮即可，还可以单击“导出”按钮导出创建触发器的 SQL 语句，如图 25.27~图 25.29 所示。

图 25.27　查看已创建的触发器

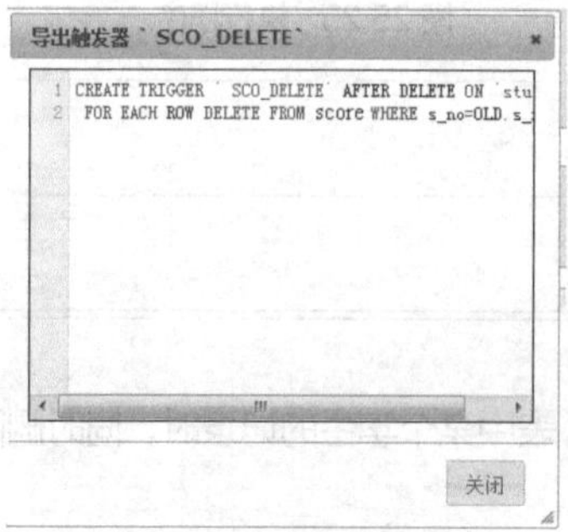

图 25.28　导出触发器的 SQL 语句

图 25.29　删除触发器

25.10 创建事件和使用事件

选择 JXGL 数据库，单击“事件”菜单，可以看到“事件”（数据库已有的事件）、“事件计划状态”（开或关）和“新建”。要创建事件，首先必须打开事件调度器，即使“事件计划状态”处于开的状态，如图 25.30 所示。

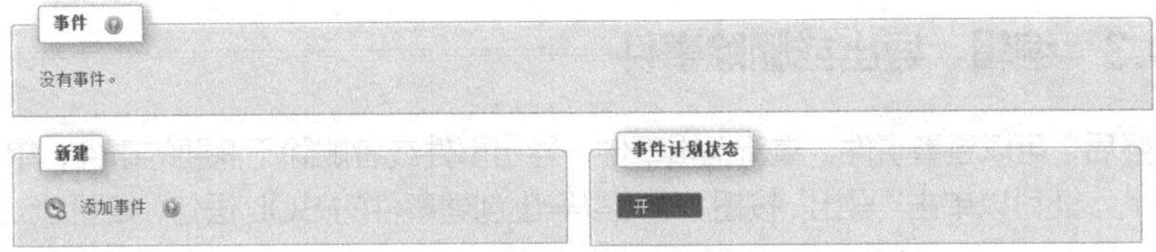

图 25.30 事件

要新建事件，则单击“添加事件”按钮，弹出对话框。在“事件名称”中输入名称，“状态”中可选择 ENABLEA（启用）、DISABLED（关闭）和 SLAVESIDE_DISABLED 这 3 种状态，“事件类型”可选择 ONE TIME（一次）或 RECURRING（周期性），在“运行时间”中输入时间，在“定义”中输入 DO sql_statement。

25.10.1 创建一次执行的事件

【任务 25.16】创建一个事件，在 2020-10-04 00:00:00 创建一个表 test，如图 25.31 所示。

相当于执行了以下语句。

```
CREATE EVENT DIRECT
ON SCHEDULE AT '2020-10-04 00:00:00'
DO CREATE TABLE test(timeline TIMESTAMP);
```

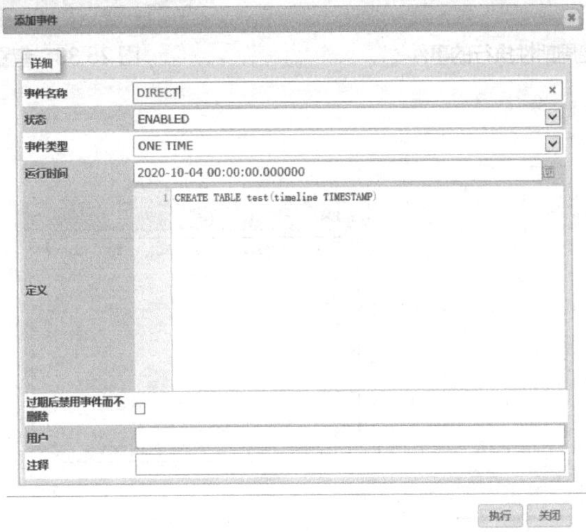

图 25.31 创建一次执行的事件

25.10.2 创建周期性执行的事件

【任务 25.17】创建一个事件，从 2020 年 10 月 4 日 12 时开始，每个星期清空 test 表，并且在 2020 年 11 月 1 日 12 时结束，如图 25.32 所示。

要创建周期性执行的事件，则在“事件类型”中选择 RECURRING，弹出如图 25.32 所示界面。

在“运行周期”“起始时间”“终止时间”中分别输入周期、起始时间和终止时间。

相当于执行了以下语句。

```
CREATE EVENT STARTMONTH
ON SCHEDULE EVERY1 WEEK
STARTS '2020-10-04 12:00:00'
ENDS '2020-11-01 12:00:00'
DO TRUNCATE TABLE test;
```

25.10.3 编辑、导出或删除事件

事件创建好后，可以查看事件、重新编辑事件、导出事件或者删除不需要的事件，单击“编辑”或“删除”按钮即可，还可以单击“导出”按钮，则可以导出创建事件的SQL语句，如图25.33～图25.36所示。

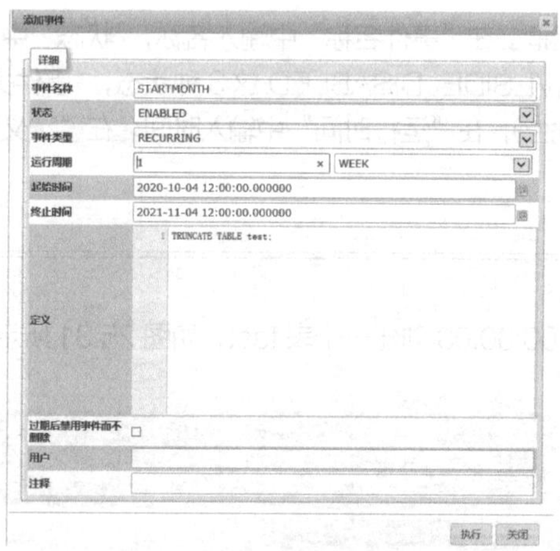

图25.32 创建周期性执行的事件

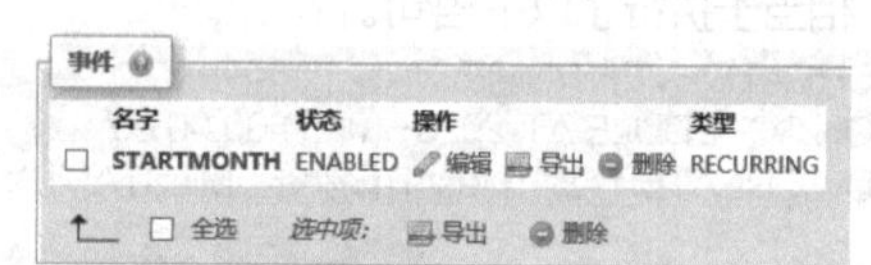

图25.33 查看已创建的事件

图25.34 编辑事件

图25.35 导出事件

图25.36 删除事件

25.11 用户与权限管理

25.11.1 编辑当前用户的权限

以root用户登录（或有权限对整个数据库操作的账户）。选择JXGL数据库，单击“权限”菜单，

可以看到当前有哪些用户可以访问 JXGL 数据库，如图 25.37 所示。单击“编辑权限”可以修改该用户的权限，包括全局权限、资源限制、修改密码、修改登录信息/更改用户，以及创建相同的用户之后是否保留旧用户等。

如果只是想指定用户对其中一个数据库有管理权限，就不要选择全局权限中的任何一项。root 用户对数据库有全局权限，如图 25.38 所示。

用户可以访问 “jxgl”

用户名	主机名	类型	权限	授权	操作
mysql.infoschema	localhost	全局	SELECT	否	修改权限 导出
root	localhost	全局	ALL PRIVILEGES	是	修改权限 导出

全选 选中项: 导出

图 25.37　查看用户权限

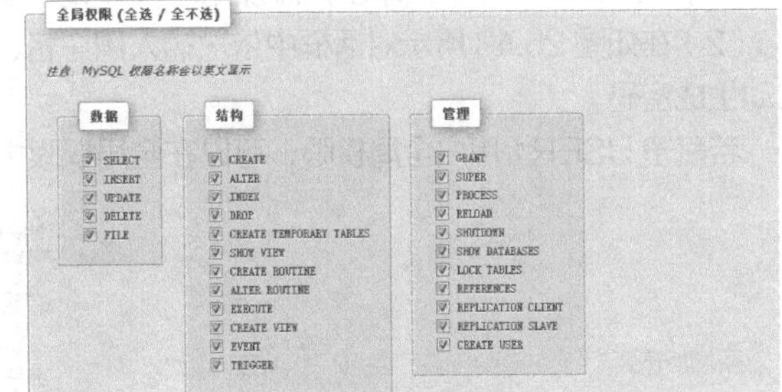

图 25.38　全局权限

在“资源限制”中可以对用户资源进行限制，如图 25.39 所示。其中：

MAX_QUERIES_PER_HOUR count 表示每小时可以查询数据库的次数；

MAX_CONNECTIONS_PER_HOUR count 表示每小时可以连接数据库的次数；

MAX_UPDATES_PER_HOUR count 表示每小时可以修改数据库的次数；

MAX · USER_CONNECTIONS count 表示最大连接用户数。

在“修改密码”中可以重置用户密码，或自动生成用户密码，如图 25.40 所示。

在“修改登录信息/复制用户”中可修改用户登录信息，如用户名、主机和密码信息等，如图 25.41 所示。

创建了相同权限的用户以后，可以选择“保留旧用户”，也可以“从用户表中删除旧用户”，或者“撤销旧用户的权限，然后删除旧用户”或者“从用户表中删除旧用户，然后重新载入权限”，如图 25.42 所示。

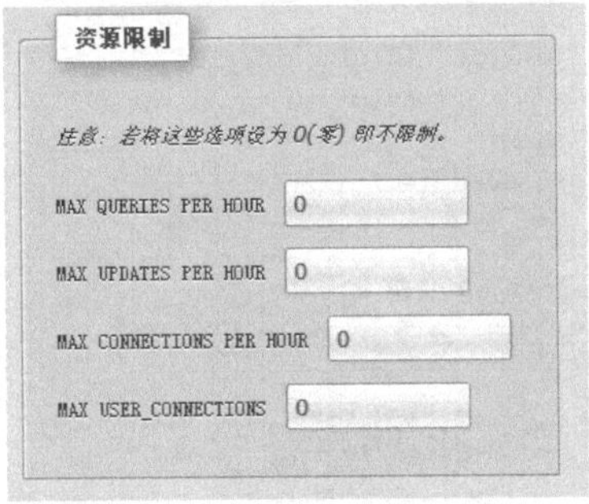

图 25.39　设置用户资源限制

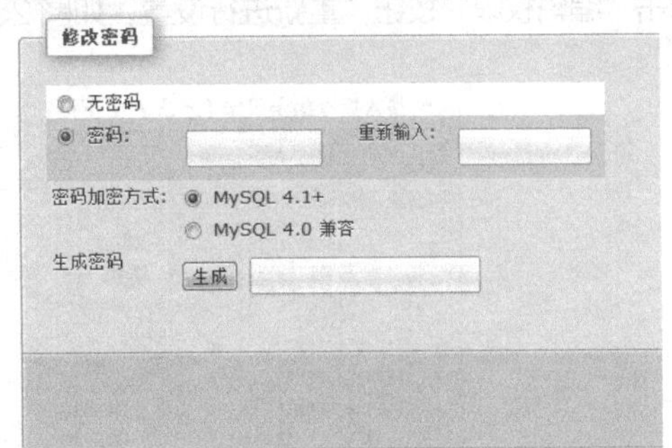

图 25.40　设置密码

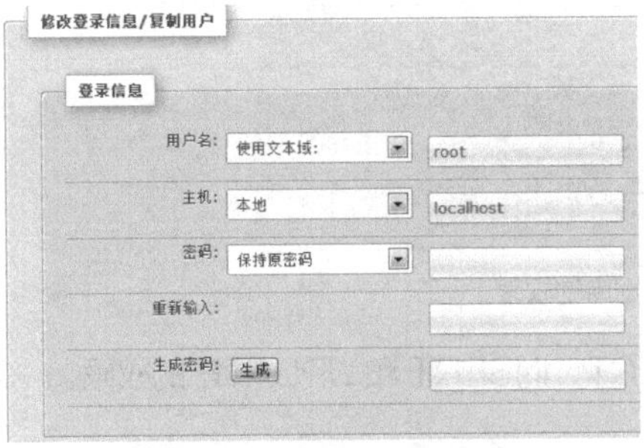

修改登录信息 / 复制用户

登录信息

用户名：使用文本域： root

主机：本地 localhost

密码：保持原密码

重新输入：

生成密码：生成

图 25.41　修改登录信息

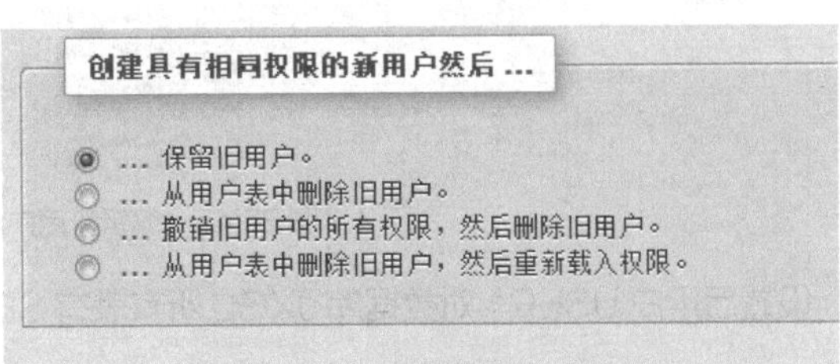

图 25.42　旧用户的去留

25.11.2 添加新用户和设置权限

【**任务 25.18**】添加“USER1”用户，密码为“12446”，从任意主机登录，并具有对 JXGL 数据库的 SELECT、UPDATE 权限。

步骤如下。

（1）在“新建”栏下面单击“添加用户”，可以新建用户并设置权限。

（2）在如图 25.43 所示对话框中依次输入用户名、密码，在主机下拉列表中选择主机。也可以选择自动生成密码。

若赋予 USER1 用户全局权限，可以在全局权限中勾选相应权限，如图 25.44 所示。

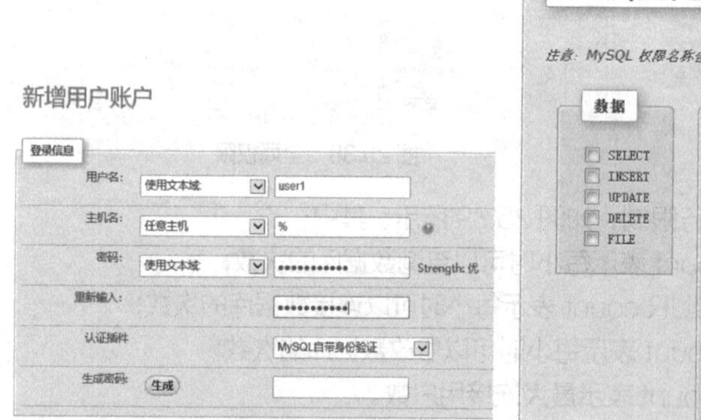

图 25.43 新用户基本信息

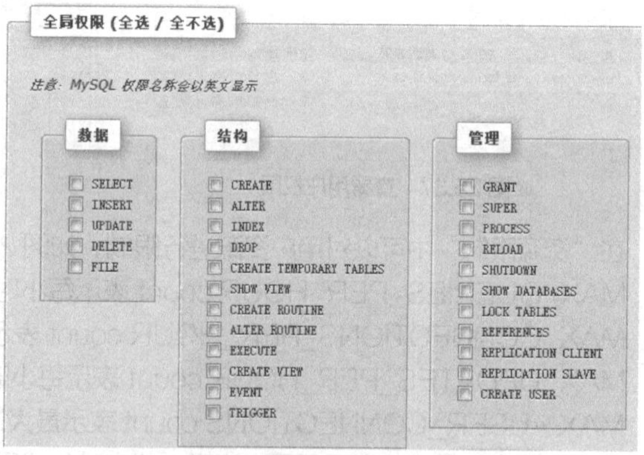

图 25.44 编辑新用户的全局权限

（3）单击“添加用户”。

（4）跳转到“权限”菜单，可以看到刚创建的用户 USER1。系统默认其对数据库 JXGL 有全局权限。单击“编辑权限”按钮，重新进行设置，如图 25.45 所示。

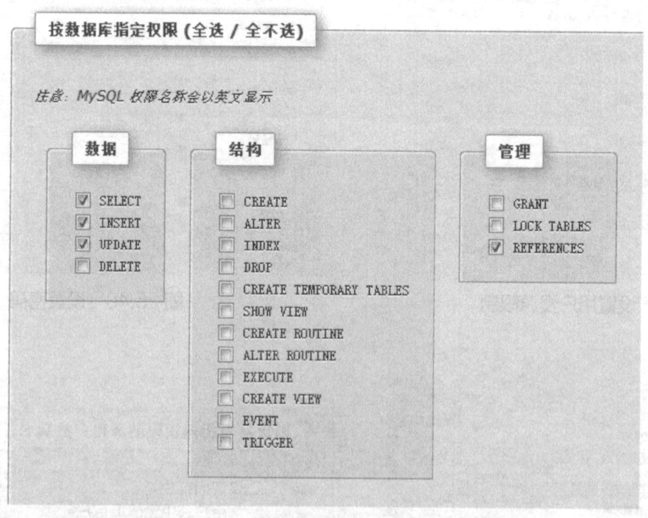

图 25.45 编辑新用户对数据库的权限

设置后用户 USER1 对数据库 JXGL 所有表有 SELECT、INSERT 和 UPDATE 的权限。

25.12 备份与恢复数据库

25.12.1 数据库备份

1. 备份单个数据库

【任务 25.19】备份数据库 JXGL 到“D:\MYSQL”文件，文件类型为.sql。

打开 phpMyAdmin 的主页，在左边可以看到 localhost 服务器下面的数据库，如图 25.46 所示。选择要导出的数据库 JXGL，单击菜单栏的“导出”按钮，弹出图 25.47 所示的对话框。

默认导出的文件格式是 SQL。单击“执行”按钮，弹出“新建下载任务”对话框，输入文件名，文件名默认为“数据库名.sql”。选择保存文件的路径，例如“D:/MYSQL”，单击“下载”按钮，即可导出文件，如图 25.48 所示。

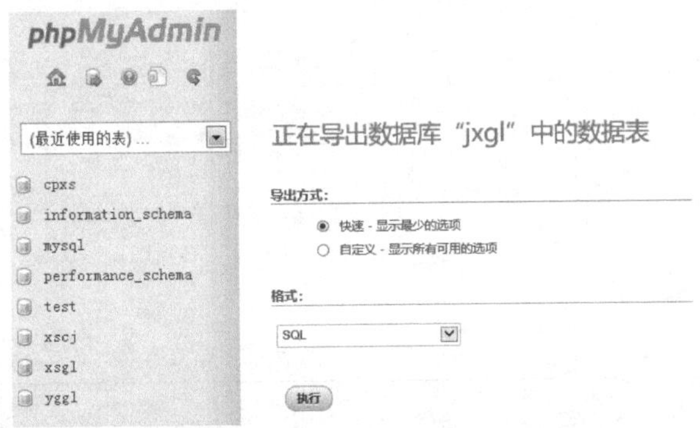

图 25.46 数据库列表

图 25.47 导出数据库

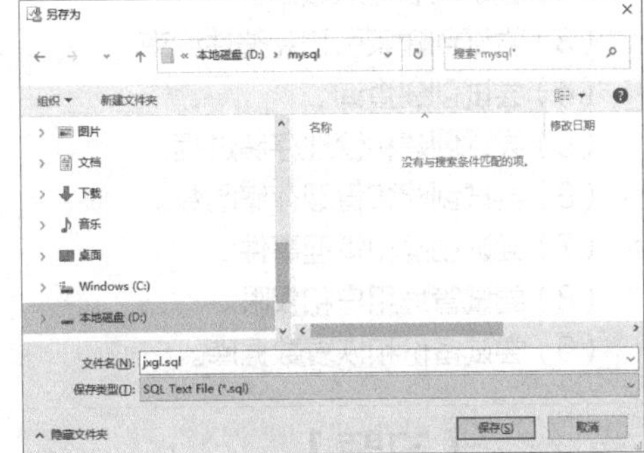

图 25.48 输入导出路径和文件名

2. 备份 localhost 的所有数据库

【任务 25.20】备份所有数据库到“D:\MYSQL”文件，文件类型为.sql。

打开 phpMyAdmin 的主页，不选择具体的数据库，直接单击菜单“导出”，将对本地服务器下的所有数据库进行备份，文件名默认为“localhost.sql”，如图 25.49 所示。

3. 备份表

可以单独备份数据表。选择数据库（例如 JXGL），选择数据表（例如 course），单击菜单“导出”，将备份数据表，文件名默认为“表名.sql”，如图 25.50 所示。

图 25.49 备份所有数据库

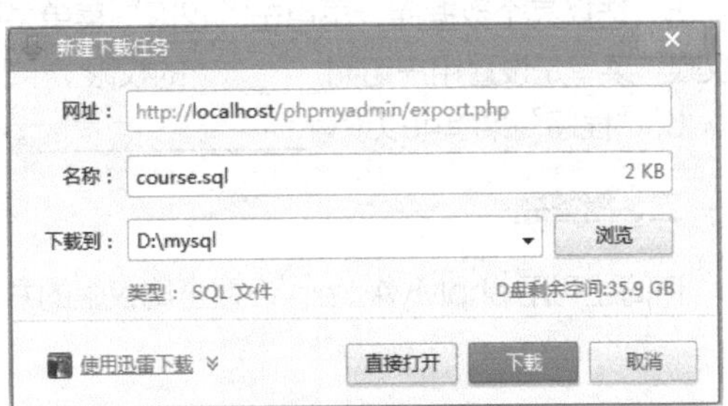

图 25.50 备份表

备份的文件类型除了SQL之外，还可以备份为CSV、MS Word、MS Excel、XML和PDF等文件类型。

25.12.2 数据库恢复

【任务 25.21】恢复单个数据库JXGL。

在phpMyAdmin中打开数据库JXGL，单击“导入”菜单，单击“选择文件”，将上面导出的备份数据文件（如D:\MYSQL\JXGL.sql）导入，单击“执行”按钮即可。

同理，可以恢复数据表，恢复localhost所有数据库。

【项目实践】

创建数据库YSGL，然后在数据库中进行如下操作。

（1）在该数据库创建Employees、Departments、Salary表。

（2）尝试向表插入数据。

（3）尝试创建索引和完整性约束。

（4）尝试创建查询。

（5）尝试创建和管理存储过程。

（6）尝试创建和管理存储函数。

（7）尝试创建和管理事件。

（8）尝试管理用户和权限。

（9）尝试备份和恢复数据库。

【习题】

一、填空题

1. 1phpMyAdmin 是一个以________为基础，以________方式架构在网站主机上的MySQL的数据库管理工具。

2. phpMyAdmin可以直接从其官网下载安装，也可以安装集成软件________，使用其附带的管理工具phpMyAdmin。

3. 目前phpMyAdmin支持________、________两个数据库服务器的访问操作。

4. 要创建数据表的参照完整性约束，可以打开这个表的结构，点击________，即打开了外键约束的界面。

5. 选择某个数据库，再点击“权限”菜单是设置用户访问________的权限，选择某个表，再点击“权限”菜单是设置用户访问________的权限。

6. “程序”菜单可以设置________________、________________两类程序。

二、简答题

请简述利用phpMyAdmin设置全局权限的方法。

思维导图

phpMyAdmin
操作数据库

项目十一 MySQL集群架构搭建实例

任务 26 Linux操作系统中搭建MySQL集群

26

【任务背景】

在现实生产环境中，随着业务的发展，数据库的承载能力会慢慢达到瓶颈（机器硬件性能、开发代码性能差等），导致单个数据库不足以满足现阶段业务需求，因此需要采用数据库集群与分布式架构来减轻单个服务器的压力。

【任务要求】

本任务从了解MySQL主从原理着手，理解主从同步机制。学习者应掌握MySQL的主从与互为主从的配置，对主从同步故障能快速定位故障点并进行错误排除。

微课视频

MySQL 集群架构搭建实例

【任务分解】

26.1 认识 MySQL 主从

在 MySQL 的使用中，构建大型、高性能应用程序必备的是其内建的复制功能。MySQL 的复制（Replication）是一个异步的复制，是通过从一个 MySQL instace（称之为 Master）复制到另一个 MySQL instance（称之为 Slave）来实现的。复制过程中一个服务器充当主服务器，而一个或多个其他服务器充当从服务器，这就是所说的主从模式。主服务器将更新写入二进制日志文件，并维护文件的索引以跟踪日志循环。这些日志可以记录发送到从服务器的更新。当从服务器连接主服务器时，它通知主服务器从服务器在日志中读取的最后一次成功更新的位置。从服务器接收从那时起发生的任何更新，然后封锁并等待主服务器通知新的更新。

注意：当使用主从模式时，更新必须在主服务器上进行，否则，会出现数据一致性不统一的问题。

26.1.1 MySQL 支持的复制的类型

MySQL 支持的复制的类型见表 26.1。

表 26.1 MySQL 支持的复制的类型

复制的类型	优点	缺点
基于语句的复制	（1）基于语句的复制基本就是执行 SQL 语句，这意味着所有在服务器上发生的变更都以一种容易理解的方式运行，出问题时可以很好的定位； （2）不需要记录每一行数据的变化，减少了 bin-log 日志量，节省 I/O 以及存储资源，提高性能	（1）对于触发器或者存储过程，存在大量 bug； （2）很多情况下无法正确复制
基于行的复制	（1）bin-log 会非常清楚地记录下每一行数据修改的细节，非常容易理解； （2）几乎没有基于行的复制无法处理的场景，对于所有的 SQL 构造、触发器、存储过程，其都能正确执行	（1）会产生大量的日志内容； （2）难以定位； （3）难以进行时间点恢复
混合类型的复制	默认情况下使用基于语句的复制方式，如果发现语句无法被正确复制，就切换成基于行的复制方式	

26.1.2 MySQL 复制技术的特点

1. 数据的分布（Data distribution）

复制技术使数据从一台 MySQL 主服务器 Master 复制一到一台或多台 MySQL 从属服务器 Slave。因此，使用复制技术可以创建数据的本地副本以供远程站点使用，而无需永久访问主数据库实现远程数据分发。

2. 负载平衡（Load balancing）

数据写入和更新在主服务器 Master 上进行，数据读取和查询发生在一个或多个从属服务器（Slave）上，读写分离降低了 master 服务器的访问压力，负载平衡提高了性能。

3. 备份（Backups）

主服务器（Master）数据被复制到从属服务器（Slave），并且从属服务器（Slave）可以暂停复制过程，在从属服务器上运行备份服务而不会破坏相应的主数据，保证数据的备份和数据安全。

4. 高可用性和容错性（High availability and failover）

实时数据可以在主数据库服务器（Master）上创建，而信息分析可以在从属数据库服务器（Slave）上进行，而不会影响主数据库服务器的性能。当 master 服务器上出现了问题可以切换到 slave 服务器上，不会造成访问中断等问题。在 slave 服务器上进行备份期间不会影响 master 服务器的使用及日常访问。

26.1.3 MySQL 主从复制过程

实施复制，首先必须打开 Master 端的 Binary log（bin-log）功能，否则无法实现。因为整个复制过程实际上就是 Slave 从 Master 端获取该日志，然后在自己身上按照顺序执行日志中所记录的各种操作。

复制的基本过程如下。

（1）Slave 上面的 I/O 进程连接上 Master，请求从 bin-log 文件的指定位置（或从文件头部）之后的日志内容。

（2）Master 接收到来自 Slave 的 I/O 进程的请求后，I/O 进程根据请求信息读取指定 bin-log 文件信息，返回给 Slave 的 I/O 进程。返回信息中除了日志所包含的信息之外，还包括本次返回的信息已经到 Master 端的 bin-log 文件的名称以及 bin-log 的位置。

（3）Slave 的 I/O 进程接收到信息后，将接收到的日志内容依次添加到 Slave 端的 relay-log 文件的最末端，并将读取到的 Master 端的 bin-log 的文件名和位置记录到 master-info 文件中，以便在下一次读取的时候能够清楚地告诉 Master“需要从某个 bin-log 的哪个位置开始往后的日志内容”。

（4）Slave 的 SQL 进程检测到 relay-log 中增加了内容后，会马上解析 relay-log 的内容然后判断 Master 端哪些内容已经执行，并在自身执行。

复制的过程如图 26.1 所示。

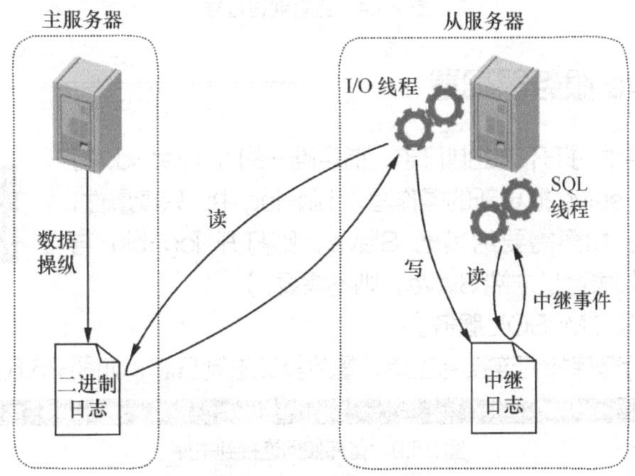

图 26.1　复制的过程

26.2　MySQL 主从详细配置

配置说明如下。

Master 服务器 IP：10.10.10.1。

Slave 服务器 IP：10.10.10.2。

26.2.1　Master 服务器配置

在 my.cnf 配置文件中，打开二进制日志，指定唯一的 server-id，如图 26.2 所示。

```
[mysqld]
log-bin=mysql-bin
server-id=1
```

图 26.2　配置 my.cnf

创建主从连接账号，如图 26.3 所示。

```
mysql> GRANT REPLICATION SLAVE ON *.* TO 'rep'@'10.10.10.2' IDENTIFIED BY 'reppassword';
Query OK, 0 rows affected (0.03 sec)

mysql> flush privileges;
Query OK, 0 rows affected (0.02 sec)
```

图 26.3　创建主从连接账号

MySQL 8.0 版本的安全级别更高，必须先创建用户再设置密码。

```
mysql>create user 'rep'@'10.10.10.2';
```

同时，由于 MySQL 80 使用的是 caching_sha2_password 加密规则，为了避免 SLAVE 远程连接出现错误，最好修改远程连接用户的加密规则，并使用大小写加数字加特殊符号的密码策略限制。

```
mysql>ALTER USER 'rep'@'10.10.10.2' IDENTIFIED WITH mysql_native_password BY ' REP@password123';
```

然后授予 REPLICATION SLAVE 的权限，并刷新授权表。

```
mysql>GRANT REPLICATION SLAVE ON *.8 TO 'rep'@'10.10.10.2';
mysql>flush privileges;
```

重启 MySQL 服务（修改配置文件后重启生效），运行 show master status 查看现有行号（Position），如图 26.4 所示。

```
mysql> show master status;
+------------------+----------+--------------+------------------+
| File             | Position | Binlog_Do_DB | Binlog_Ignore_DB |
+------------------+----------+--------------+------------------+
| mysql-bin.000001 |      107 |              |                  |
+------------------+----------+--------------+------------------+
1 row in set (0.00 sec)
```

图 26.4　查看现有行号

26.2.2 Slave 服务器配置

在 my.cnf 配置文件中，打开二进制日志，指定唯一的 server-id，打开 relay-log 日志，log_slave 把更新的操作写入 bin-log 中，只读属性，如图 26.5 所示。（注：如果需要给其他 Slave，则打开 log-bin 与 log_slave_updates，如果这是末端 Slave，则不需要。）

```
log-bin=mysql-bin
server-id=2
relay_log=mysql-relay-bin
log_slave_updates=1
read_only=1
```

图 26.5　配置 my.cnf

修改完配置文件，重启 MySQL 服务。

进入 MySQL，告诉备库如何连接到主库并重放其二进制日志，如图 26.6 所示。

```
mysql> change master to master_host='10.10.10.1',master_user='rep',master_password='reppassword',master_log_file='mysql-bin.000001',master_log_pos=107;
```

图 26.6　备库如何连接到主库

执行后启动从配置，如图 26.7 所示。

```
mysql> start slave;
```

图 26.7　启动从配置

最后执行 show slave status 查看配置结果，如图 26.8 所示。

```
mysql> show slave status \G
*************************** 1. row ***************************
               Slave_IO_State: Waiting for master to send event
                  Master_Host: 10.10.10.1
                  Master_User: rep
                  Master_Port: 3306
                Connect_Retry: 60
              Master_Log_File: mysql-bin.000001
          Read_Master_Log_Pos: 107
               Relay_Log_File: slave-relay.000002
                Relay_Log_Pos: 253
        Relay_Master_Log_File: mysql-bin.000001
             Slave_IO_Running: Yes
            Slave_SQL_Running: Yes
              Replicate_Do_DB:
          Replicate_Ignore_DB:
           Replicate_Do_Table:
       Replicate_Ignore_Table:
      Replicate_Wild_Do_Table:
  Replicate_Wild_Ignore_Table:
                   Last_Errno: 0
                   Last_Error:
                 Skip_Counter: 0
          Exec_Master_Log_Pos: 107
              Relay_Log_Space: 405
              Until_Condition: None
               Until_Log_File:
                Until_Log_Pos: 0
           Master_SSL_Allowed: No
           Master_SSL_CA_File:
           Master_SSL_CA_Path:
              Master_SSL_Cert:
            Master_SSL_Cipher:
               Master_SSL_Key:
        Seconds_Behind_Master: 0
Master_SSL_Verify_Server_Cert: No
                Last_IO_Errno: 0
                Last_IO_Error:
               Last_SQL_Errno: 0
               Last_SQL_Error:
  Replicate_Ignore_Server_Ids:
             Master_Server_Id: 1
1 row in set (0.00 sec)
```

图 26.8　查看配置结果

可以看到，属性 Slave_IO_Running 与 Slave_SQL_Running 为 Yes，证明服务已经成功在运行。

26.2.3 配置验证

在 Master 服务器中写入对应的内容，如图 26.9 所示。

```
mysql> INSERT INTO mysql value('999','mysql_user');
Query OK, 1 row affected, 1 warning (0.01 sec)
```

图 26.9 在 Master 服务器写入验证内容

在 Slave 服务器中使用 Select 语句验证是否有成功同步，如图 26.10 所示。

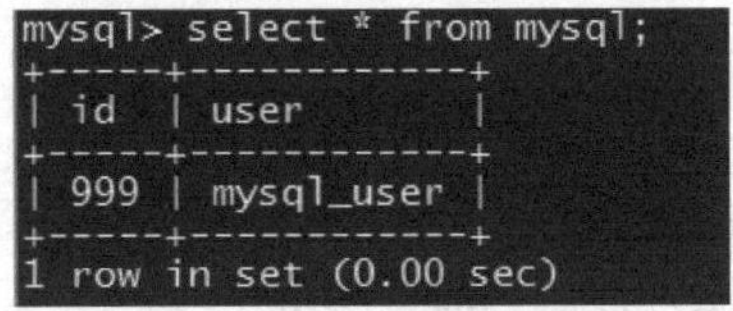

```
mysql> select * from mysql;
+-----+------------+
| id  | user       |
+-----+------------+
| 999 | mysql_user |
+-----+------------+
1 row in set (0.00 sec)
```

图 26.10 在 Slave 服务器中验证

主从配置成功。

【项目实践】

（1）根据本项目内容，搭建主从配置。

（2）根据本项目提示，在主从配置中，从服务器再添加一台从服务器进行数据同步，如图 26.11 所示。

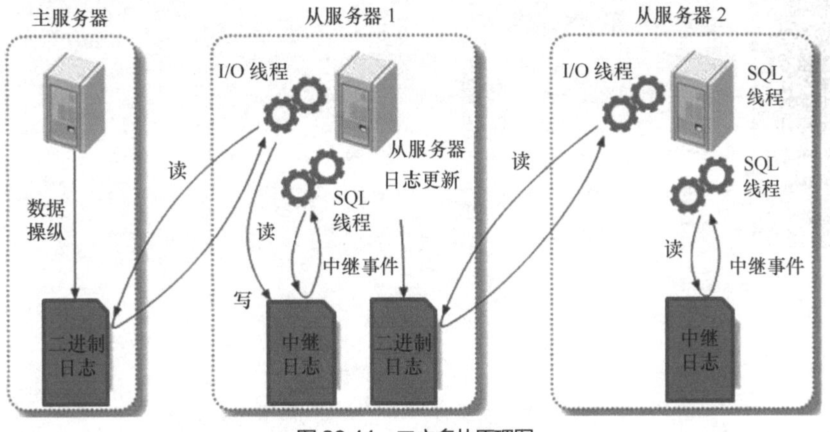

图 26.11 二主多从原理图

（3）在主服务器上创建表，并且尝试插入数据，在图 26.11 中，在 Slave2 服务器上尝试查询同步的数据。

【习题】

一、单项选择题

1. 在主从同步过程中，同步的文件是________文件。

A. 二进制　　B. 十进制　　C. 十六进制　　D. ASCII

2. 主从同步的文件名称为________。

A. Blog　　B. Sql_log　　C. log_bin　　D. Binarylog

3. 主从配置与同步过程中下列说法正确的是________。

A. 在主从同步过程中，Slave 服务器从 Master 服务器中获取 Binary log 日志，写入本机 Binary log 日志，然后逐行执行。

B. 主从配置中，主服务器和从服务器的 server-id 必须一致，这样才能保证正常同步。

C. 主服务器写入时，从服务器不能写入。只能等待主服务器写入完后，才能写入从服务器群。

D. 配置主从时，当单台从服务器性能不足以支撑业务，可以考虑一主两从，甚至是一主三从。

二、填空题

1. 主从配置的核心是打开________日志。
2. 服务器配置主从的根本目的是解决________。
3. 主从配置中，配置文件的服务器唯一标识的参数是________。

三、简答题

请简述 MySQL 主从的运行过程。

四、编程与应用题

搭建 MySQL 主从架构，并将主和从位置调换，再次搭建，判断是否能正常运行。

附录

全国计算机等级考试二级MySQL数据库程序设计考试大纲（2018年版）

基本要求

1. 掌握数据库的基本概念和方法。
2. 熟练掌握 MySQL 的安装与配置。
3. 熟练掌握 MySQL 平台下使用 SQL 语言实现数据库的交互操作。
4. 熟练掌握 MySQL 的数据库编程。
5. 熟悉 PHP 应用开发语言，初步具备利用该语言进行简单应用系统开发的能力。
6. 掌握 MySQL 数据库的管理与维护技术。

考试内容

基本概念与方法：

1. 数据库基础知识

（1）数据库相关的基本概念

（2）数据库系统的特点与结构

（3）数据模型

2. 关系数据库、关系模型

3. 数据库设计基础

（1）数据库设计的步骤

（2）关系数据库设计的方法

4. MySQL 概述

（1）MySQL 系统特性与工作方式

（2）MySQL 编程基础（结构化查询语言 SQL、MySQL 语言结构）